编写委员会

主　编　周　强　殷　亮　王天星

副主编　魏海宁　夏志强　段伟锋

撰　写　周　强　殷　亮　王天星　魏海宁

　　　　夏志强　段伟锋　常　超　熊　伟

　　　　黄熠辉　吴政绥　杨日昌　帅　彬

　　　　闫兴田　刘　宏　帅悦熹

大型崩坡积体

工程治理

周 强 殷 亮 王天星 ⊙ 主编

上海交通大学 出版社
SHANGHAI JIAO TONG UNIVERSITY PRESS

内容提要

本书以杨房沟水电站旦波崩坡积体处理工程为例，对水电站库岸区大型崩坡积体治理成果和施工经验进行全面总结。全书从崩坡积体的地质特性出发，详细分析了崩坡积体边坡稳定性，通过设计施工方案的研究比选，最终确定更符合工程实际的最优处理方案。施工阶段通过施工关键技术的突破和对施工安全、质量及进度等方面的控制，以更具实际操作性的视角全面描述了水电站库岸区大型崩坡积体的处理过程，对后续类似工程的崩坡积体处理具有较高的参考价值。

图书在版编目（CIP）数据

大型崩坡积体工程治理 / 周强，殷亮，王天星主编 .
上海：上海交通大学出版社 , 2025. 2— ISBN 978-7-313-32162-6

Ⅰ . P642.22；TV74
中国国家版本馆 CIP 数据核字第 2025YK5115 号

大型崩坡积体工程治理
DAXING BENGPO JITI GONGCHENG ZHILI

主　　编：周　强　殷　亮　王天星
出版发行：上海交通大学出版社　　　　地　　址：上海市番禺路 951 号
邮政编码：200030　　　　　　　　　　电　　话：021-64071208
印　　制：四川省平轩印务有限公司　　经　　销：全国新华书店
开　　本：710 mm × 1000 mm　1/16　　印　　张：21
字　　数：321 千字
版　　次：2025 年 2 月第 1 版　　　　　印　　次：2025 年 2 月第 1 次印刷
书　　号：ISBN 978-7-313-32162-6
定　　价：128.00 元

前　言

在山区或地形起伏较大的地域，崩坡积体作为一种常见且极具潜在危险性的地质现象，一直是工程建设领域亟待攻克的重要难题。

崩坡积体的形成主要源于山体内部复杂的应力变化以及外部因素的共同作用。受重力、地震、强降雨、河流侵蚀等因素影响，山体首先发生崩塌、滑坡，而后这些破碎的岩土物质顺着坡面迅速堆积在山坡中部或坡脚，经过长时间累积便形成了规模不一的崩坡积体。大型崩坡积体更是因其庞大的体量、广阔的分布范围而显得尤为特殊。它们往往横跨数百米甚至数千米，堆积厚度可达数十米，物质组成涵盖了从大块岩石到细粒砂土等不同粒径的岩土成分，呈现极为松散且无序的结构特征。

随着社会经济的快速发展，人类工程活动不断向山区拓展，工程建设范围逐渐延伸到山区的各个角落。交通基础设施方面，公路、铁路等线性工程为了连接各个区域，不得不穿越众多地形复杂、地质条件恶劣的山区地段，常常与大型崩坡积体狭路相逢；能源开发领域，水电站、风电场等项目的选址有时也难以避开存在崩坡积体的区域，需要在确保安全的前提下进行建设；此外，山区城镇的扩容与新居民区的规划同样面临着崩坡积体带来的潜在威胁，一旦处理不当，后果不堪设想。

在这样的发展背景下，一些工程不可避免地会建设在存在崩坡积体的区域，若不对其进行科学有效的工程治理，不仅难以顺利施工，后续运行维护阶段也将时刻笼罩在地质灾害风险的阴霾之下。例如，某山区公路在施工期间，由于未对线路旁一处大型崩坡积体进行充分的前期勘察与治理，在一场暴雨过后，崩坡积体突然失稳下滑，大量土石掩埋了部分已建好的路基，不仅导致工程进度严重受阻，还造成了施工设备的损坏以及人员的伤亡。

近年来，国内外众多学者和工程技术人员针对崩坡积体的工程治理投入了大量精力进行研究与实践探索。早期，人们主要采用简单的坡面防护手段，如浆砌石护坡、喷射混凝土等，旨在通过增加坡面的抗冲刷能力和摩擦力来维持局部稳定；随着我们对崩坡积体认识的不断加深，诸如抗滑桩、锚索、框格梁等岩土工程加固技术被广泛应用，它们能够深入崩坡积体内部，有效提高崩坡积体的整体稳定性；同时，为了实现对治理效果的实时把控以及应对提前预警可能出现的失稳风险，各种先进的监测技术也逐步融入崩坡积体治理体系当中。近年来，生态治理理念更是深入人心，通过在崩坡积体上种植适宜的植被，利用植物根系的固土作用，不仅能增强崩坡积体的稳定性，还能实现生态环境的修复与美化，达到工程建设与生态环境的和谐共生。

尽管目前对大型崩坡积体工程治理技术的研究已经取得了显著的进步，但在实际施工过程中，工程技术人员仍面临一系列难题。首先，由于崩坡积体物质组成的复杂性和结构的不均匀性，难以准确地评估其稳定性，不同的勘测方法和计算模型会得出存在一定差异的结果，从而导致治理方案的不同。其次，确定最合适且经济的措施组合需要综合考虑多方面因素，如崩坡积体的规模、地形地貌、气候条件、工程预算以及对周边环境的影响等，这对工程技术人员的专业素养和实践经验提出了很高的要求。最后，大型崩坡积体的治理不能一蹴而就，而是一个长期的过程。如何确保在后续的使用年限内治理效果能够持续维持，如何应对可能出现的新的触发因素，以及如何在治理过程中更好地协调工程建设与生态环境保护之间的关系，都是需要我们深入探讨和解决的问题。

鉴于大型崩坡积体工程治理的重要性与复杂性，本文以杨房沟水电站旦波崩坡积体处理工程为例，对取得的崩坡积体治理成果和施工技术进行系统总结，期望能为后续类似的崩坡积体治理工程提供一定的参考价值，使其能够更科学、合理、有效地应对复杂的大型崩坡积体工程治理，最大程度地降低崩坡积体带来的地质灾害风险。

目　录

1.1 崩坡积体的定义

崩坡积体是山坡靠上部的风化产物，在重力和片流的联合作用下发生移动，在山坡中部或山麓处堆积的物质。主要成因类型有残积、坡积、崩积、洪积、冲积、淤积和风积。崩坡积体一般都是沿坡堆积，具有大小混杂、分选性差、松散破碎、空隙大、粘结能力差、密实程度差等特点。

1.2 崩坡积体的危害

近坝库岸崩坡积体稳定性对于枢纽建筑物的安全和电站运行效益影响较大。因施工及外部条件干扰可能导致边坡失稳而影响大坝、相邻溢洪道及泄洪隧洞结构安全，也可能因坝址两岸产生滑坡而导致建筑物被破坏，进而影响工程质量。

1.3 崩坡积体工程治理技术的发展

崩塌、滑坡发生后形成的堆积体变形及稳定性问题一直是工程地质领域研究的重点问题之一，特别是在水利水电工程中，库岸区边坡稳定性往往成为工程建设和安全运营的关键。

1.3.1 边坡稳定性分析研究现状

20世纪50年代以来，我国开始大规模发展基础设施，公路修建、水电开发、矿物开采、高层建筑等领域均涉及边坡工程。地基基础的稳定与相邻山体的地质情况对工程建设尤为重要，对边坡的类型分类和结构的划分需要更加精确。

对边坡的稳定分析需要用到材料力学、土力学等力学知识作为理论基础。目前对边坡稳定性分析方法有：条分法、滑移线场法、极限平衡法、不确定性分析法、有限元分析法。然而对于边坡问题的研究，不稳定性因素太多，纯理论分析是远远不够的，现在的研究主要是从两个方面开展：（1）以经典土力学为基础，采用有限元分析作为理论依据，对边坡进行稳定性分析；（2）根据工程地质的实际情况、滑坡的变形特征与环境背景进行工程类比分析，从而得到实践与理论相结合的稳定性分析结果。

周萃英运用随机搜索与破坏概率相结合的方法，对边坡可能会出现的滑裂面破坏概率进行计算，结果表明岩土体物理参数与滑裂面位置是遵循着某种概率分布的，得出破坏概率稳定分析的原理和方法，使今后的边坡设计可针对边坡可能出现的危险滑裂面进行加固治理，从而减少灾害的发生。周萃英还提出，在有限元分析法中引入拉格朗日法，适用于软土边坡和软土深基坑大变形的分析。

陈祖煜提出了在二维Spencer法基础上拓展的一种新三维极限平衡方法——Morgenstern-Spence法。李同录提出了Sarma法，并在工程应用上得到广泛推广。邓东平基于圆弧和任意曲线两种滑动面型式，对常用的瑞典圆弧滑动法、简化Bishop法、Sarma法和不平衡推力法等边坡稳定性计算方法进行研究。将各种方法的研究成果进行总结可知：（1）圆弧滑动面作为一种近似的临界滑动面能够满足实际工程需要；（2）简化Bishop法和不平衡推力法得到的结果颇为接近；（3）均质边坡采用较少条分数即可获得较高的安全系数计算精度，非均质边坡需一定数量的条分以保证结果的可靠性。

工程实践中通常采用不平衡推力法计算滑坡条块的下滑力和剩余下滑力，夏艳华利用传递系数法思想，引入剩余抗滑力概念，反向计算各条块的剩余抗滑力，即可根据剩余抗滑力得到最优条件下削坡规模及位置。影响边坡的失稳因素有很多，如边坡地质构造、边坡形态、土体含水率、气候条件等。曹军义通过实验分析得出土体含水率是土体强度参数的敏感参数，并总结了影响边坡稳定性的规律。魏宁采用数值模拟对土质边坡进行研究，得到了孔隙水压力随时间变化的关系、边坡安全系数随时间变化的关系，降雨和蒸发对边坡的表层滑动稳定性影响非常大，并表明蒸发过程中边坡的临界滑动面由较浅位置向较深位置转变，而降雨过程相反。Mehmet M. Berilgen等利用有限元方法研究土体水位下降值和下降率对边坡稳定性的影响规律，边坡的土体含水率增高会使土体抗滑力下降，土体内的渗流作用会促进边坡的滑动和破坏。任志丹分别就边坡的软弱夹层厚度、土体内摩擦角以及凝聚力等参数对于边坡稳定性的影响主次程度进行讨论研究。陈随海对锚杆各参数与边坡稳定性系数的关系及变化规律进行了深入分析。刘春龙研究分析得出边坡开挖后边坡坡角与土体粘聚力、坡高以及稳定性系数的关系曲线。

随着计算机软件的开发，数值模拟分析软件在边坡工程稳定性分析中已经得到广泛的应用，当前常用的ANSYS、ABAQUS数值分析软件就是以有限元法作为理论基础的，FLAC 3D软件则是以有限差分法作为理论基础。通过长时间工程上的使用证明，相比较而言，FLAC 3D更加适用于岩土工程地质分析，因为在前期建模操作方面，其比另外两种软件更加便捷。目前还出现了CAD、MIDAS等一系列可以与FLAC 3D结合进行前处理的软件，也已经取得了很出色的成果。

1.3.2 崩坡积体工程治理研究现状

21世纪以来，岩土锚固技术在我国隧洞、矿井、地下工程、水库坝体、边坡等工程项目中得到广泛运用。在边坡治理措施上，有坡面及地下排水、锚杆格构梁、预应力锚索、削坡减载、混凝土抗剪结构、抗滑桩等。

汤德刚通过ANSYS分析软件对锚杆支护技术在其中常见的边坡失稳灾害中的应用进行了分析，验证了锚杆的支护机理及力学性能。

郑晔根据边坡的具体特征，采用瑞典圆弧滑动法对代表性的边坡剖面进行稳定性研究，提出分段采用预应力锚杆格构梁支护的设计方案对不同坡段、不同地质条件的边坡进行加固治理，取得了不错的效果。

王乐华采用削坡减载治理措施对7种不同工况下的失稳边坡进行治理后，采用极限平衡方法对其稳定状况进行分析，结果表明均满足要求。

杨明亮在对潭邵高速公路路堑边坡某两处失稳边坡实地勘察和边坡稳定性分析后发现，若仅采用锚杆支护措施治理，工程量大且成本高，于是提出锚杆＋削坡组合支护方案，能使边坡保持长期稳定状态。

丹巴水电站通过对坝址区右岸崩坡积体采用极限平衡分析、数值分析，全面评价了崩坡积体的稳定性，根据崩坡积体的特点，经技术经济比较确定边坡处理措施采用削头减载方案。

构皮滩水电站石棺材崩坡积体地质条件复杂，且曾发生过变形。通过定性分析、定量计算、方案对比、数值分析确定了该崩坡积体的稳定性，最终采用"抗滑桩支挡＋地表截排水"的方案。

综上所述，目前国内外针对大型崩坡积体的研究，主要集中在失稳破坏模式、稳定性评价方法等方面。崩坡积体边坡根据其组成物质的不同，稳定性分析所用的方法也有所不同，但与土质边坡的分析方法还是大体一致的，即与一般的边坡稳定性分析方法相同。对于一般的小型崩坡积体多借鉴滑坡的处理措施，采用支护、挖除、排水加变形监测等模式进行处理。而对于大型崩坡积体，因其并不具有贯通的滑移面，变形模式、破坏机理完全不同于小型滑坡，因此上述措施不一定完全适用。对位于库区且距离坝址较近的大型崩坡积体，尚无系统治理措施方面的研究成果，尤其是在施工方法方面，目前相关的研究较少。因此，系统研究大型崩坡积体的治理工程措施具有重要的理论意义以及重大的实际工程借鉴价值。

1.4 杨房沟水电站旦波崩坡积体特点

本文以杨房沟水电站旦波崩坡积体处理工程为例，对取得的崩坡积体治理成果和施工经验进行全面总结，从崩坡积体的地质特性出发，详细分析了崩坡积体边坡稳定性，通过设计施工方案的研究比选，最终确定一种更符合工程实际的最优处理方案。施工阶段通过施工关键技术的突破和对施工安全、质量及进度等方面的控制，以更具实际操作性的视角全面描述了水电站库岸区大型崩坡积体的处理过程，对后续类似工程的崩坡积体处理具有较高的参考价值。

杨房沟水电站旦波崩坡积体规模巨大，其稳定性直接影响工程安全。崩坡积体工程量大，地质条件复杂，处理过程中必须灵活采用多种支护形式，再加上边坡高陡、材料运输困难，可利用的施工场地较小，施工难度特别大。

1.5　工程概况

杨房沟水电站位于四川省凉山彝族自治州木里藏族自治县境内的雅砻江中游河段，是规划中该河段的第6级水电站，上距孟底沟水电站37 km，下距卡拉水电站33 km。杨房沟水电站控制流域面积8.088万 km²，多年平均流量896 m³/s，年径流量282.76亿 m³。杨房沟水电站距西昌和成都的距离分别为402 km和959 km。

杨房沟水电站工程的开发任务为发电，电站正常蓄水位2094 m，水库总库容5.1248亿 m³，调节库容0.5385亿 m³，电站装机容量1500 MW。杨房沟水电站枢纽由混凝土双曲拱坝、泄洪建筑物以及引水发电系统等主要建筑物组成。工程等别为一等大（1）型，混凝土双曲拱坝、泄洪建筑物、引水发电系统等主要水工建筑物为1级建筑物，坝后水垫塘及其他次要建筑物为3级建筑物。

旦波崩坡积体位于杨房沟水电站坝址上游雅砻江右岸，距坝址约0.5 km（见图1-1）。崩坡积体分布在高程2050～2465 m之间，2050 m高程以下为临江陡

图1-1　旦波崩坡积体全貌

壁。崩坡积体沿江近南北展布，东西长约560 m，南北宽约330 m。崩坡积体地形前陡后缓，但变化不大，2320 m高程以下总体坡度约39°，2320 m高程以上总体坡度在28.5°。崩坡积体整体上呈倒置"茶杯"形分布，上小下大。崩坡积体物质组成复杂，总体上分为两大层：中上部为混合土碎石层，泥质弱胶结；底部为碎石土层，呈中等密实状。崩坡积物平均厚度约19.6 m，分布面积约15.8万 m²，总体积约310万 m³。

1.6 工程重难点认识及其对策

（1）旦波崩坡积体治理工程施工管理的关键主要是施工安全管理、工程质量控制工作、施工前后工序组织安排，这同时也是本工程的重点。

对策：加强施工组织管理，服从工程大局，制订周密细致的生产计划并严格执行，加强施工协调，自觉服从业主和监理的统一指挥，是确保本项目施工顺利进行的关键。

（2）旦波崩坡积体开挖工程量大，存在各种不同的变形失稳条件，如何保证安全开挖且能把对崩坡积体扰动降到最低，是该处理工程的关键技术问题之一，也是本工程的难点。

对策：

①边坡开挖贯彻"顺应性""协调性"的思想，边坡支护坚持"针对性""适应性"的原则，合理规划边坡开挖与支护的协调关系，从宏观上把握旦波崩坡积体开挖的合理布局。边坡开挖自上而下进行，做到平行均衡下降。

②充分利用截水沟、排水沟将地表径流引排至两侧冲沟，同时边坡排水孔随同支护逐层施作。

③边坡支护紧跟开挖进行，采用锚杆和喷射混凝土等措施，及时紧跟开挖工作面。采用先进灵活的移动式钻具和支护措施，采取快速支护技术，确保支护及时跟进，支护滞后开挖工作面超过规定要求时，应停止开挖。

（3）旦波崩坡积体治理工程量大，支护形式多，施工工序复杂多样，特别是地形前陡后缓，施工中可利用的施工场地较小，施工难度较大，如何布置现场临建设施是本工程的一个难点。

对策：充分利用现场条件，分期紧凑布置临时生产设施，根据施工进度计划，合理安排施工任务，以确保施工生产顺利进行。

2 旦波崩坡积体地质条件

旦波崩坡积体在形成过程中发生多次崩塌或局部滑移，导致崩坡积体内的物质结构极其复杂，从可行性研究阶段到施工阶段虽然进行了多次补充地质勘探，但还是无法将崩坡积体的地质条件全部掌握清楚。旦波崩坡积体独特的复杂地质条件特性，导致施工阶段仍然存在诸多难以预见的地质条件变化。

2.1 可行性研究阶段地质条件

为查明旦波崩坡积体的分布范围、边界条件及破坏特征，分析崩坡积体的形成条件、破坏机制及其稳定性，评价崩坡积体对工程的影响程度，在可行性研究阶段对旦波崩坡积体进行了专门勘查研究工作。对崩坡积体及其周围共 0.52 km² 的范围进行了 1：1000 地质测绘，并在崩坡积体上布置了 4 个勘探平洞、11 个钻孔和 2 条地震波测试剖面，同时在现场选点开展了崩坡积物的物理性质测试，还在勘探平洞内取样进行了室内物理力学性质试验，在平洞 PD24 内取样进行了测年分析。通过已有研究成果和地面工程地质调查，初步分析崩坡积体基本特征和地质条件，包括地形地貌、地层岩性、地质构造和水文地质条件。

2.1.1 崩坡积体基本特征

（1）崩坡积体的规模形态特征。

崩坡积体位于杨房沟水电站近坝库区右岸，下游距拟建的坝址 500 m（河道距离）。崩坡积体沿江近南北展布，东西长约 560 m，南北宽约 330 m。南北均以一小型冲沟为界，西部后缘以陡峭的基岩为界，东部前缘距雅砻江边约70m，以一羊肠小道为界。整体上该崩坡积体呈倒置"茶杯"形分布，上小下大，崩坡积体分布在高程2060～2465m之间。2060m高程以下为临江陡壁，基岩裸露。崩坡积体地形前陡后缓，坡度变化范围10°左右，总体坡度约38°（属陡坡）。崩坡积体两侧各有一小型冲沟，冲沟宽3～5m，深2～6m不等。崩坡积物平均厚度约19.6m，分布面积约15.8万m²，总体积约310万m³。

（2）崩坡积体的物质组成及结构特征。

崩坡积体主要由块石、碎石、角砾、岩屑及粉土组成，原岩均为灰色变质钙质石英砂岩，偶夹黑云石英片岩、板岩等（见图2-1）。包含的岩土层有：崩坡积块（碎）石层、混合土块（碎）石层及透镜体、块（碎）石混合土层、含细粒土砾层、碎石土透镜体及残坡积碎石土层。根据组成物质中块石和碎石的含量，各土层的接触特征、成因以及对崩坡积体稳定性的影响，可将崩坡积块（碎）石层、混合土块（碎）石层及透镜体、块（碎）石混合土层、含细粒土砾层、碎石土透镜体合并为崩坡积混合土碎石层，合并后的混合土碎石层与基岩间的碎石土层仍然保留。这样崩坡积体总体上分为两大层：混合土碎石层和碎石土层。合并后的混合土碎石层是崩坡积体组成物质的主要土层，该层约占崩坡积体组成物质

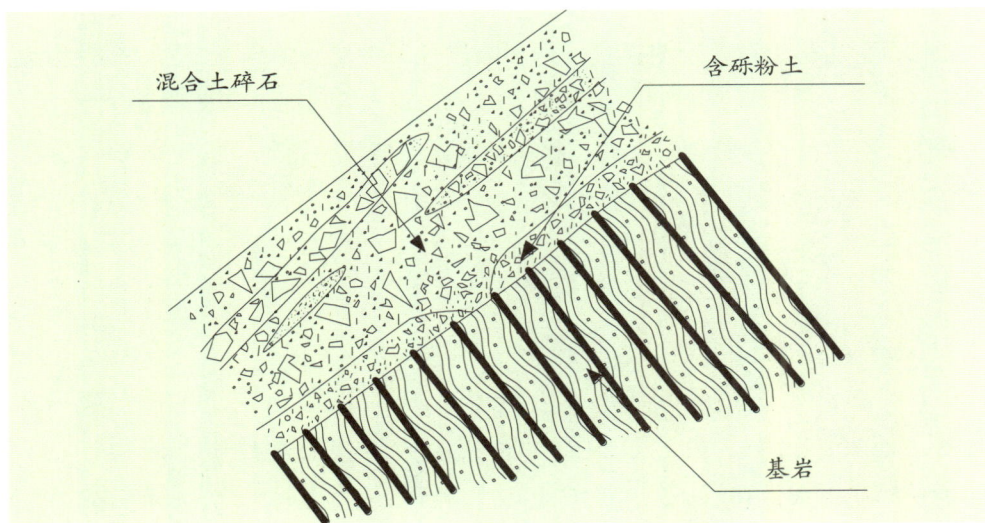

图2-1　旦波崩坡积体物质组成结构示意图

的95%，位于碎石土层之上，局部基岩面较陡的区域与基岩直接接触。该混合土碎石层相对较厚，平均厚约18.1 m，最厚达39.7 m，碎石土层相对较薄，平均厚约1.5 m，最厚7.35 m，该层分布于混合土碎石层和基岩之间，局部基岩面较陡的部位该层缺失。

①崩坡积混合土碎石层。

根据地面测绘及钻孔、平洞揭露，崩坡积混合土碎石层呈深灰色至灰黑色，局部呈土黄色，浅层有少量植物根系。混合土碎石层主要由块石、碎石、角砾和粉土组成，碎石、块石多呈棱角状，弱风化为主，其母岩以灰色变质钙质石英砂岩为主，偶夹黑云石英片岩、板岩等。其中，块石含量约20%，碎石含量40%，角砾含量为20%～30%，其余为岩屑及粉土，充填于块石、碎石及角砾之间。该层总体上结构中密，泥质弱胶结。其中巨粒和粗粒分布不均匀，部分区域巨粒含量较低细粒含量较高，形成碎石土层，较密实，胶结较好，透水性差；部分区域巨粒含量低粗粒含量高，形成粗砾层，较松散，透水性较好；部分区域巨粒含量高，形成碎石层，结构较松散，局部有架空，透水性好。崩坡积混合土碎石层包含：崩坡积块石层、崩坡积碎石层、崩坡积混合土块石层、崩坡积混合土碎石层、崩坡积块石混合土层、崩坡积碎石混合土层、崩坡积含细粒土砾层、崩坡积碎石土透镜体这八小层岩土体。

②碎石土层。

碎石土层呈土黄色至灰黑色，局部灰白色，主要由角砾、屑岩、粉土及泥组成。碎石、角砾呈强到弱的顺序风化，母岩以灰色变质钙质石英砂岩为主，偶夹黑云石英片岩、板岩等。碎石和角砾呈次棱角状，角砾含量为30%～40%，粒径以3～5 cm为主，碎石含量约5%，粒径以10～20 cm为主，其余为粉土，结构中密，泥质弱胶结。该碎石土层分布于混合土碎石层与基岩之间，但分布不连续。

③基岩。

下伏基岩为三叠系上统杂谷脑组（T_{3z}），以灰色变质钙质石英砂岩为主，偶夹黑云石英片岩、板岩等，或黑云斜长微晶片岩，岩层产状：N10°～50°E NW∠30°～65°，逆坡倾向。基岩多呈强至弱风化，层间破碎夹层或断层发育。

2.1.2　崩坡积体的形成条件与成因机制

（1）崩坡积体的形成条件。

旦波崩坡积体位于近坝库区右岸，所处岸坡在一单斜构造带内，岩层总体上倾右岸偏上游。崩坡积体后缘基岩裸露，出露的地层为三叠系上统杂谷脑组（T$_{3z}$），以灰色变质钙质石英砂岩为主，偶夹黑云石英片岩、板岩等，或黑云斜长微晶片岩，层厚3～30 m不等。板岩抗风化能力较弱，为相对软弱岩层，遇水较易软化，饱水时力学强度极低。岩层产状：N10°～50°E NW∠30°～65°，层面与坡面相交，层面反倾坡内，形成一个逆向坡。区内主要发育三组节理：N15°W NE∠60°～85°；N20°～35°E NW∠65°～75°；N70°～80°W SW∠75°～85°，延伸长度2～10 m，发育间距50～100 cm，基本闭合，少数局部张开。这些节理将岩层切割，使反倾的逆向坡岩层在切割后岩块失去母岩的约束，为后缘基岩边坡的崩塌变形失稳提供了条件。崩坡积体后缘的陡峭基岩为崩坡积体提供了物源。

中更新世晚期以来，本区进入峡谷期，河谷强烈下切，两岸坡体急剧抬升。伴随地壳抬升，岩体中构造应力释放，在浅表层发生卸荷回弹变形，导致边坡稳定状况恶化。卸荷变形使得浅表部岩体产生卸荷裂隙和拉张破裂，原有结构面由于卸荷进一步扩展，并产生新的表生结构面，为地下水的入渗提供了良好的通道，使得结构面的强度进一步恶化。同时，由于卸荷作用，在边坡的浅表岩层中，原来闭合的层理也卸荷张开，降低了岩体的抗剪强度，也为雨水的入渗提供了通道，使岩体的强度进一步削弱。这进一步促进了崩塌变形的发生。

另外，频繁的地震活动是崩塌产生的诱发因素。场区位于构造活动频繁、地震强度高的川滇菱形块体东边界边缘，邻近地区区域性断裂构造较发育。在外围高强度的地震作用下，边坡岩体易松动破裂，进而引起崩塌失稳。

该区降雨充足，且强降雨集中，降雨具有集中性和突发性。本区的降雨量多集中在6—9月的雨季，月平均降雨量在150～230 mm，占年降雨量的74%以上；雨季多暴雨，突发性明显，降雨量大，而且极不均一。岩土体饱水后增加了自重、增加了孔隙水压力和裂隙动水压力，同时加速岩石风化，削弱了岩体的强度，对坡体稳定造成了极为不利影响。

（2）崩坡积体的成因机制。

崩坡积体前缘外侧有三岩龙断层斜穿，后缘500 m处有前波断层穿过，坡体夹于两条断层之间。岩层总体上以反向坡为主，前缘雅砻江深切，形成临空面，为边坡岩体变形破坏提供了空间。边坡岩体主要为变质钙质石英砂岩，偶夹板岩，板岩为相对软弱的岩层，抗风化能力较弱，且岩体中存在陡倾的结构面，有利于降雨入渗和风化作用的进行。这种构造特征为岩层的弯曲拉裂变形提供了有利条件。

从钻孔资料来看，在基岩和崩坡积层间有一碎石土层，该碎石土层呈上面薄、下面厚的分布形态，组成物质呈土黄色至灰黑色，强至弱风化，以角砾、岩屑、粉土为主，结构中密，该层应为原边坡的残坡积物。另外，从平洞资料来看，崩坡积碎块石的堆积呈现一定的层次，各层碎石呈杂乱排列，这也说明堆积物是后壁基岩经多次崩塌堆积形成。崩坡积体的形成是由后缘斜坡岩体经倾倒变形—拉裂—崩塌破坏等一系列过程长期发展的结果，现将变形破坏过程简述如下：

倾倒变形：由于斜坡地形较陡，伴随河流的切蚀冲刷及岸坡的抬升作用，边坡岩体的应力场会发生变化，坡体内的主应力会发生旋转，反向坡薄层结构的砂板岩向临空产生倾倒变形（见图2-2）。

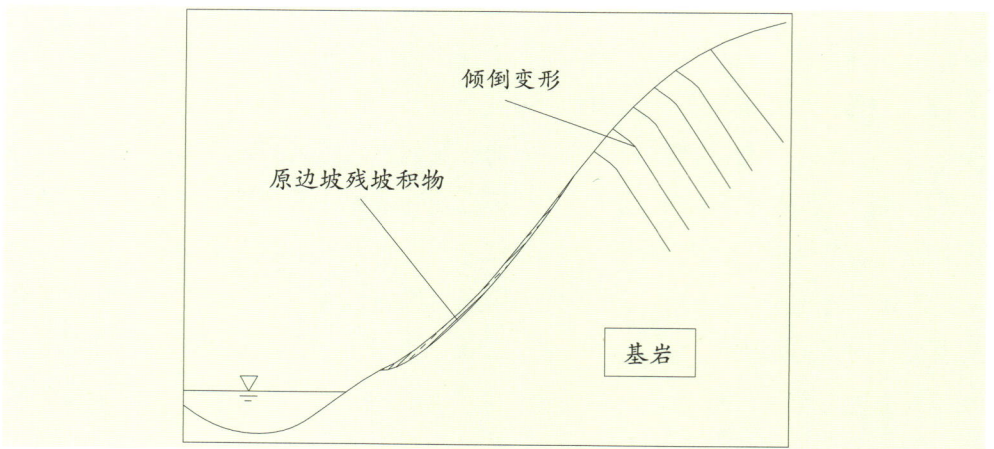

图2-2　倾倒变形

拉裂：随着岩体倾倒变形的增加，变形体上部与母岩之间形成拉裂缝，随着变形的增加，拉裂缝不断扩展（见图2-3）。

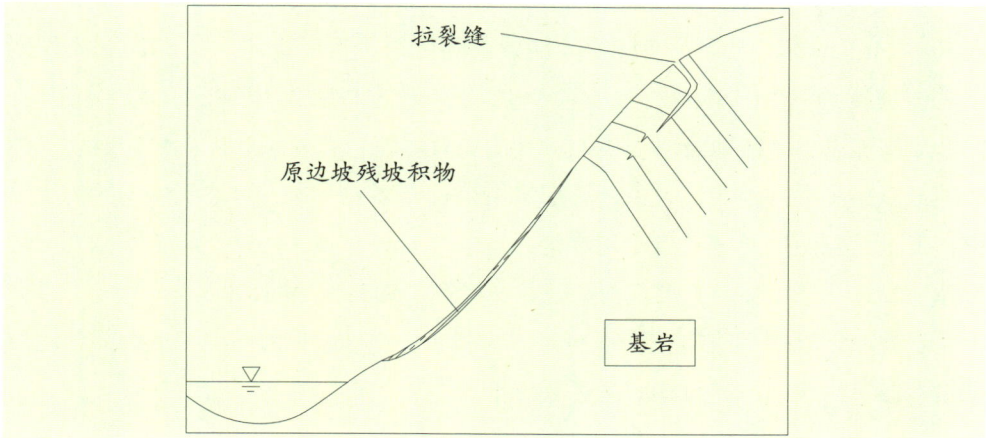

图2-3　拉裂

崩塌破坏：随着拉裂缝不断扩展，岩体发生崩塌破坏，崩塌体堆积在坡面下部的残坡积物上（见图2-4）。

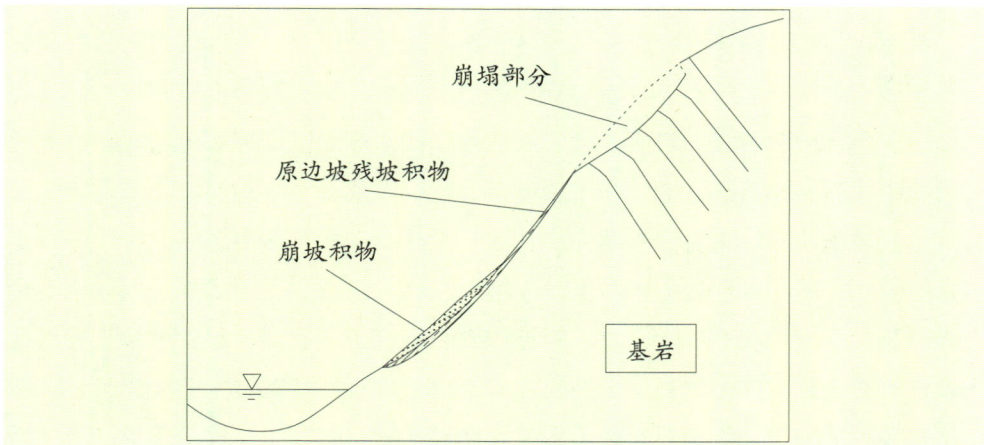

图2-4　崩塌破坏

2.1.3 崩坡积体基本地质条件

（1）地形地貌。

旦波崩坡积体位于坝址上游雅砻江右岸，距坝址约500 m，分布在2050～2465 m高程之间。崩坡积体地形前陡后缓，但变化不大，2320 m高程以下总体坡度约39°（属陡坡），2320 m高程以上总体坡度在28.5°（属斜坡）。2300 m高程以上平缓地段多为耕地，其上建有房屋，有人家居住。整个崩坡积体的植被以矮小灌木及杂草为主，局部零星生长有高大乔木。崩坡积体内冲沟不发育，仅上游侧边界发育一条小型冲沟，宽5～15 m，深5～10 m。崩坡积体下游约50 m处发育一条年公沟，该沟深切成谷，沟宽约50 m，深约100 m。

旦波崩坡积体后缘边坡高程2400～2465 m，总体坡度35°～40°，大部分地段基岩裸露，后缘上游侧有薄层覆盖层分布。

（2）地层岩性。

崩坡积体下伏基岩均为三叠系上统杂谷脑组（T_{3z}）以灰色变质钙质石英砂岩为主，偶夹黑云石英片岩、板岩等，层厚大于800 m，岩层产状：N10°～50°E NW∠30°～65°。坡脚三岩龙断层下盘分布三叠系上统新都桥组（T_{3xd}）变质粉砂岩及花岗闪长侵入岩。第四系松散堆积物主要分布于河床、阶地及坡度稍缓的山坡上。

崩坡积体主要由块石、碎石、角砾、岩屑及粉土组成，原岩均为灰色变质钙质石英砂岩，偶夹黑云石英片岩、板岩等。主要岩土层有混合土碎石层、碎石混合土层、混合土块石层、块石混合土层、含细粒土砾层以及碎石土层等。根据组成物质中块石和碎石的含量、各土层的接触特征以及各土层对崩坡积体稳定性的影响，崩坡积体总体上可分为两大层：混合土碎石层和碎石土层。混合土碎石层包含崩坡积块石层、崩坡积碎石层、崩坡积混合土块石层及透镜体、崩坡积混合土碎石层、崩坡积块石混合土层、崩坡积碎石混合土层、崩坡积含细粒土砾层及崩坡积碎石土透镜体。碎石土层为崩坡积混合土碎石层与基岩间的接触带，亦即与基岩接触的细粒含量相对较多、粗粒和巨粒含量相对较少的碎石土层。合并后的混合土碎石层是崩坡积体组成物质的主要土层，该层约占崩坡积体组成物质的95%，位于碎石土层之上，局部基岩面较陡的区域与基岩直接接触。该混合土碎石层相对较厚，平均厚约18.1 m，最厚达39.7 m，碎石土层相对较薄，平均厚约1.5 m，最厚7.35 m，该层分布于混合土碎石层和基岩之间，局部基岩面较陡的区域无该碎石土层分布。

根据勘探平洞揭露成果，崩坡积混合土碎石层中碎块石的堆积呈现一定的层次，各层碎块石呈杂乱排列，局部架空，隐约可见的层理产状较为零乱，与基岩层理产状差异较大，崩坡积体组成物质又层层分布，这些现象说明堆积体是由后缘基岩在长期的地质历史过程中分期崩塌堆积形成的。绝大部分混合土碎石层和基岩面之间夹碎石土层，该层应为原边坡的残坡积物，局部基岩面较陡的区域缺失碎石土层，该层未见擦痕，碎砾石也无明显磨圆现象。这些现象都表明旦波堆积体为崩坡积体而非滑坡堆积体。

（3）地质构造。

旦波崩坡积体位于理塘—德巫断裂带东侧及玉龙希断裂带的南侧，德巫断裂带的肮牵（丁央）断层及藏翁断层分别距该崩坡积体约9000 m及7000 m，玉龙希断裂带距该崩坡积体约12000 m。

旦波崩坡积体周围具有规模的断裂有三岩龙断层（F_{27}）及前波断层（F_{34}），前波断层位于该崩坡积体的西侧，近平行雅砻江延伸，距崩坡积体最近约500 m，三岩龙断层位于该崩坡积体东侧，于右岸崩坡积体西南侧2300 m处与前波断层交汇，距该崩坡积体最近约40 m。

崩坡积体以下基岩地层总体比较完整，未见规模较大的断裂通过，三叠系新都桥组变质粉砂岩区发育有一些NNW向的小断层，倾角在70°以上，为高角度逆冲性质。这些小断层规模很小，破碎带宽度一般在1 m以内，个别可达2～3 m，主要由构造角砾岩、碎裂岩夹岩屑等组成，压性特征。在其中一条断面上取断层泥经ESR法测定的年龄值为（80.8±7.5）万年，为早更新世活动断层。

综上所述，杨房沟水电站旦波崩坡积体周围构造上具有比较稳定的条件。三岩龙断层及前波断层晚更新世以来没有活动的遗迹，其他结构面的规模十分有限，对区域地壳稳定性不构成影响。

（4）岩体风化卸荷。

旦波崩坡积体中的碎块石呈强至弱风化，以弱风化为主。周围出露的基岩呈强至弱风化。从钻孔及平洞资料来看，崩坡积体下伏基岩在一定深度内呈强风化，且岩体破碎，卸荷裂隙较发育（见表2-1）。周围出露的基岩表层卸荷严重，产生了大量的卸荷小节理，节理张开、延伸短（一般延伸数米长），节理切割深度浅，岩体的卸荷是岩体产生崩塌堆积的重要原因。局部浅表的岩层还产生了一定弯曲。

表2-1　各钻孔和平洞的强风化深度（m）

位置	ZK01	ZK02	ZK03	ZK04	ZK05	ZK06	ZK07	ZK08
孔深或洞深	71.30	81.91	63.73	72.43	41.43	51.55	70.35	70.30
覆盖层深度	32.70	30.35	16.30	34.50	27.20	20.07	40.60	17.75
强风化深度	—	64.90	—	58.00	28.60	22.50	47.55	67.05
强风化厚度	—	34.55	—	23.50	1.40	2.43	6.95	49.30
位置	ZK09	ZK10	ZK11	PD24	PD25	PD26-2	PD27-1	
孔深或洞深	49.90	61.70	50.00	80.00	82.00	108.50	77.00	
覆盖层深度	9.50	38.10	28.00	38.00	40.00	25.00	63.00	
强风化深度	11.70	40.00	45.60	67.00	47.00	90.50	71.50	
强风化厚度	2.20	1.90	27.60	29.00	7.00	18.00	8.50	

（5）水文地质条件。

①地下水类型。

由于该地区属高山峡谷地貌，地形较陡，山体上植被不发育，地下水以孔隙性潜水和裂隙性潜水为主。孔隙性潜水主要分布于河床两岸冲洪积层及两岸山坡平缓处的崩坡积层中，其补给来源主要为大气降水和后缘水渠（该水渠系当地村民为方便生活用水和农田灌溉，从旦波村上游旦波北沟修建至旦波崩坡积体后缘的一条简易水渠），裂隙性潜水也主要由大气降雨补给，并通过裂隙向雅砻江排泄。在崩坡积体上游侧的冲沟内有一处温泉，分布高程为2118 m，水温为30℃，涌水量较小，3～5 mL/s。温泉附近生长了很多青苔，钙化严重（见图2-5）。

图2-5　旦波崩坡积体上游侧沟内的温泉

②地下水埋深。

据钻孔揭示，崩坡积体排水较好，裂隙性潜水埋藏较深，高程钻孔的地下水位更深，崩坡积体上游侧水沟附近地下水位埋深相对较浅；分布于崩坡积体中部的钻孔ZK02和ZK05地下水埋深分别为67.6 m和36.1 m；分布于崩坡积体前部的钻孔ZK01和ZK04地下水埋深分别为53.8 m和29.2 m。

③岩土体的透水性。

崩坡积体下伏基岩以弱透水至中等透水为主，受构造发育程度、岩性及岩体风化程度的影响，岩体透水性随孔深的增加，透水性减弱。构造裂隙发育少，岩体完整性变好，透水性减弱；风化程度越浅，透水性越弱。

根据地表及洞内注水试验结果显示，崩坡积体主体物质混合土碎石层渗透系数平均值为5.022×10^{-2} cm/s，呈强透水。

④地下水质分析。

崩坡积体内及周边的地表水和地下水均无色、无臭、无味、透明。可研阶段对旦波崩坡积体下游附近的年公沟沟水及前缘江水进行了水质分析，评价结果表明，旦波崩坡积体周边地表水对混凝土无腐蚀性。

2.2 招标阶段地质条件

为进一步查明旦波崩坡积体的分布范围、边界条件及破坏特征，分析崩坡积体的形成条件、破坏机制及其稳定性，评价崩坡积体对工程的影响程度，在可研阶段地质勘探工作的基础上，招标设计阶段对旦波崩坡积体进行了补充勘察。总体上，旦波崩坡积体的工程地质条件与可研阶段基本一致。

2.3 施工图阶段地质条件

2016年，在崩坡积体处理工程开工前，设计单位再次对勘探情况进行排查分析，发现在崩坡积体内有4处温泉点，1处为地表露头，3处为钻孔和平洞揭露。其中上游侧的冲沟内有一处地表出露的温泉，分布高程为2118 m，水温为30℃，涌水量较小，3~5 mL/s，温泉附近生长了很多青苔，钙化严重；另3处揭露到的温泉分别在ZK19钻孔孔深37.1 m处（水温为40℃左右）、平洞PD24-1洞深26.2 m处（水温为40℃左右）和ZK24钻孔孔深45.5 m处，较前期勘探的地质情况更为复杂。

设计单位委托有资质的第三方检测机构对崩坡积体高程2118 m以下无色、臭硫磺味、透明的温泉水，共取4组做了水质分析（见表2-2）。根据《水力发电工程地质勘察规范》（GB 50287）和《岩土工程勘察规范》（GB 50021，2009年版）标准评价，评价结果表明，温泉水分解类溶出型的腐蚀性为无腐蚀，分解类一般酸性型腐蚀性为弱腐蚀，分解类碳酸型腐蚀性为弱腐蚀，温泉水分解结晶复合类硫酸镁型腐蚀性为无腐蚀，温泉水结晶类硫酸盐型腐蚀性对普通水泥为弱腐蚀，对抗硫酸盐水泥为无腐蚀，温泉水对钢筋混凝土结构中钢筋腐蚀性为弱腐蚀（见表2-3）。

表2-2 水质分析试验成果

水质分析项目			试验成果				
化学成分		单位	ZK19-1	ZK19-2	ZK19-3	ZK19-4	备注
阳离子	$Na^+ + K^+$	mg/L	373.0	381.0	385.0	387.5	
	NH_4^+	mg/L	—	—	<0.04	<0.04	2组未检测
	Ca^{2+}	mg/L	225.0	232.0	197.8	197.0	
	Mg^{2+}	mg/L	83.0	86.0	78.8	79.4	
	$Fe^{2+} + Fe^{3+}$	mg/L	—	—	—	—	
阴离子	Cl^-	mg/L	100.8	101.5	107.9	109.5	
	SO_4^{2-}	mg/L	263.0	261.0	245.1	247.6	
	OH^-	mg/L	—	—	0	0	2组未检测
	CO_3^{2-}	mg/L	0	0	0	0	
	HCO_3^-	mmol/L	24.49	25.25	23.98	24.03	
硬度	总硬度	mg/L	903.6	933.5	818.5	819.0	
	碳酸盐硬度	mg/L	903.6	933.5	818.5	819.0	
	非碳酸盐硬度	mg/L	0	0	0	0	
其他	pH值	mg/L	6.92	6.94	6.45	6.52	
	游离CO_2	mg/L	101.2	96.8	528.0	510.4	
	侵蚀性CO_2	mg/L	16.8	18.0	23.6	22.4	
	总碱度	mg/L	1225.5	1263.8	1199.9	1202.5	
	矿化度	mg/L	1827.7	1868.7	1781.2	1789.3	

注：表中总碱度、总硬度以$CaCO_3$（mg/L）计。

由于温泉水对混凝土和钢筋混凝土结构中的钢筋存在弱腐蚀性，加固措施中涉及温泉水的钢筋混凝土需采取相应的抗腐蚀措施，另外温泉水温为40℃左右，对桩基施工有一定不良影响。

表2-3　环境水腐蚀性评价表

| 腐蚀性评价项目 | | 腐蚀介质 | 腐蚀性等级的判别 | | 试验值 | | | | 腐蚀性评价 |
材料类型	评价条件		腐蚀性等级	界限指标	ZK19-1	ZK19-2	ZK19-3	ZK19-4	
水对混凝土结构的腐蚀性	环境类型为I类	硫酸盐含量 SO_4^{2-}（mg/L）	无	<250	263.0	261.0	245.1	247.6	弱
			弱	250~500					
			中	500~1500					
			强	>1500					
		镁盐含量 Mg^{2+}（mg/L）	无	<1000	83.0	86.0	78.8	79.4	无
水对混凝土结构的腐蚀性	环境类型为I类	铵盐含量 NH_4^+（mg/L）	无	<100	—	—	<0.04	<0.04	无
			弱	100~500					
			中	500~800					
			强	>800					
		苛性碱含量 OH^-（mg/L）	无	<35000	—	—	0	0	无
			弱	35000~43000					
			中	43000~57000					
			强	>57000					
		总矿化度（mg/L）	无	<10000	1827.7	1868.7	1781.2	1789.3	无
			弱	10000~20000					
			中	20000~50000					
			强	>50000					

续表

腐蚀性评价项目		腐蚀介质	腐蚀性等级的判别		试验值				腐蚀性评价
材料类型	评价条件		腐蚀性等级	界限指标	ZK19-1	ZK19-2	ZK19-3	ZK19-4	
水对钢筋混凝土结构中钢筋的腐蚀性	地层透水性为A类	pH值	无	>6.5	6.92	6.94	6.45	6.52	弱
			弱	5.0~6.5					
			中	4.0~5.0					
			强	<4.0					
		侵蚀性CO_2（mg/L）	无	<15	16.8	18.0	23.6	22.4	弱
			弱	15~30					
			中	30~60					
			强	>60					
	干湿交替	Cl^-含量（mg/L）	弱	100~500	100.8	101.5	107.9	109.5	弱

2.4 施工阶段地质条件

2.4.1 施工期基本地质条件

旦波崩坡积体综合处理方案中的开挖减载共分21层，每层高差15 m，开挖边坡有岩质边坡和土质边坡两种。其中，开挖边坡中岩质边坡面积占66%，主要分布在中部；土质边坡面积占34%，主要分布在上、下游两侧。

根据边坡工程地质条件，将工程边坡分为7个区，其中土质边坡5个区，分别为DB1区~DB5区；岩质边坡2个区，分别为DB6区和DB7区（见图2-6）。

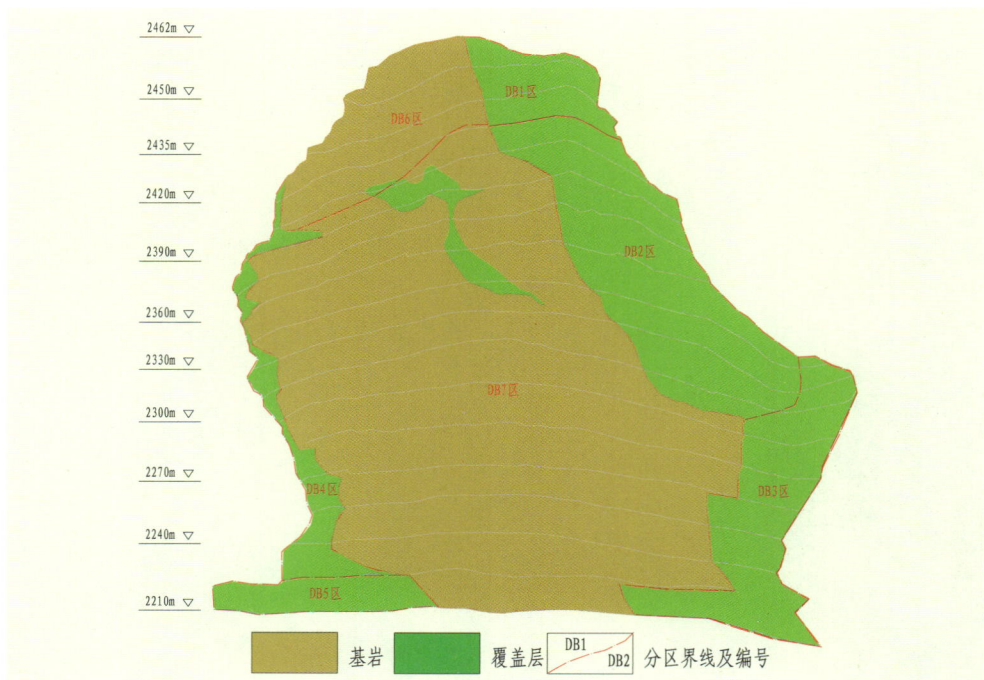

图2-6 土质边坡、岩质边坡分布及分区示意图

（1）工程边坡DB1区。

工程边坡DB1区为土质边坡，位于上游侧高程2420～2465 m，开挖边坡走向N11～52°W，边坡开挖坡比一般为1：1.3～1：1.5，局部为1：0.95～1：1.1。边坡覆盖层主要成分为碎石土和混合土碎石，一般厚度为2～6 m，其中现场钻探及坑探揭露，在高程2450 m垂直厚度为4～8 m，水平厚度一般为1～6 m。

碎石土结构松散至稍密，灰及黑色，主要由角砾、岩屑、碎石及粉土组成；角砾呈强至弱风化，母岩以灰色变质钙质石英砂岩为主，偶夹砂质板岩等；角砾多呈次棱角状，含量30%～40%，粒径以3～5 cm为主，碎石含量15%～30%，粒径以10～20 cm为主，其余为粉土，上游开口线附近较松散。混合土碎石中碎石含量为35%～50%，粒径6～20 cm，块石含量5%～10%，粒径20～40 cm，碎石、块石分布较不均匀，多呈带状或团状，成分为砂质板岩、炭质板岩和少量变质石英砂岩，以强风化为主，少量为弱风化，角砾含量20%～30%，粒径0.2～6 cm，其余为粉土（见图2-7）。

图2-7　高程2435～2450m段土质边坡

　　边坡大都干燥，仅在高程2420 m处见地下水露头，地下水流量为0.5～1.0L/min。该区其余部分开挖后的土质边坡下游部分以碎石土为主，上游部分以混合土碎石为主，结构稍密至中密，开口线附近较松散。

　　（2）工程边坡DB2区。

　　工程边坡DB2区为土质边坡，位于上游侧高程2315～2420m，开挖边坡走向SN～N50°W，边坡开挖坡比一般为1∶1.1～1∶1.4。

　　边坡覆盖层主要成分为混合土碎石和碎石土，据现场钻探，一般厚度为3～6m，在区内中部局部最深处的垂直深度达8m。该区覆盖层中发育一小规模滑坡，分布高程为2330～2420m，滑体长99m，宽46m，滑动方向大致垂直坡面向下，为NEE向。小滑体为崩坡积体后缘上游侧靠近基岩的覆盖层局部向坡脚塌滑而形成，其上为后期崩坡积物所覆盖，开挖后残留的滑体方量约1.02万m³。

　　高程2315～2375m覆盖层以混合土碎石为主，基覆面附近为碎石土，以密实至中密为主，开口线附近稍密至松散。

混合土碎石：碎石含量40%～50%，块径一般为6～20 cm，块石含量约5%～15%，块径一般为20～35 cm，成分为变质石英砂岩、炭质板岩，多呈强风化，局部为弱风化、全风化，角砾含量20%～30%，其余为粉土（见图2-8）。

图2-8　高程2375～2390 m边坡的碎石土

碎石土：位于基覆面与滑带土之间，厚为1～3 m，呈土黄色至灰黑色，局部灰白色，主要由角砾、岩屑及粉土组成，密实至中密。角砾多呈强至弱风化，母岩以灰色变质砂岩为主，偶夹黑云石英片岩、板岩等。角砾多呈次棱角状，含量为30%～45%，粒径3～5 cm，碎石含量25%～40%，粒径以10～20 cm为主，其余为粉土。

滑带土：滑带宽10～40 cm，灰黑色、土黄色，为砾质黏土，可塑至硬塑状，由主要由粉土、砂粒、砾石组成（见图2-9）。角砾呈一定的定向性，砾石主要以变质砂岩、板岩为主，具有一定磨圆度，含量20%～30%，粒径以

图2-9　高程2360~2380m边坡的滑带土

0.5~2cm为主，碎石含量5%~10%，砂粒含量20%~25%，粉土含量为30%~50%。

　　边坡整体干燥，未见有地下水露头，但滑带土及附近相对较湿。开挖后的土质边坡主要成分为混合土碎石和碎石土，结构密实至中密，开口线附近较松散，开挖边坡整体稳定，但滑带土性状较差。

　　（3）工程边坡DB3区。

　　工程边坡DB3区为土质边坡，位于上游侧高程2315~2195m，开挖边坡走向SN~N50°W，边坡开挖坡比一般为1:1.2~1:1.4（见图2-10）。

图2-10　高程2210m段土质边坡坑探

边坡覆盖层主要成分为混合土碎石和碎石土，通过钻孔和坑探查明，覆盖层一般厚度为2~5 m，以中密至密实为主，开口线附近较松散。

混合土碎石（见图2-11）：多呈灰黄色，部分为灰黑色，碎石含量50%~55%，粒径6~20 cm，块石含量5%~15%，粒径20~40 cm，角砾含量约25%，粒径0.2~6 cm，其余为粉土，块石、碎石、角砾原岩成分为变质石英砂岩，弱风化，呈棱角状。

图2-11　高程2240~2255 m段土质边坡

碎石土（见图2-12）：位于基覆面附近，厚1~3 m，呈土黄色至深灰色，局部灰白色，主要由角砾、砾石、砂质粉土及粉土组成。砾石多呈强风化，母岩以变质钙质石英砂岩、板岩为主。砾石多呈棱角状，含量30%~45%，粒径以0.5~4 cm为主，碎石含量30%~40%，粒径6~12 cm，粉土含量15%~30%。

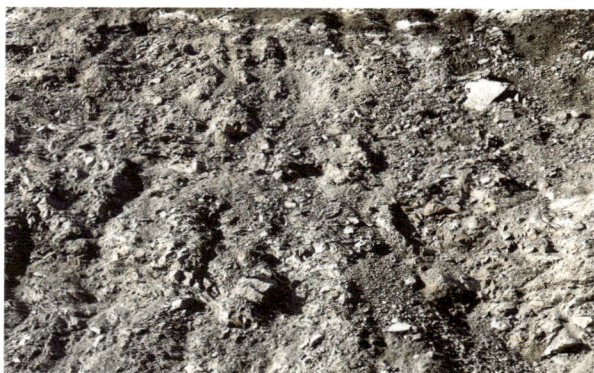

图2-12　碎石土典型照片

边坡整体干燥，未见有地下水露头。开挖后的土质边坡主要成分为混合土碎石和碎石土，碎石土分布在基覆面附近，结构密实至中密，开口线附近较松散，开挖坡比一般为1:1.2~1:1.4，开挖边坡整体稳定，设计采用喷锚及排水孔进行固坡排水处理。经排查，边坡加固后的混凝土喷层未发现有变形迹象，边坡稳定性较好。

（4）工程边坡DB4区。

工程边坡DB4区为土质边坡，位于下游侧高程2420～2225 m，开挖边坡走向N30°W～N40°W，边坡开挖坡比一般为1：1.2～1：1.4。

边坡覆盖层主要成分为混合土碎石，覆盖层一般厚度为2～4 m，局部达6 m，以稍密为主，开口线附近较松散。

混合土碎石（见图2-13）：多呈灰黄色，碎石含量40%～55%，粒径6～20 cm，块石含量10%～15%，粒径20～40 cm，角砾含量15%～25%，粒径0.2～6 cm，其余为粉土，块石、碎石、角砾原岩成分为变质石英砂岩，弱风化，棱角状。

图2-13　高程2340 m下游侧坡混合土碎石

边坡整体干燥，未见有地下水露头。开挖后土质边坡主要成分为混合土碎石，结构稍密，开口线附近较松散。

（5）工程边坡DB5区。

工程边坡DB5区为土质边坡，位于下游侧高程2225～2195 m，开挖边坡走向N30°W，边坡开挖坡比一般为1：1.2～1：1.3。

边坡覆盖层主要成分为混合土碎石和碎石土，根据前期钻探结果，土体水平厚15～25 m，以密实至中密为主，开口线附近较松散。

混合土碎石（见图2-14）：呈灰黄至灰黑色，碎石含量占40%～55%，粒径6～20 cm，块石含量10%～15%，粒径20～40 cm，成分为变质石英砂岩、板岩，以强风化为主，少量为弱风化，角砾含量占20%～30%，粒径0.2～6 cm，其余为粉土。

图2-14　高程2210～2225 m下游侧坡混合土碎石

图2-15　高程2180～2195 m下游侧边坡碎石土

碎石土（见图2-15）：位于基覆面附近，厚1～2 m，呈土黄色至深灰色，局部灰白色，主要由角砾、砾石、粉土组成。砾石多呈强风化，母岩以变质钙质石英砂岩、板岩为主，结构密实至中密。砾石多呈棱角状，含量30%～45%，粒径以0.5～4 cm为主，碎石含量25%～40%，粒径一般为6～12 cm，粉土含量为15%～30%。

边坡整体干燥，未见有地下水露头，局部见潮湿现象。开挖后土质边坡主要成分为混合土碎石，结构稍密至中密，开口线附近较松散。

（6）工程边坡DB6区。

工程边坡DB6区为岩质边坡，位于旦波崩坡积体后部，高程2405～2465 m，开挖边坡走向N35°～50°W，边坡开挖坡比一般为1∶1.2～1∶1.3（见图2-16）。

该区边坡为岩性可分为三个岩性段，分别为变质钙质石英砂岩夹砂质板岩、砂质板岩夹变质钙质石英砂岩和变质钙

图2-16　高程2420～2435 m段岩质边坡

质石英砂岩夹少量炭质板岩；岩层产状为N50°～70°W，NE∠15°～30°，层厚5～10 cm，薄层状，面平直粗糙，局部见铁锰质渲染。边坡发育断层fd1，产状N50°～70°WNE∠15°～25°，带宽30～60 cm，面起伏，带内灰黑色片状岩、碎裂岩、泥质填充，断层长度约50 m。

岩体中节理发育，高程2435～2465 m主要发育：①N5°E SE∠75°～80°，微张，面平直粗糙，断续延伸；②N60°E SE∠80°～85°，微张，面平直粗糙，断续延伸；③N5°W SW∠80°～85°，面微张，断续延伸。高程2420～2435 m主要发育：①N20°E NW∠80°～85°，微张，面平直粗糙，断续延伸；②N80°W SW∠80°，微张，面平直粗糙，断续延伸；③N60°W NE∠50°～60°，面微张，断续延伸。高程2405～2420 m主要发育：①N10～15°E NW∠80°～90°，微张，面平直粗糙，断续延伸；②N45°ENW∠85°，微张，面平直粗糙，断续延伸；③N45°W SW∠50°～60°，面微张。

边坡岩体以全风化至强风化为主，局部见炭质板岩出露，呈全风化。边坡整体干燥，边坡受层理和节理密集切割组合影响，边坡岩体破碎，主要为Ⅳ～Ⅴ类

岩体，局部全风化岩体为Ⅴ类。未见有地下水点露头。

开挖边坡岩层为斜顺向坡，边坡中发育缓倾角断层fd1。由于边坡开挖坡角较缓，岩层和断层倾角均较缓，断层fd1延伸较短，对边坡整体稳定影响较小。

（7）工程边坡DB7区。

工程边坡DB7区主要为岩质边坡，位于旦波崩坡积体中部高程2195~2405 m，其中部高程2340~2405 m分布有小范围混合土碎石及碎石土。开挖边坡走向N45°~55°W，边坡开挖坡比一般为1:1.2~1:1.3（见图2-17~图2-19）。

该区岩质边坡岩性为砂质板岩、变质钙质石英砂岩夹少量炭质板岩，区内在高程2225~2360 m分布3层连续延伸的变质钙质石英砂岩，砂质板岩、炭质板岩有连续延伸、断续延伸和局部分布；岩层产状为N20°~60°E NW∠15°~30°，板岩层厚5~10 cm，薄层状，变质钙质石英砂岩层厚以30~80 cm为主，中厚层及厚层状。

边坡发育12条断层，断层性状见表2-4。节理发育，主要发育：①N20°E SE∠80°，微张，面平直粗糙，断续延伸；②N15°E⊥，微张，面平直粗糙，断续延伸；③N65°W

图2-17 高程2360~2390 m段岩质边坡

图2-18 高程2255~2270 m段岩质边坡

图2-19 高程2270~2285 m段岩质边坡

NE∠55°~60°，面微张，断续延伸；④N30°E SE∠75°，面扭曲，粗糙，起伏不平，延伸短，张开0.2~2 mm；⑤N60°W SW∠70°~80°，面微扭，粗糙，延伸短，张开0.5~2 mm。

表2-4　高程2195 m~2405 m段构造一览表

编号	产状	宽度（cm）	地质描述
fd2	N15°~20°E NW∠40°~45°	20~40	夹碎裂岩、碎粉岩，局部夹少量石英脉，为张扭性，呈全风化状
fd3	N25°E W∠15°	20~30	夹碎裂岩、碎粉岩，局部夹少量石英脉，呈全至强风化状
fd4	N15°~20°E NW∠40°~45°	20~40	夹碎裂岩、碎粉岩，局部夹少量石英脉，张扭性，呈全风化状
fd5	SN W∠80°~85°	20~30	面起伏，带内为片状岩、碎裂岩填充，多为石英脉
fd6	N65°W NE∠65°	20~40	带内为片状岩、碎裂岩、碎块岩填充，面见擦痕，影响带岩体、破碎
fd7	N10°E NW∠45°	5~10	带内充填岩块、碎裂岩，局部充填石英脉，带内呈全风化状
fd8	N20°E NW∠45°	0.5~3	带内充填碎裂岩、石英，面较平直粗糙
fd9	N20~30°E NW∠10°	5~10	局部宽15 cm，带内充填石英脉
fd10	N20~30°E NW∠20°	5~10	局部可达40~50 cm，带内充填石英脉
fd11	N20~30°E NW∠20°	5~10	带内充填石英脉
fd12	N20~25°E NW∠20°	2~5	面扭曲粗糙，延伸长，带内充填碎裂岩，局部充填石英脉
fd13	N20°E NW∠20°	2~3	面扭曲粗糙，带内充填碎裂岩，局部充填石英脉

　　边坡岩体以全风化至强风化为主，局部见炭质板岩出露，呈全风化，在高程2280~2305 m的变质钙质石英砂岩呈弱风化。边坡受断层、层理和节理密集切割

组合影响，边坡岩体破碎，主要为Ⅳ～Ⅴ类岩体，全风化岩体为Ⅴ类，弱风化岩体为Ⅳ类。

岩层为斜逆向坡，对边坡稳定有利；由于边坡发育的12条断层延伸均不长，大多逆倾坡内，对边坡稳定性影响小。高程2340～2405 m分布有小范围的混合土碎石及碎石土，为保持坡面平整的残留，厚0.5～2 m，中密至密实。边坡大都干燥，仅在高程2210～2260 m、2300～2350 m局部段在雨季见渗水、流水现象。

2.4.2 施工期地质变化

根据施工期开挖边坡揭露地质情况，崩坡积体物质组成更为复杂且无规律性，实际开挖覆盖层厚度明显大于前期地质勘探覆盖层厚度，按设计厚度无法开挖至基岩，进一步证明崩坡积体的地勘工作存在一定程度的局限性和地质条件的不可预见性。

（1）混合土碎石含量及密度增加。

招标阶段：混合土碎石层块石含量约20%，碎石含量40%，角砾含量20%～30%。该层总体上结构中密，泥质弱胶结。

施工阶段：混合土碎石层碎石含量35%～55%，块石含量5%～15%，成分为变质石英砂岩、板岩，以强风化为主，少量为弱风化，角砾含量15%～30%。该层主要以密实至中密为主。

招标阶段混合土碎石层的块石、碎石含量为60%，施工阶段混合土碎石层的块石、碎石含量最高达70%，承包人现场实测，块石、碎石含量达75%。

（2）覆盖层厚度增加。

根据投标阶段处理方案，高程2175 m/2225 m以上崩坡积体开挖至基岩面；施工阶段设计蓝图要求开挖减载边坡基岩面坡比陡于1∶1.5的开挖区均清除覆盖层至基岩，基岩面坡比缓于1∶1.5的缓坡保留与基岩面接触的碎石土层20 cm左右。

施工阶段边坡开挖相关工程量情况与投标阶段对比见表2-5：

表2-5　旦波崩坡积体开挖相关工程量对比（投标与施工阶段）

序号	项目名称	单位	工程量			备注
			投标阶段	施工阶段	施工－投标	
边坡开挖高程2225 m以上						
1	边坡开挖	m³	1548154	2068855	＋520701	
2	开挖区投影面积	m²	96606	97706	＋1100	
3	开挖区表面积	m²	113400	114691	＋1291	
4	平均开挖厚度	m	13.7	18.0	＋4.3	
边坡开挖高程2225～2175 m						
1	边坡开挖	m³	373346	477842	＋104496	
2	开挖区投影面积	m²	9633	22989	＋13356	
3	开挖区表面积	m²	11890	28375	＋16485	
4	平均开挖厚度	m	31.4	16.8	－14.6	
边坡开挖高程2175 m以下						
1	边坡开挖	m³	0	670963	＋670963	
2	开挖区投影面积	m²	0	53810	＋53810	
3	开挖区表面积	m²	0	69542	＋69542	
4	平均开挖厚度	m	0	9.6	＋9.6	

由表2-5可以看出，施工阶段崩坡积体边坡整体平均开挖厚度明显大于投标阶段。

根据补充地勘成果，复核旦波崩坡积体高程2400、2300、2200 m地质平切图如图2-20所示：

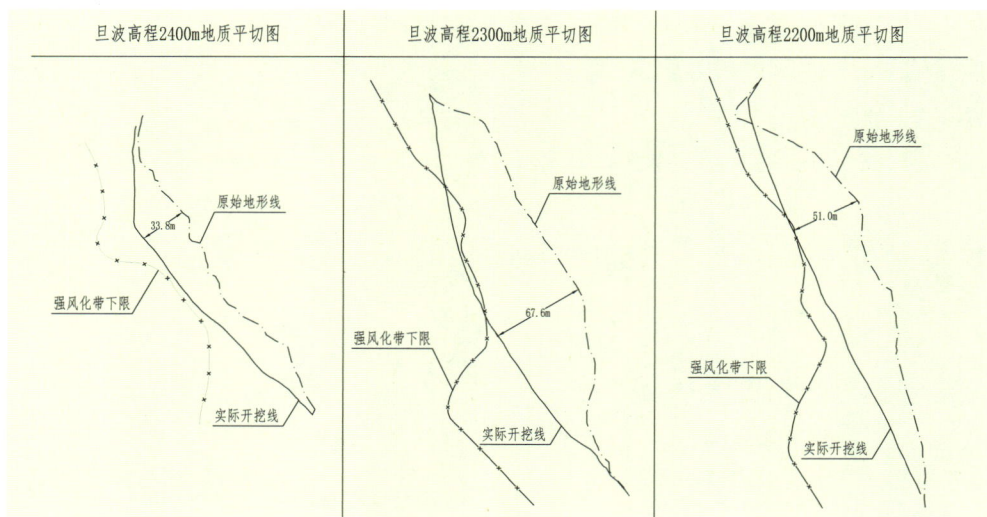

图2-20　旦波崩坡积体地质平切图

结合地质平切图，按设计厚度无法开挖至基岩，即使增加开挖厚度（实际最大开挖厚度达67.6 m），实际揭露土层仍以混合碎石土和混合土碎石为主。

根据现场实际揭露地质条件，经测算旦波崩坡积体开挖区总表面积为222463 m²，其中揭露基岩范围表面积为40972 m²，占比18.4%，土石分界范围见图2-21。

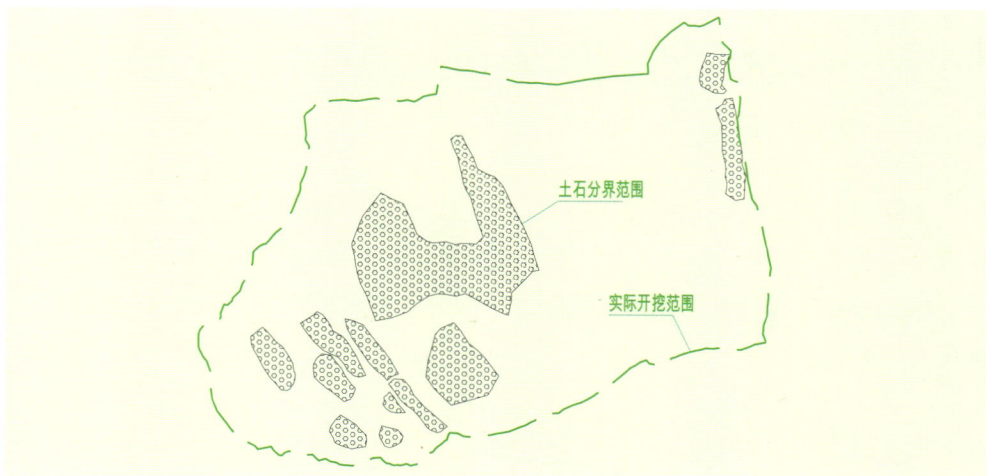

图2-21　旦波崩坡积体土石分界范围

综上所述，施工阶段边坡整体开挖厚度平均增厚了4.3 m，实际最大开挖厚度达67.6 m，实际揭露土层仍以混合碎石土和混合土碎石为主，可见施工阶段覆盖层实际厚度明显大于前期地质勘探覆盖层厚度。

3 旦波崩坡积体稳定性分析

稳定性分析采用定性分析和定量分析两种方法，重点是对崩坡积体的稳定现状进行评估，并对该崩坡积体在水库蓄水运行期间的稳定状态演变进行预测。其中定量分析采用软件SLOPE/W。SLOPE/W是一个功能强大的边坡稳定性分析程序，被广泛应用于水利工程、矿冶工程及建筑工程的分析与设计。目前该软件在全国许多大型水电工程中均有应用，如锦屏梯级电站的库区边坡、三峡库区边坡、大渡河部分水电边坡及卡拉水电站巨型滑坡等，可靠性得到充分验证，效果良好。

下面分别对旦波崩坡积体处理前后的边坡稳定性进行分析，证明旦波崩坡积体处理的必要性及治理措施的合理性。

3.1 旦波崩坡积体处理前稳定性分析

3.1.1 稳定性定性分析

崩坡积体两侧有冲沟发育，后缘为裸露的基岩，前缘临江为胶结角砾岩。目前，崩坡积体整体处于稳定状态，未见明显变形、破坏迹象。但据调查访问，崩坡积体的后缘及上游侧中上部在丰水年的雨季多见有拉裂现象，后部居民房屋墙体多处见有开裂现象（见图3-1）。另外，崩坡积体后缘局部有轻微的错动现象（见图3-2），表现为地表10～15 cm的小跌坎。

崩坡积体地面坡度较陡，一般坡度33°～45°，平均约36°，下伏基岩面坡度亦陡，一般坡度35°～45°，平均约37°，纵剖面上基岩面大致呈直线状，无缓坡或反翘阻滑段。物质组成复杂，总体来看中、上部为混合土碎石层，泥质弱胶结，底部为碎石土层，呈中等密实状，形成崩坡积体结构上的底部软弱层。根据平洞揭露，碎石土层雨季可形成上层滞水，碎石土层洞段有渗水和滴水现象，垮塌严重。

图3-1　旦波民房裂缝

崩坡积体排水条件较好，一般情况下，地下水活动不活跃，但在暴雨工况，碎石土层具有一定隔

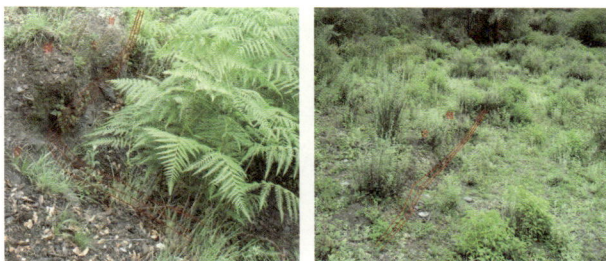

图3-2　崩坡积体后缘错台

水作用，碎石土层以上可能形成上层滞水，此时地下水表现为较活跃。

综上所述，崩坡积体虽目前处于整体稳定状态，但其坡面及基岩面底部有软弱层分布，安全余度不足，定性分析该崩坡积体属于潜在不稳定边坡。

3.1.2　崩坡积体稳定性定量分析

（1）边坡级别及设计安全系数。

旦波崩坡积体位于坝址上游约500 m处，根据《水电水利工程边坡设计规范》（DL/T 5353—2006），属B类边坡，考虑到其失稳产生的涌浪可能对混凝土双曲拱坝、地面开关站、发电进水口运行有一定影响，故将其安全级别定为Ⅰ级。边坡设计安全系数控制标准与可研阶段一致，见表3-1。施工期稳定安全系数控制标准按短暂工况控制，取值1.05。

表3-1　边坡设计安全系数

设计工况	持久工况	短暂工况	偶然工况
设计安全系数	1.15	1.05	1.05

（2）地震设防标准。

根据中国地震局地震预测研究所提出的《四川省雅砻江杨房沟水电站地震安全性评价报告》和中国地震灾害防御中心提供的《杨房沟水电站坝址设计地震动参数补充工作报告》可知，本工程区域地震基本烈度为Ⅶ度，不同超越概率标准的基岩水平地震动峰值加速度见表3-2。

表3-2　坝址场地不同超越概率标准的基岩水平地震动峰值加速度

概率	50 年超越概率			100 年超越概率	
	63%	10%	5%	2%	1%
基岩水平峰值加速度	51.0 gal	144.5 gal	191.5 gal	302.4 gal	378.4 gal

根据《水电枢纽工程等级划分及设计安全标准》（DL 5180—2003）及《水电工程水工建筑物抗震设计规范》（NB 35047—2015）的有关规定，"对于工程抗震设防类别其他非甲类的水工建筑物应取50年内超越概率P_{50}为0.10"，结合杨房沟水电站工程特点，旦波崩坡积体抗震设防标准以50年为基准期，超越概率为10%确定设计概率水准，相应的地震水平加速度为144.5 gal。

（3）崩坡积体的物理力学性质。

根据室内试验结果，参考工程地质类比和反演分析强度参数等方法，经综合考虑，最终确定旦波崩坡积体岩土体物理力学参数见表3-3：

表3-3 旦波崩坡积体岩土体物理力学参数综合取值表

参数 岩土体	天然状态			饱水状态			弹性模量 （GPa）	泊松比	地基系数 10⁶kPa/m （kN/m³）	单轴饱和抗压极限强度 （MPa）
	内聚力（kPa）	内摩擦角Φ（°）	容重（kN/m³）	内聚力（kPa）	内摩擦角Φ（°）	容重（kN/m³）				
混合土碎石层	60	36	22.8	50	34	23.3	—	—	—	—
碎石土层	70	34	22.8	55	32	23.1	—	—	—	—
钙华	400	40	25	350	38	25.5	3～5	0.30～0.35	0.10～0.15	20～30
角砾岩	450	42	26	400	40	26.5	3～5	0.27～0.30	0.15～0.25	30～40
全风化～强风化层	90	37	24.5	70	35	25.0	1～3	0.35～0.38	0.05～0.10	5～10
弱风化层上段	350	40	26.0	300	38	26.5	3～5	0.30～0.35	0.15～0.25	20～30

（4）计算方法、工况。

①计算方法和使用程序。

稳定性计算是评价边坡稳定性的基本方法，本次计算采用GeoStudio系统软件中的SLOPE模块，即SLOPE/W边坡分析软件。SLOPE/W是应用极限平衡理论（包括力平衡和力矩平衡）计算土体边坡和岩石边坡安全系数的软件。应用极限平衡理论选择多种土体模型，对不同的土体类型、复杂的土层和滑动面形状及多种孔隙水压力状况建立计算模型，通过输入计算参数进行稳定性分析。其原理是通过经验给出一系列可能的滑动面的切线及对应的滑动中心，根据不同的边坡类型和岩土性质，可以选择普遍条分法、毕肖普（Bishop）法、詹布（Janbu）简化法、摩根斯坦（Morgenstern-Price）法等分析方法，程序采用"地毯式"的搜索方法计算各种组合滑动面边坡的安全系数，同时进行各安全系数的比较，最小的安全系数对应的滑动面组合即为最危险的滑动面组合。

本次计算以摩根斯坦（Morgenstern-Price）法和毕肖普（Bishop）法作为计算评价依据。

②计算工况、荷载及荷载组合。

根据边坡区自然地理、地质基本条件，在边坡稳定分析计算时分别考虑天然状况、暴雨、地震等三种基本条件，对不同组合情况进行稳定性分析，具体工况组合详见表3-4：

表3-4　旦波崩坡积体稳定性计算工况组合表

设计工况	工况编号	状态	荷载组合内容
持久工况	1	天然状态	自重+现状河道水位+现状地下水
	2	正常蓄水位	自重+正常蓄水位+正常蓄水位状态地下水
	3	设计洪水位	自重+设计洪水位+设计洪水位状态地下水
短暂工况	4	校核洪水位	自重+校核洪水位+校核洪水位状态地下水
	5	暴雨	自重+现状河道水位+汛期暴雨状态地下水
	6	设计洪水位+暴雨	自重+设计洪水位+汛期暴雨状态地下水
	7	库水位下降	自重+坝前库水位骤降至死水位+正常蓄水位状态地下水
偶然工况	8	地震	自重+现状地下水+地震
	9	正常蓄水位+地震	自重+正常蓄水位+正常蓄水位状态地下水+地震

各设计工况荷载分析：

a. 天然状态。根据地质勘探成果，天然状态河水位取现状水位1987 m高程，低于崩坡积体坡脚。地下水位线为实测天然状态地下水位线。地下水位线以上部分的土层采用天然状态下的参数，地下水位线以下部分的土层采用饱和状态下的参数。

b. 正常蓄水位状态。蓄水后水位取正常蓄水位2094 m，地下水位线采用推测后的地下水位线。地下水位线以上部分的土层采用天然状态下的参数，地下水位线以下部分的土层采用饱和状态下的参数。

c. 设计洪水位状态。水位取设计洪水位2096.27 m，地下水位线采用推测后的地下水位线。地下水位线以上部分的土层采用天然状态下的参数，地下水位线以下部分的土层采用饱和状态下的参数。

d. 校核洪水位状态。水位取校核洪水位2099.91 m，地下水位线采用推测后的地下水位线。地下水位线以上部分的土层采用天然状态下的参数，地下水位线以下部分的土层采用饱和状态下的参数。

e. 暴雨状态。参考类似工程经验，暴雨工况考虑按一定厚度的土体饱水状态进行分析。地下水位线以上部分的土层采用天然状态下的参数，地下水位线以下部分的土层采用饱和状态下的参数。

f. 库水位下降状态。考虑坝前库水位由正常蓄水位2094 m骤降到死水位2088 m，按最危险情况考虑，即地下水压力不消散，地下水位线采用蓄水状态的地下水位线。

g. 地震状态。地震计算采用规范推荐的拟静力法，地震效应折减系数取0.25，其抗震设防标准采用50年超越概率10%设计，相应基岩地震动峰值加速度为144.5 gal。

（5）边界条件及计算模型。

自2006年12月开始先后在崩坡积体上布置5个勘探平洞、22个钻孔和2条地震波测试。根据地质勘探结果，旦波崩坡积体沿江近南北展布，东西长约560 m，南北宽约330 m，整个崩坡积体面积约为0.52 km²。崩坡积体工程地质图见图3-3。

旦波崩坡积体工程地质图

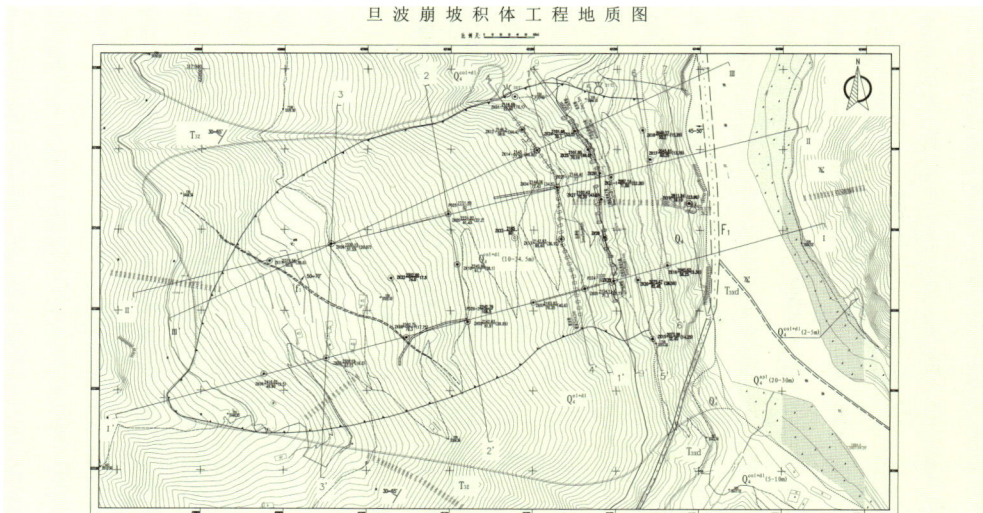

图3-3　旦波崩坡积体工程地质图

从图中可以看出：沿南北展布方向（河流方向）共布置3条勘探线，由下游到上游分别为Ⅰ-Ⅰ′、Ⅱ-Ⅱ′、Ⅲ-Ⅲ′地质纵剖面。其中Ⅱ-Ⅱ′剖面往下游200 m（崩坡积体下游边界）范围崩坡积体坡面近东西向，坡面走向基本与雅砻江河流正交；Ⅱ-Ⅱ′剖面往上游130 m（崩坡积体上游边界）范围崩坡积体坡面向北略有旋转，坡面走向与雅砻江河流呈小角度斜交。

本阶段结合旦波崩坡积体的分布情况和地质勘探成果，选取Ⅰ-Ⅰ′、Ⅱ-Ⅱ′、Ⅲ-Ⅲ′剖面进行稳定性计算，工程地质纵剖面图见图3-4～图3-6。

旦 波 崩 坡 积 体（I-I'）工 程 地 质 纵 剖 面 图

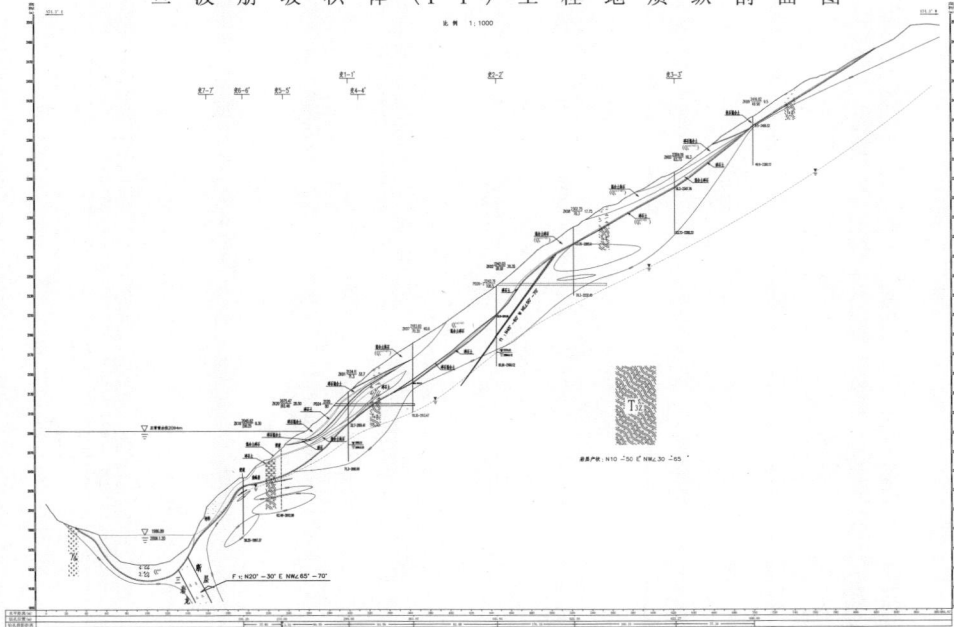

图3-4　旦波崩坡积体Ⅰ-Ⅰ'工程地质纵剖面图

旦 波 崩 坡 积 体（Ⅱ-Ⅱ'）工 程 地 质 纵 剖 面 图

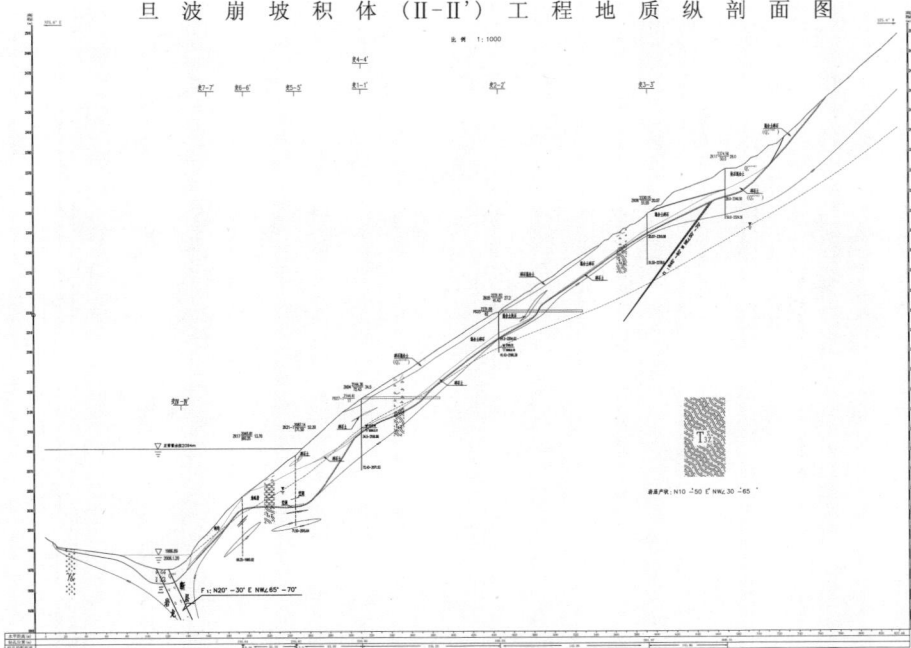

图3-5　旦波崩坡积体Ⅱ-Ⅱ'工程地质纵剖面图

旦 波 崩 坡 积 体 （ Ⅲ-Ⅲ' ） 工 程 地 质 纵 剖 面 图

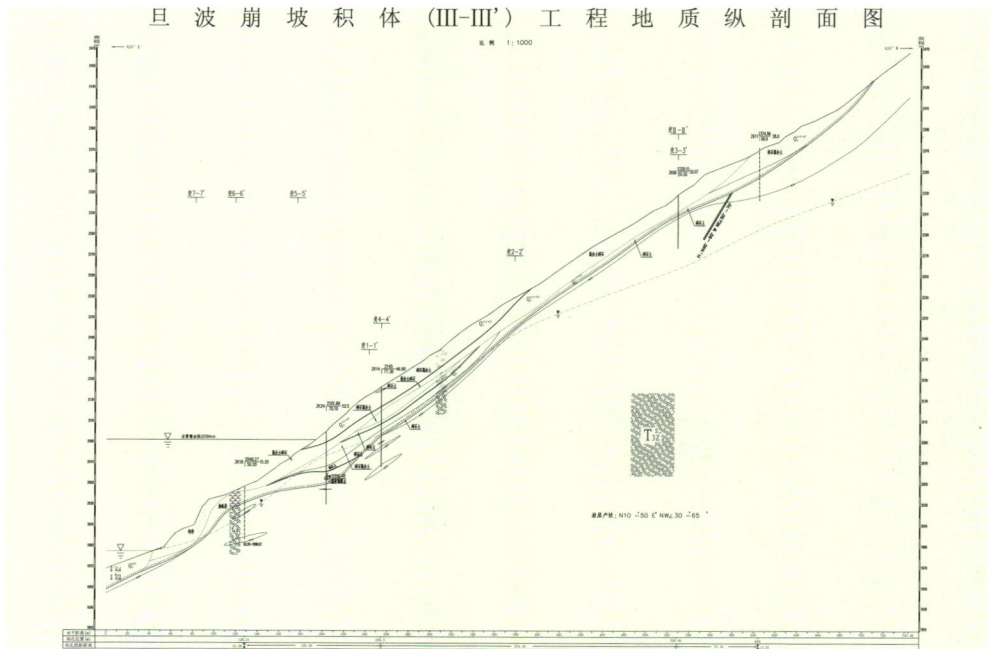

图3-6　旦波崩坡积体Ⅲ-Ⅲ'工程地质纵剖面图

（6）稳定性计算成果。

Ⅰ-Ⅰ'剖面整体稳定性和最不利稳定性成果见表3-5：

表3-5　Ⅰ-Ⅰ'剖面稳定安全系数成果表

水库运行工况	工况编号	状态	计算方法	稳定安全系数		B类Ⅰ级安全标准
				整体	最不利	
持久工况	1	天然状态	Bishop	1.24	1.20	1.15
			M-P	1.24	1.18	
	2	正常蓄水位	Bishop	1.20	1.16	
			M-P	1.21	1.14	
	3	设计洪水位	Bishop	1.19	1.15	
			M-P	1.20	1.13	

续表

水库运行工况	工况编号	状态	计算方法	稳定安全系数		B类Ⅰ级安全标准
				整体	最不利	
短暂工况	4	校核洪水位	Bishop	1.19	1.15	1.05
			M-P	1.20	1.13	
	5	暴雨	Bishop	1.06	1.04	
			M-P	1.07	1.03	
	6	设计洪水位+暴雨	Bishop	1.06	1.03	
			M-P	1.06	1.02	
	7	库水位下降	Bishop	1.18	1.11	
			M-P	1.19	1.10	
偶然工况	8	地震	Bishop	1.15	1.12	1.05
			M-P	1.16	1.11	
	9	正常蓄水位+地震	Bishop	1.12	1.08	
			M-P	1.13	1.07	

由表3-5可以看出：Ⅰ-Ⅰ'剖面整体稳定性较好，符合安全控制标准；最不利稳定性正常蓄水位、设计洪水位、暴雨、设计洪水位+暴雨工况稳定安全系数均大于1.0，但不符合标准要求；正常蓄水位、设计洪水位、校核洪水位不同水位状态下，稳定安全系数基本一致；Ⅰ-Ⅰ'剖面整体稳定性和最不利稳定性受设计洪水位+暴雨工况控制，其整体和最不利滑面位置示意图见图3-7、图3-8。

1.059

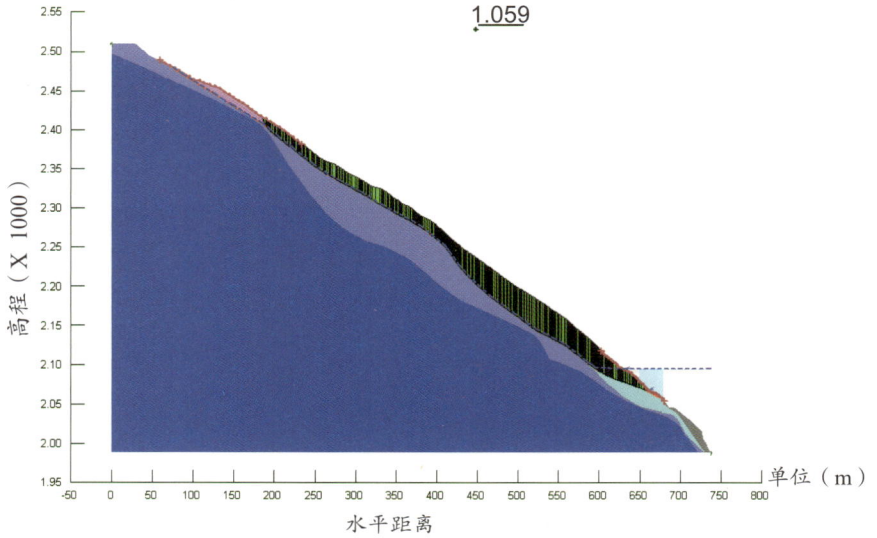

图3-7　Ⅰ-Ⅰ′剖面设计洪水位＋暴雨工况整体滑面示意

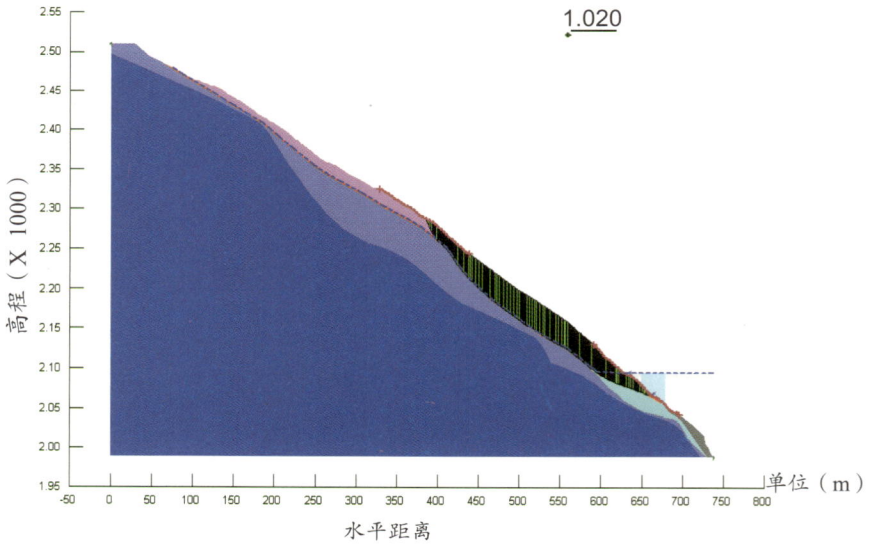

1.020

图3-8　Ⅰ-Ⅰ′剖面设计洪水位＋暴雨工况局部山体滑面示意

Ⅱ-Ⅱ′剖面整体稳定性和最不利稳定性成果见表3-6。

表3-6　Ⅱ-Ⅱ′剖面稳定安全系数成果表

设计工况	工况编号	状态	计算方法	稳定安全系数		B类Ⅰ级安全标准
				整体	最不利	
持久工况	1	天然状态	Bishop	1.21	1.16	1.15
			M-P	1.21	1.15	
	2	正常蓄水位	Bishop	1.15	1.11	
			M-P	1.16	1.10	
	3	设计洪水位	Bishop	1.15	1.11	
			M-P	1.15	1.10	
短暂工况	4	校核洪水位	Bishop	1.15	1.11	1.05
			M-P	1.15	1.10	
	5	暴雨	Bishop	1.08	1.08	
			M-P	1.08	1.08	
	6	设计洪水位+暴雨	Bishop	1.08	1.09	
			M-P	1.08	1.08	
	7	库水位下降	Bishop	1.13	1.09	
			M-P	1.13	1.08	
偶然工况	8	地震	Bishop	1.11	1.08	1.05
			M-P	1.11	1.08	
	9	正常蓄水位+地震	Bishop	1.07	1.03	
			M-P	1.07	1.02	

　　由表3-6可以看出：Ⅱ-Ⅱ′剖面整体稳定性较好，稳定安全系数均符合安全控制标准；最不利稳定性正常蓄水位、设计洪水位、正常蓄水位+地震工况稳定安全系数均大于1.0，但不符合标准要求。Ⅱ-Ⅱ′剖面整体稳定性和最不

利稳定性受设计洪水位工况控制，其整体和最不利滑面位置示意图见图3-9、图3-10。

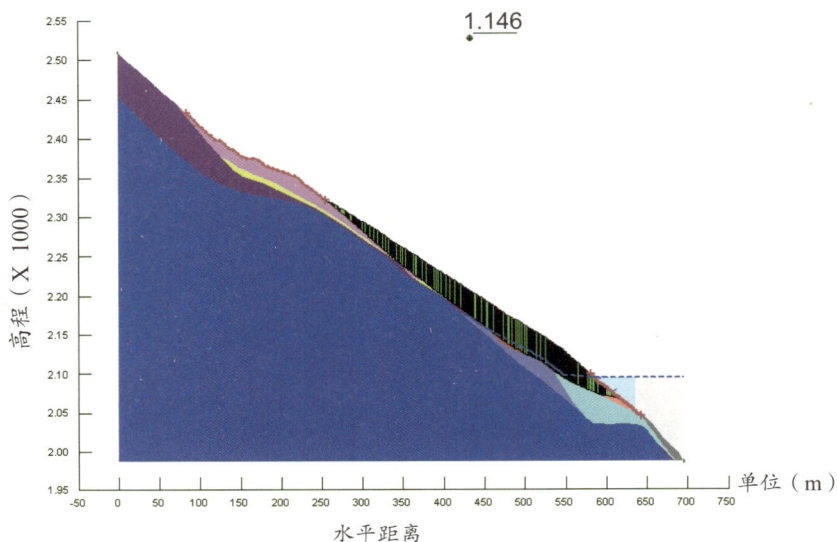

图3-9 Ⅱ-Ⅱ′剖面设计洪水位工况整体滑面示意

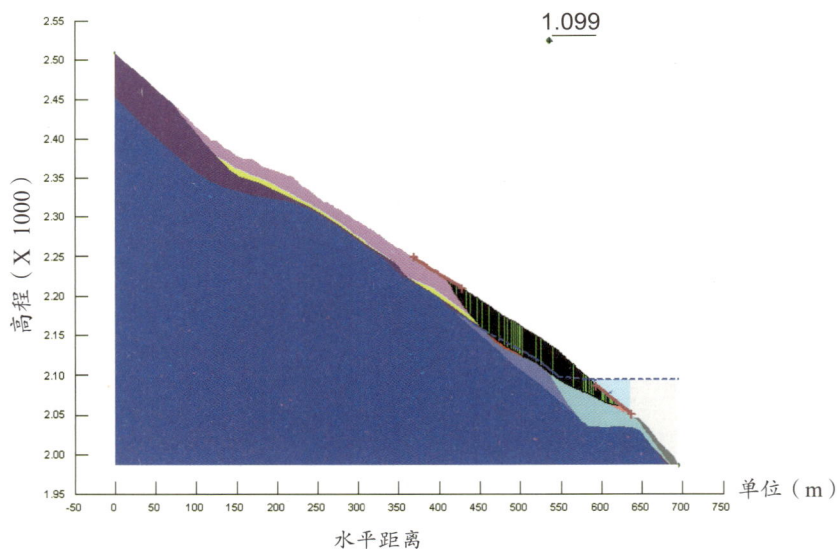

图3-10 Ⅱ-Ⅱ′剖面设计洪水位工况最不利滑面示意

Ⅲ-Ⅲ′剖面整体稳定性和最不利稳定性成果见表3-7。

表3-7　Ⅲ-Ⅲ′剖面稳定安全系数成果表

设计工况	工况编号	状态	计算方法	稳定安全系数		B类Ⅰ级安全标准
				整体	最不利	
持久工况	1	天然状态	Bishop	1.13	1.11	1.15
			M-P	1.15	1.13	
	2	正常蓄水位	Bishop	1.07	1.05	
			M-P	1.07	1.04	
	3	设计洪水位	Bishop	1.07	1.05	
			M-P	1.07	1.04	
短暂工况	4	校核洪水位	Bishop	1.07	1.05	1.05
			M-P	1.07	1.04	
	5	暴雨	Bishop	1.09	1.05	
			M-P	1.05	1.05	
	6	设计洪水位＋暴雨	Bishop	1.03	1.02	
			M-P	1.04	1.02	
	7	库水位下降	Bishop	1.05	1.03	
			M-P	1.05	1.02	
偶然工况	8	地震	Bishop	1.06	1.03	1.05
			M-P	1.09	1.05	
		正常蓄水位＋地震	Bishop	1.00	0.98	
			M-P	1.00	0.97	

由表3-7可以看出：Ⅲ-Ⅲ′剖面整体稳定性一般，持久工况下，整体稳定安全系数均不符合安全控制标准；最不利稳定性相对较差，大部分工况不符合标准

要求，特别是正常蓄水位＋地震最不利稳定安全系数已小于1.0。Ⅲ－Ⅲ′剖面整体稳定性和最不利稳定性受设计洪水位工况控制，其整体和最不利滑面位置示意图见图3-11、图3-12。

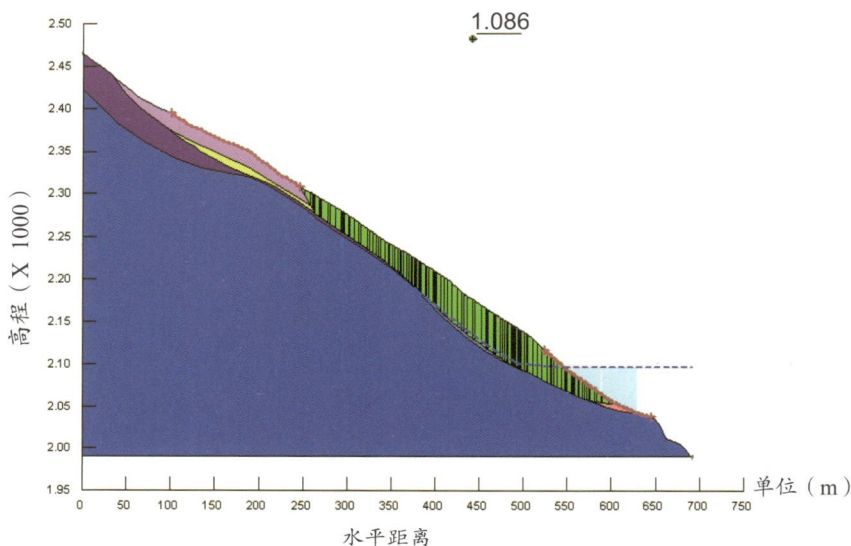

图3-11　Ⅲ－Ⅲ′剖面设计洪水位工况整体滑面示意

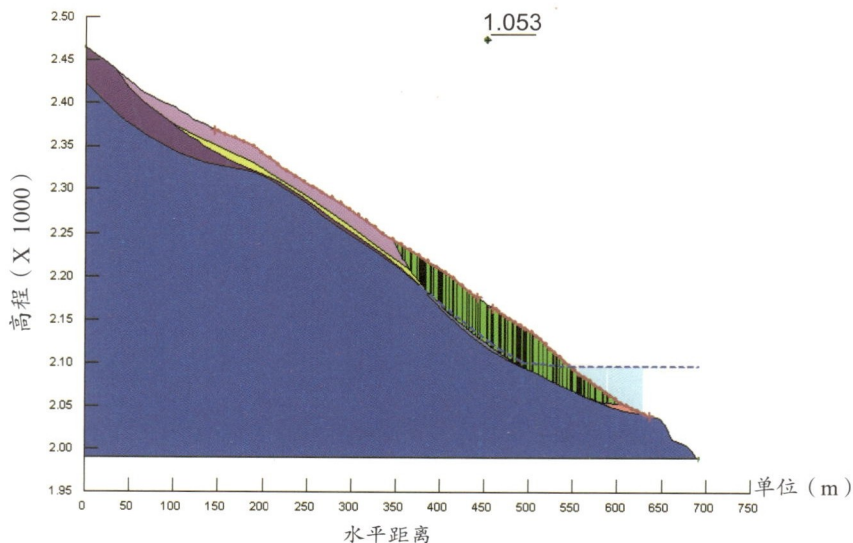

图3-12　Ⅲ－Ⅲ′剖面设计洪水位工况最不利滑面示意

3.1.3 崩坡积体的稳定性评价

根据上述分析结果，旦波崩坡积体目前除后部存在局部变形迹象外，没有发现其他明显的整体变形破坏现象，在天然状态下整体处于稳定状态。崩坡积体地形和下伏基岩面坡度较陡，下伏基岩面无缓坡或反翘阻滑段。崩坡积体底部为碎石土层，主要由角砾、岩屑及粉土组成。角砾多呈次棱角状，含量30%～40%，粒径以3～5 cm为主，碎石含量约5%，粒径以10～20 cm为主，其余为粉土，结构中密。碎石土层沿基覆界线大致呈连续分布，形成崩坡积体的底部软弱层。因此，定性判断旦波崩坡积体目前处于整体稳定状态，但属于潜在不稳定边坡。

通过对Ⅰ-Ⅰ′、Ⅱ-Ⅱ′、Ⅲ-Ⅲ′剖面稳定性计算分析，三个剖面的整体稳定性较好，除个别工况稳定安全系数略低于控制标准外，其余工况均满足规范要求。但是，三个剖面在多种工况下局部稳定不满足规范要求，其中Ⅲ-Ⅲ′剖面蓄水＋地震工况下稳定安全系数已小于1.0，低于稳定安全系数控制标准（1.05）。

综上所述，对旦波崩坡积体需采取工程处理措施以符合工程安全控制标准。

3.1.4 崩坡积体对工程的影响

（1）蓄水对崩坡积体的影响。

崩坡积体位于坝址上游约500 m处，崩坡积体的前缘高程约为2050 m（高出雅砻江水面约70 m），崩坡积体的后缘高程约为2465 m，崩坡积体总高差约400 m。当水库蓄水至正常蓄水位2094 m高程后，崩坡积体前缘约44 m高将被库水淹没，前缘地下水位随之相应上升，部分岩土体的物理性状将发生变化，强度会相应降低，但由于其所占比例不大，对边坡的整体稳定性影响相对较小。分析结果表明，水库蓄水将使崩坡积体稳定安全系数降低2.66%～6.3%。

（2）崩坡积体的破坏形式及规模。

根据旦波崩坡积体在不同工况下的稳定性分析，其破坏形式和失稳规模预测见表3-8。

表3-8 旦波崩坡积体的破坏形式及失稳规模

设计工况	工况编号	状态	破坏形式	失稳产量（×10⁶m³）
持久工况	1	天然状态	整体和最不利都稳定	—
	2	正常蓄水位	整体稳定，最不利可能失稳	1.5
	3	设计洪水位	整体稳定，最不利可能失稳	1.5
短暂工况	4	校核洪水位	整体稳定，最不利可能失稳	1.5
	5	施工期围堰挡水	整体和最不利都稳定	—
	6	暴雨	整体稳定，最不利可能失稳	0.7
	7	设计洪水位＋暴雨	整体基本稳定，最不利出现失稳破坏	1.20
	8	库水位下降	整体基本稳定，最不利失稳破坏	0.42
偶然工况	9	地震	整体稳定，最不利可能失稳	—
	10	正常蓄水位＋地震	整体基本稳定，最不利失稳破坏	0.89

（3）涌浪分析。

旦波崩坡积体位于近坝库区，当发生失稳破坏时，失稳土体快速进入水库会产生涌浪。涌浪高度除受失稳土体的滑速、失稳体积、水深等重要因素的影响外，波浪的形成还要受水库地形、库面宽度、滑动过程的持续时间以及失稳体的长度等因素的影响，尤其在峡谷地区更为显著。而且波浪在传播过程中，还受到河谷两岸的阻碍、往返的折射以及波群的相互干扰或迭加等影响，关系十分复杂。表3-9为采用水科院经验公式法、潘家铮法两种方法计算崩坡积体失稳体下滑速度及最大涌浪高度。

表3-9 失稳土体下滑速度及最大涌浪高度成果表

工况	涌浪高度计算方法	潘家铮法	水科院法	
	滑速计算方法	潘家铮法	潘家铮法	美国土木工程师协会推荐法
正常蓄水位工况	滑速（m/s）	6.88	6.88	3.21
	对岸涌浪高（m）	12.68	2.53	0.62
	坝址涌浪高（m）	5.47	1.39	0.44
正常蓄水位＋暴雨工况	滑速（m/s）	9.53	9.53	5.93
	对岸涌浪高（m）	7.16	4.09	1.70
	坝址涌浪高（m）	3.59	2.12	1.04
施工期围堰挡水工况	滑速（m/s）	9.20	9.20	8.12
	对岸涌浪高（m）	3.16	3.14	2.49
	围堰涌浪高（m）	2.50	2.49	2.06

（4）崩坡积体对工程的影响分析。

①崩坡积体对水库淤积影响分析。

由于崩坡积体在不同工况下有不同的破坏形式，失稳方量不尽相同，本次考虑淤积程度最大的破坏形式进行分析，即设计洪水位的情况。

坡体入江方量对水库的淤积主要有两种估算方法，其一是公式法；其二是经验值法。公式法在确定坡体失稳时重心落差的误差较大，计算结果误差也就较大。因此，采用经验值法确定入江方量，结合旦波崩坡积体周围的地形条件及崩坡积体的分布特征，该崩坡积体一旦失稳，约50%会滑入库中，淤积方量约77.5万 m^3，由于杨房沟水电站库容为5.1248亿 m^3，淤积仅占整体库容的0.15%，因此淤积对水库库容及运行影响不大。

②崩坡积体对枢纽工程影响分析。

如果崩坡积失稳，在正常蓄水位工况下，滑坡入水点对岸处产生的涌浪最大高度为12.68 m，对岸最大浪顶高程为2106.68 m，高于开关站平台高程

2102 m，有淹没开关站平台的危险。旦波崩坡积体距坝址近，位于坝址上游约500 m处，在正常蓄水位工况下，涌浪传播至坝址处最大浪高为5.47 m，高程为2099.47 m，在设计洪水位工况下，坝址处最大浪顶高程为2101.74 m，低于坝顶高程2102 m；在校核洪水位下，坝址处最大浪顶高程为2105.38 m，高于坝顶高程2102 m，故崩坡积体失稳产生的涌浪在正常蓄水位、设计洪水位工况无翻坝的危险，在校核洪水位工况下有翻坝危险。

旦波崩坡积体距上游围堰仅约250 m，工程施工期遭遇大暴雨，若其局部变形失稳，在围堰挡水水位2023.87 m下，围堰处最大浪顶高程为2026.37 m，低于围堰顶高程2027 m，不会发生漫围堰灾害，但可能导致淤堵导流洞进口，会对工程施工造成不利影响。

此外，由于崩坡积体距坝址较近，其变形失稳在坝前形成的大量松散堆积物对水库行洪、发电的影响也不可忽视。

3.1.5 崩坡积体综合评价

根据上述分析结果，旦波崩坡积体整体处于稳定状态，除个别工况稳定安全系数略低于控制标准外，其余工况均满足规范要求；局部稳定性多数工况安全系数小于规范要求。考虑到旦波崩坡积体距离坝址、开关站、围堰等重要建筑物较近，变形失稳将会给工程的施工和运行带来不良影响，因此有必要进行工程处理。

3.2 旦波崩坡积体处理后稳定性分析

根据设计施工方案和施工过程动态设计，旦波崩坡积体高程2150 m以上边坡开挖至基岩并采用喷锚措施进行支护，下游侧高程2225 m以下边坡覆盖层厚度较厚，采用框格梁支护，上游侧高程2435～2450 m变形体及上游侧覆盖层边坡采用开挖减载＋钢管桩＋压顶梁＋锚拉板＋锚索＋框格梁的综合处理措施。

下面分别从边坡整体、变形体区域和高程2150 m以下增加范围三个方面对旦波崩坡积体处理后稳定性进行分析。

3.2.1 整体稳定性分析

（1）计算模型及参数。

①计算模型。

根据现状开挖地形，选取Ⅰ-Ⅰ、Ⅱ-Ⅱ共2个计算剖面，剖面位置及岩土体结构见图3-13~图3-15：

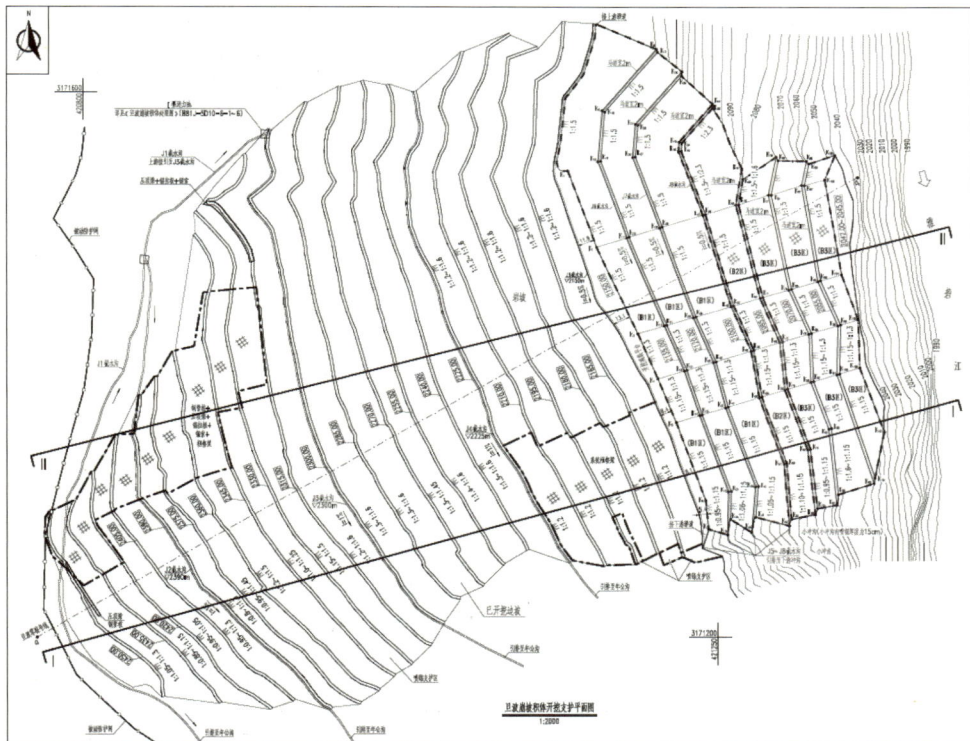

图3-13　旦波崩坡积体整体稳定性计算剖面位置

I-I

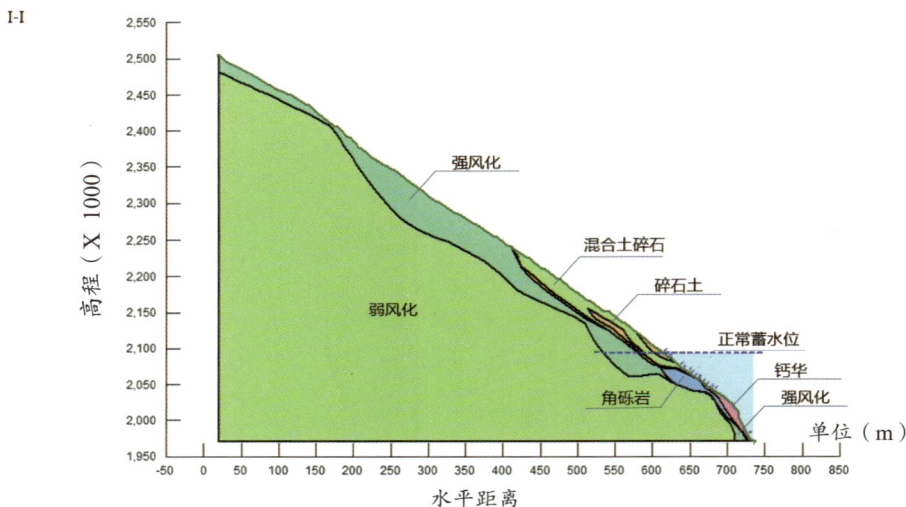

图3-14 Ⅰ-Ⅰ剖面岩土体结构

II-II

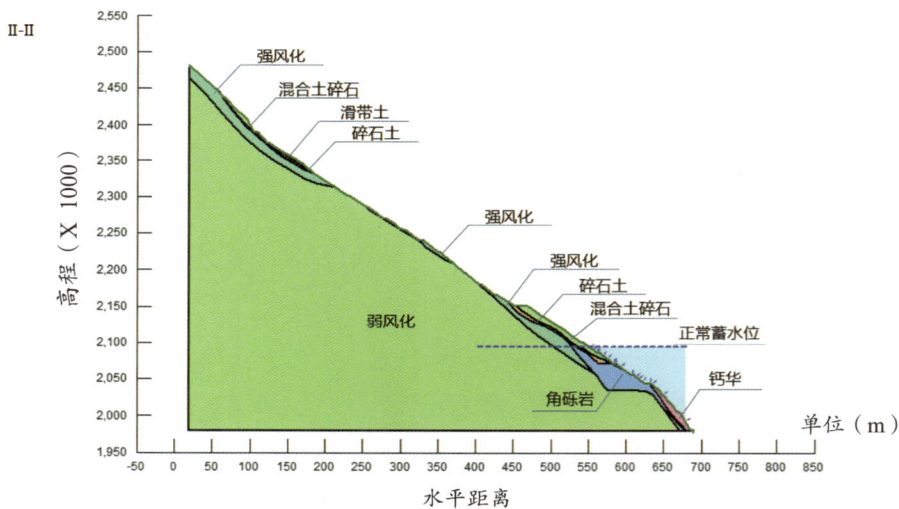

图3-15 Ⅱ-Ⅱ剖面岩土体结构

②计算参数。

各部位岩土体物理力学参数见表3-3。

（2）计算方法、工况。

①计算方法和使用程序。

稳定性计算是评价边坡稳定性的基本方法，本次计算采用GeoStudio系统软件中的SLOPE模块，SLOPE/W是一个功能强大的边坡稳定性分析程序，广泛应用于水利工程、矿冶工程及建筑工程的分析与设计。根据不同的边坡类型和岩土性质，可以选择普遍条分法、毕肖普（Bishop）法、詹布（Janbu）简化法、摩根斯坦（Morgenstern-Price）法等分析方法，程序采用"地毯式"的搜索方法计算各种组合滑动面边坡的安全系数，同时进行各安全系数的比较，最小的安全系数对应的滑动面组合即为最危险的滑动面组合。

本次计算主要以摩根斯坦（Morgenstern-Price）法作为计算评价依据。

②计算工况。

根据边坡区自然地理、地质基本条件，分别对不同工况典型状态进行稳定性分析。

a. 持久工况：持久工况选择正常蓄水位状态进行计算，库水位取正常蓄水位2094 m，采用推测的地下水位线，水位线以上的土层采用天然参数，水位线以下的土层采用饱和参数。

b. 短暂工况：短暂工况分暴雨状态和库水位骤降状态。暴雨状态下，参考类似工程经验，按一定厚度的土体饱水状态进行分析计算时各土层参数取饱和参数。库水位骤降状态下，按库水位由正常蓄水位2094 m骤降到死水位2088 m，地下水位线采用蓄水状态的地下水位线。

c. 偶然工况：短暂工况取地震状态进行计算，地震计算采用规范推荐的拟静力法，地震效应折减系数取0.25，其抗震设防标准采用50年超越概率10%设计，相应基岩地震动峰值加速度为144.5 gal。

（3）稳定性分析成果。

①Ⅰ-Ⅰ剖面。

Ⅰ-Ⅰ剖面位于旦波崩坡积体下游侧，高程2225 m以上边坡属于岩质边坡，高程2225 m以下边坡存在覆盖层。

暴雨状态（控制工况）：指定不同剪入和剪出口范围对最危险滑弧进行搜索，结果见图3-16～图3-18，其中，当滑弧从高程2225 m附近剪入，从高程2150 m以下剪出时，安全系数最小，为1.147。

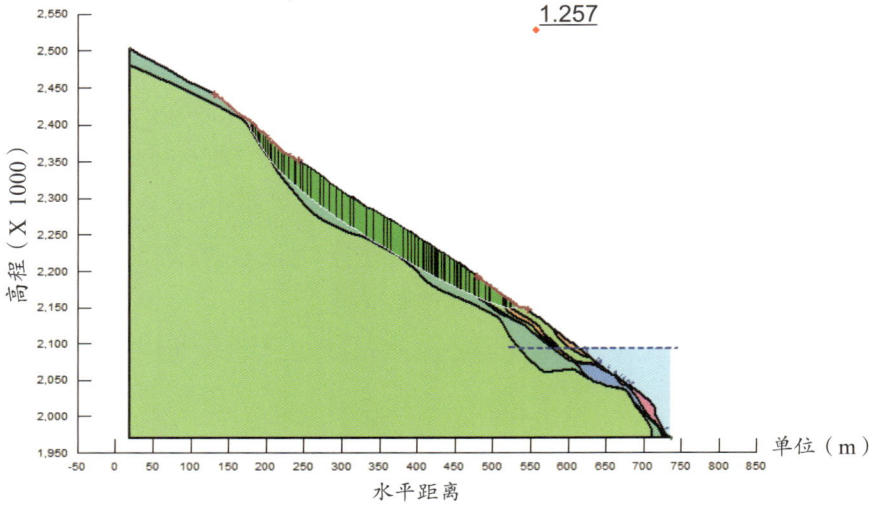

图3-16　Ⅰ-Ⅰ剖面暴雨工况最不利滑面（开口线剪入，高程2150m剪出）

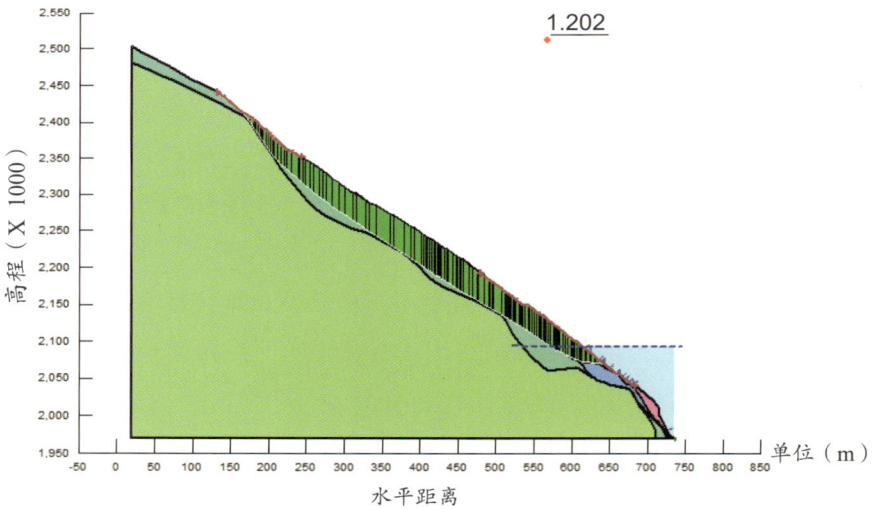

图3-17　Ⅰ-Ⅰ剖面暴雨工况最不利滑面（开口线剪入，高程2150m以下剪出）

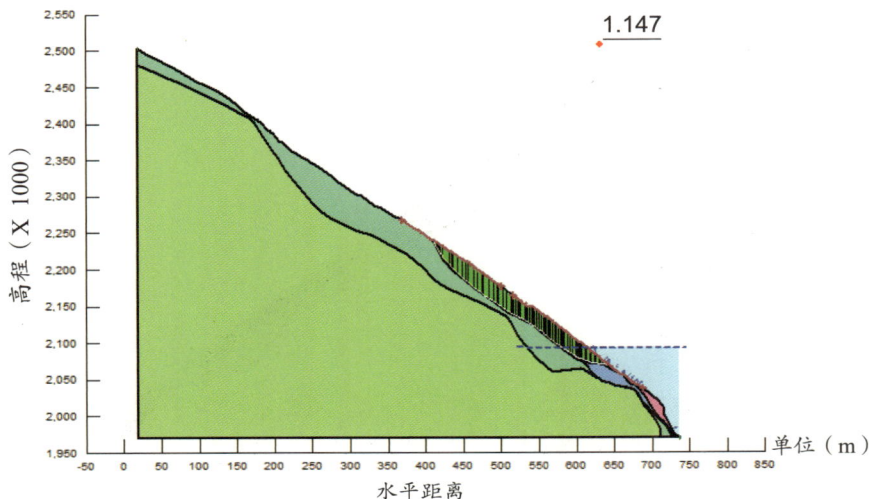

图3-18　Ⅰ-Ⅰ剖面暴雨工况最不利滑面（高程2225 m附近剪入，2150 m以下剪出）

持久工况和偶然工况分析：Ⅰ-Ⅰ剖面在持久工况下安全系数为1.298，偶然工况下安全系数为1.211，满足规范要求且有一定安全裕度，计算成果见图3-19～图3-20。

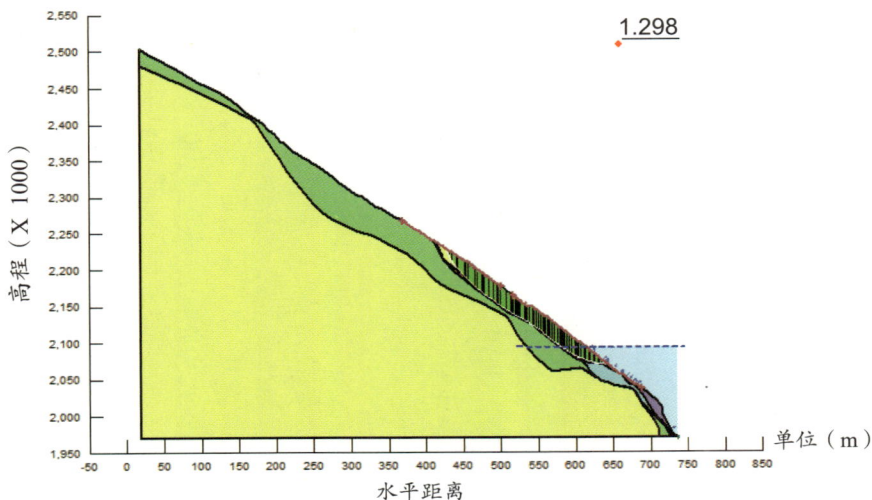

图3-19　Ⅰ-Ⅰ剖面最不利滑面（持久工况）

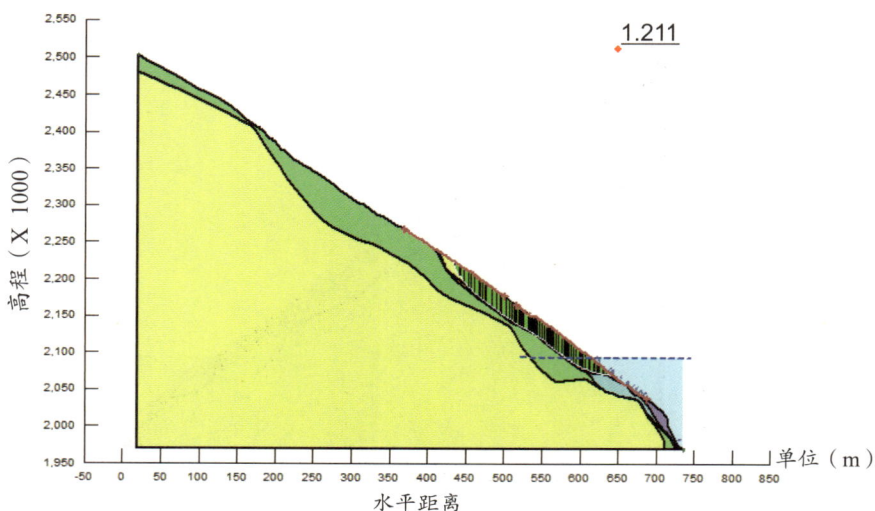

图3-20　Ⅰ-Ⅰ剖面最不利滑面（偶然工况）

②Ⅱ-Ⅱ剖面。

Ⅱ-Ⅱ剖面位于旦波崩坡积体上游侧，高程2315 m上部存在一定覆盖层且揭露有滑带，采用钢管桩＋压顶梁＋锚拉板＋锚索＋框格梁的支护方案进行支护；高程2315～2150 m边坡为岩质边坡，高程2150 m以下有较厚覆盖层。

暴雨状态（控制工况）：指定不同剪入和剪出口对最危险滑弧进行搜索，结果如图3-21～图3-24所示，当滑弧从高程2150 m附近剪入，从高程2150 m以下剪出时，安全系数最小，为1.634。

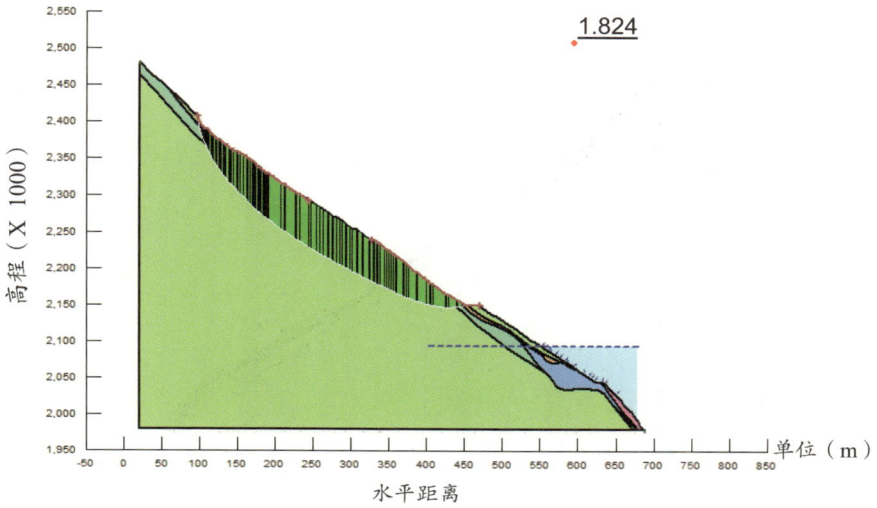

图3-21　Ⅱ-Ⅱ剖面暴雨工况最不利滑面（开口线剪入，高程2150m剪出）

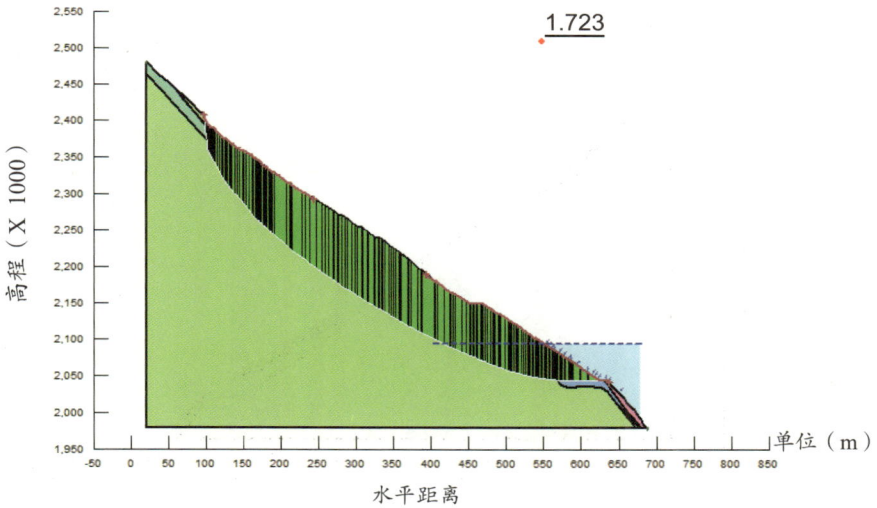

图3-22　Ⅱ-Ⅱ剖面暴雨工况最不利滑面（开口线剪入，2150m以下剪出）

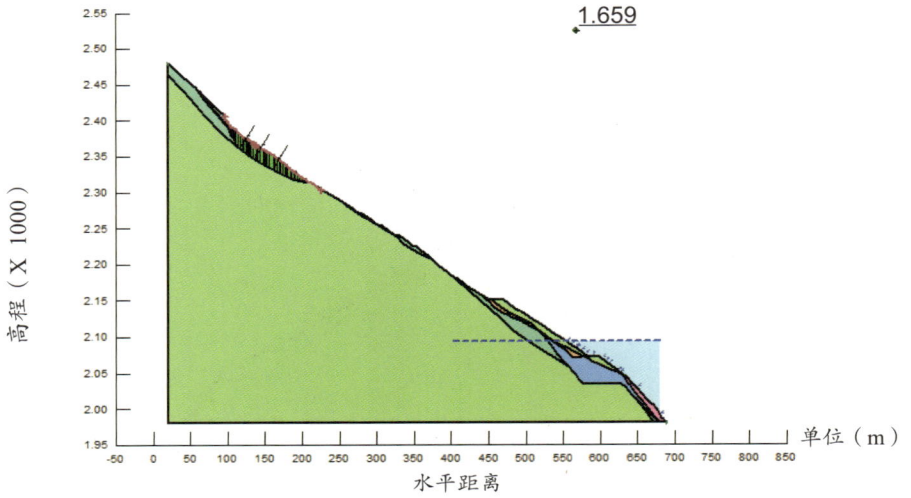

图3-23 Ⅱ-Ⅱ剖面暴雨工况最不利滑面（开口线剪入，2315m附近剪出）

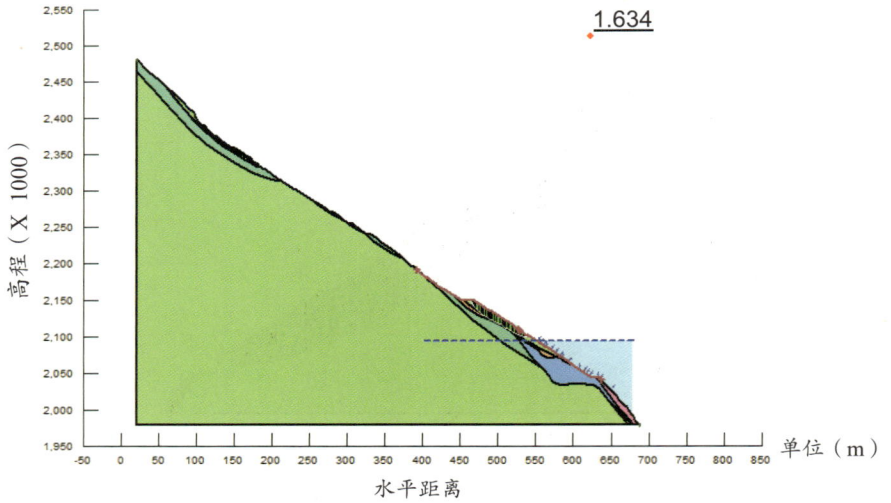

图3-24 Ⅱ-Ⅱ剖面暴雨工况最不利滑面（高程2150m减载平台剪入，高程2150m以下剪出）

持久工况和偶然工况分析：Ⅱ-Ⅱ剖面在持久工况下安全系数为1.876，偶然工况下安全系数为1.758，满足规范要求且有一定安全裕度，计算结果见图3-25、图3-26。

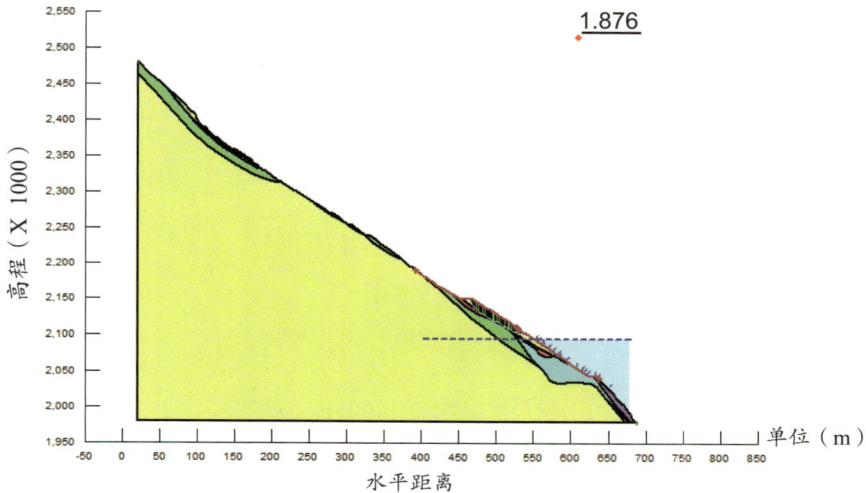

图3-25　Ⅱ-Ⅱ剖面最不利滑面（持久工况）

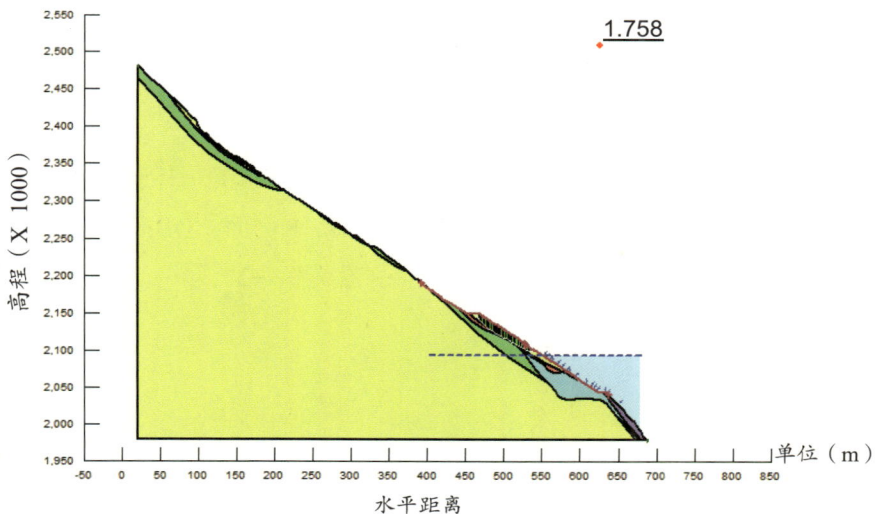

图3-26　Ⅱ-Ⅱ剖面最不利滑面（偶然工况）

（4）计算结果汇总。

计算可知，旦波崩坡积体减载开挖后，整体稳定性在各工况下均满足规范要求，计算结果见表3-10：

表3-10　Ⅰ-Ⅰ、Ⅱ-Ⅱ剖面稳定安全系数成果表

计算工况	Ⅰ-Ⅰ	Ⅱ-Ⅱ	最低值	安全标准	是否满足要求
持久工况	1.298	1.876	1.298	1.15	满足
短暂工况	1.147	1.634	1.147	1.05	满足
偶然工况	1.211	1.758	1.211	1.05	满足

3.2.2　高程2150 m减载平台以上边坡局部稳定性分析

旦波DB1区位于上游侧高程2420～2465 m，于2017年7月出现变形。目前，已采用钢管桩＋压顶梁＋锚拉板＋锚索＋框格梁进行支护。DB2区位于上游侧，高程2315～2420 m，存在一定厚度覆盖层，最大厚度7～9 m，并且揭露出滑带土。DB3区位于上游冲沟附近，局部存在3～5 m厚覆盖层。

为此，对以上三个区域进行局部稳定性复核分析。

（1）计算模型及参数。

①计算模型。

DB1区（高程2435～2450 m变形体）选取B-B、Ⅶ-Ⅶ剖面，DB2区（上游侧高程2315～2420 m覆盖层边坡）选取J-J、K-K剖面，DB3区（上游冲沟附近边坡）选取L-L剖面分别进行分析，剖面位置见图3-27。

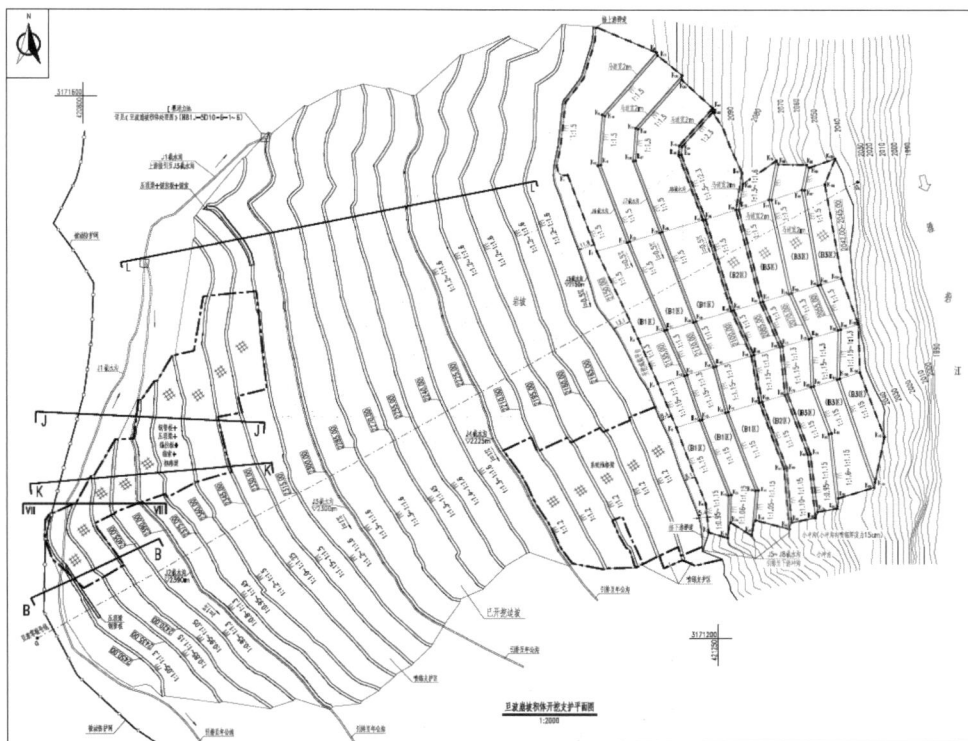

图3-27 旦波崩坡积体高程2150m以上边坡计算剖面位置

　　DB1区（高程2435～2450 m变形体）采用钢管桩＋压顶梁＋锚拉板＋锚索＋框格梁的支护方案进行支护。B-B剖面在高程2420 m上部存在覆盖层，最大厚度8～10 m，该覆盖层为碎石土层，属于变形区，见图3-28；Ⅶ-Ⅶ剖面在高程2380 m上部存在覆盖层，最大厚度4～6 m，高程2420 m上部的混合土碎石属于变形区，见图3-29。

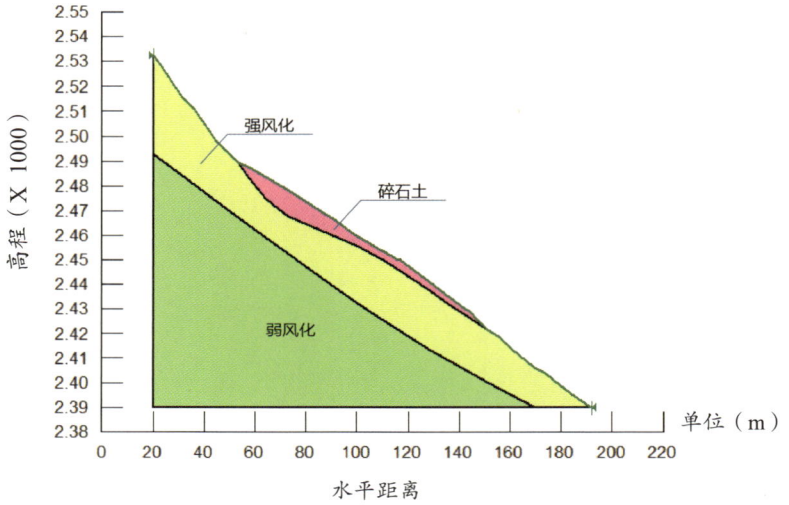

图3-28　B-B剖面

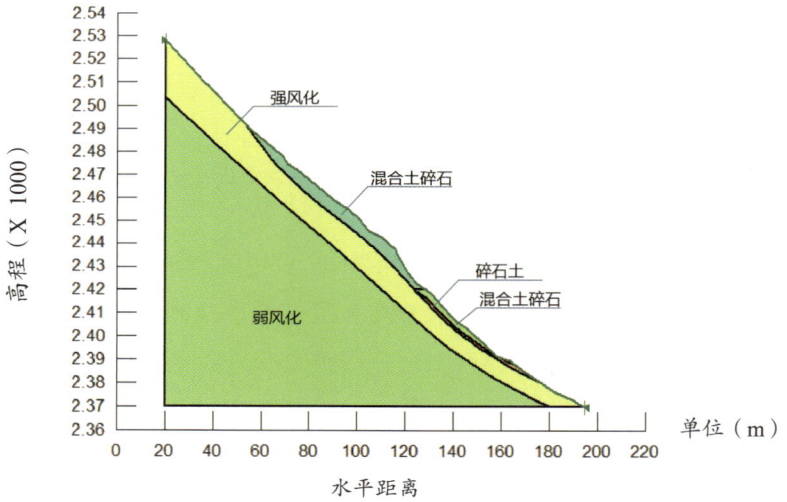

图3-29　Ⅶ-Ⅶ剖面

DB2区（上游侧高程2315～2420 m覆盖层边坡）采用钢管桩＋压顶梁＋锚拉板＋锚索＋框格梁的支护方案进行支护。J—J剖面在高程2330 m上部存在一定覆盖层厚度，最大厚度7～9 m，且覆盖层中间夹有滑带土，厚度为10～30 cm，见图3-30；K—K剖面在高程2355 m上部存在覆盖层，最大厚度5～7 m，覆盖层中间夹有滑带土，厚度为10～30 cm，见图3-31。

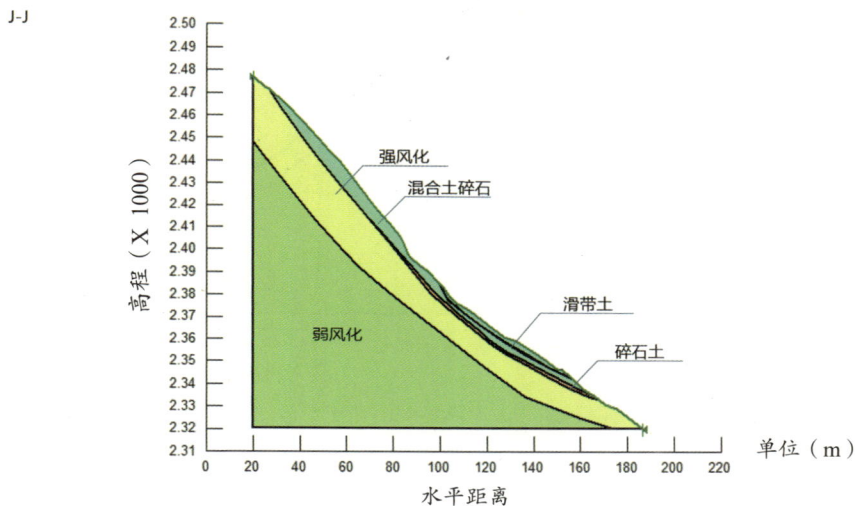

图3-30　J—J剖面

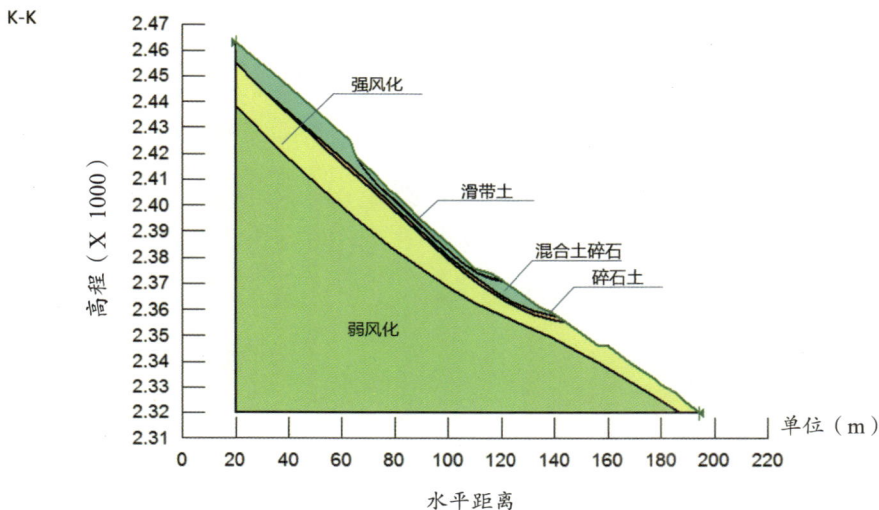

图3-31　K—K剖面

DB3区（上游冲沟附近边坡）采用系统喷锚措施进行支护。L-L剖面存在3~5 m厚覆盖层，见图3-32。

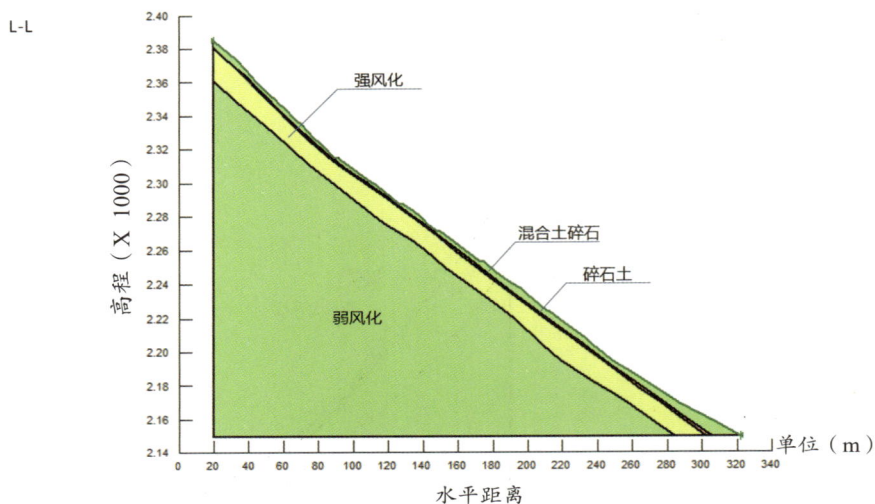

图3-32　L-L剖面

②计算参数。

DB1区碎石土和混合土碎石物理力学参数见表3-11；DB2区滑带土物理力学参数见表3-12；其余各部位岩土体物理力学参数见表3-13。

表3-11　DB1区（高程2435 m~2450 m变形体）物理力学参数综合取值表

参数 岩土体	天然状态			饱水状态		
	内聚力 （kPa）	内摩擦角 Φ（°）	容重 （kN/m³）	内聚力 （kPa）	内摩擦角 Φ（°）	容重 （kN/m³）
碎石 土层	15	27	22.8	10	26	23.3
混合土 碎石层	40	35	22.8	38	34	23.3

表3-12　DB2区滑带土物理力学参数综合取值表

参数	天然状态			饱水状态		
岩土体	内聚力 （kPa）	内摩擦角 Φ（°）	容重 （kN/m³）	内聚力 （kPa）	内摩擦角 Φ（°）	容重 （kN/m³）
滑带土	15.0	16.5	21.7	10.5	14.5	22.7

表3-13　稳定性计算工况组合表

设计工况	状态	荷载	备注
持久工况	天然状态	自重	计算取天然参数
短暂工况	暴雨状态	自重	计算取饱和天然参数
偶然工况	地震状态	自重+地震力	计算取天然参数

（2）计算方法、工况。

①计算方法和使用程序。

主要使用SLOPE/W模块并采用摩根斯坦法作为稳定计算方法。

②计算工况。

对天然状态、暴雨状态、地震状态进行计算。

（3）稳定性分析成果。

①DB1区（高程2435～2450 m变形体）。

DB1区在采用开挖减载＋钢管桩＋压顶梁＋锚拉板＋锚索＋框格梁的综合处理措施的情况下，稳定性满足规范要求且有一定安全裕度，计算结果见表3-14，控制工况最不利滑面位置见图3-33、图3-34。

表3-14　B-B、Ⅶ-Ⅶ剖面稳定安全系数成果表

计算工况	B-B	Ⅶ-Ⅶ	最低值	安全标准	是否满足要求
持久工况	1.287	1.525	1.287	1.15	满足
短暂工况	1.075	1.443	1.075	1.05	满足

续表

计算工况	B-B	Ⅶ－Ⅶ	最低值	安全标准	是否满足要求
偶然工况	1.215	1.436	1.215	1.05	满足

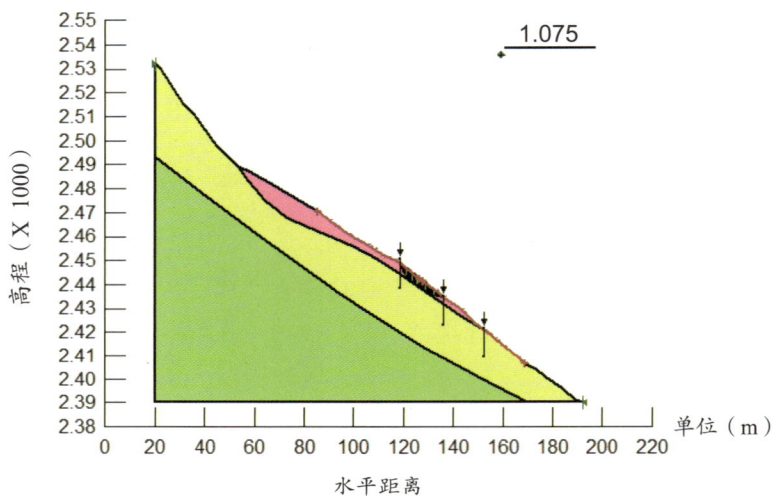

图3-33　B-B剖面最不利滑面示意图

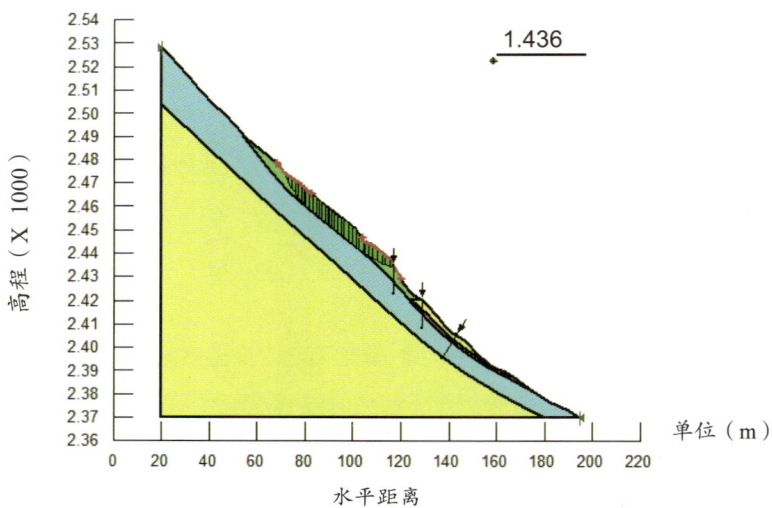

图3-34　Ⅶ－Ⅶ剖面最不利滑面示意图

②DB2区（上游侧高程2315～2420m覆盖层边坡）。

DB2区在采用开挖减载＋钢管桩＋压顶梁＋锚拉板＋锚索＋框格梁综合处理措施的情况下，稳定性满足规范要求且有较大安全裕度，计算结果见表3-15，控制工况最不利滑面位置示意见图3-35、图3-36。

表3-15　J-J、K-K剖面稳定安全系数成果表

计算工况	J-J	K-K	最低值	B类Ⅰ级安全标准	是否满足规范要求
持久工况	1.612	1.595	1.595	1.15	满足
短暂工况	1.355	1.271	1.271	1.05	满足
偶然工况	1.529	1.487	1.487	1.05	满足

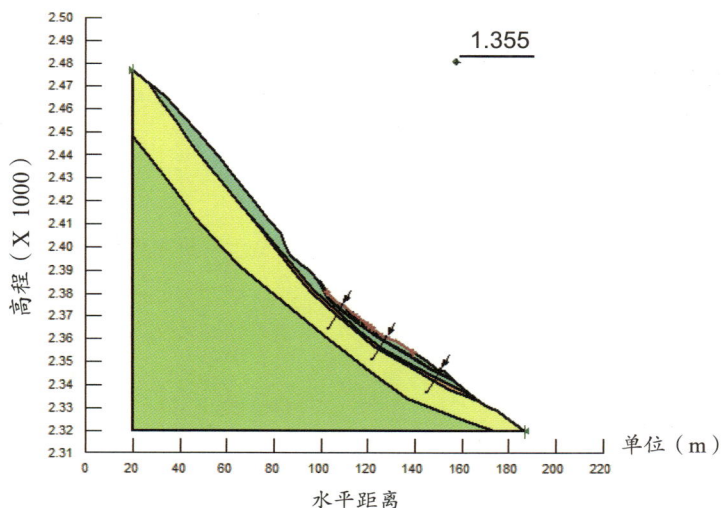

图3-35　J-J剖面最不利滑面示意图

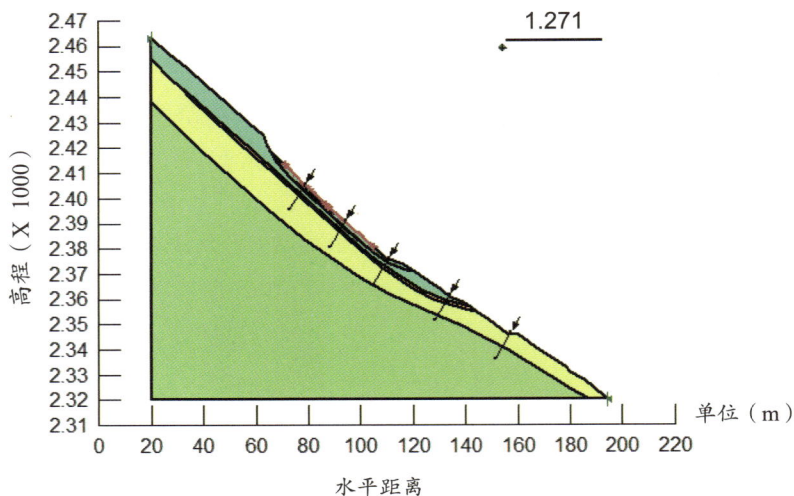

图3-36 K-K剖面最不利滑面示意图

③DB3区（上游冲沟附近边坡）。

DB3区在采用系统喷锚处理措施情况下（计算未考虑支护力），稳定性满足规范要求且有较大安全裕度，计算结果见表3-16，控制工况最不利滑面位置示意见图3-37。

表3-16 L-L剖面稳定安全系数成果表

计算工况	L-L	安全标准	是否满足要求
持久工况	1.589	1.15	满足
短暂工况	1.392	1.05	满足
偶然工况	1.491	1.05	满足

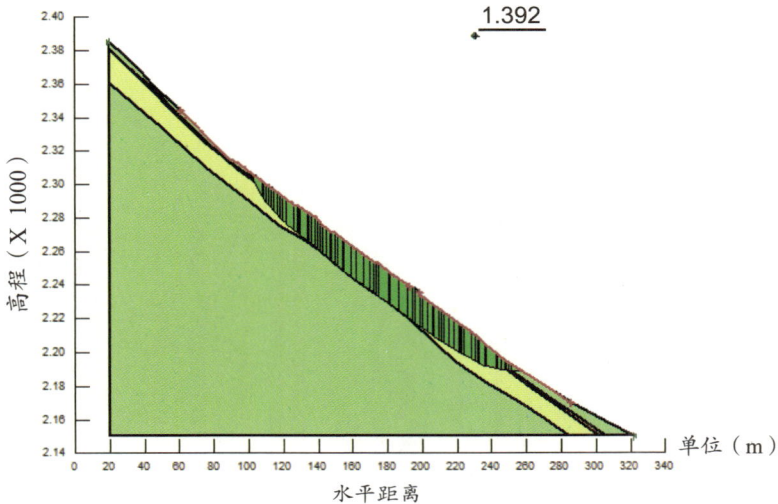

图3-37　L-L剖面最不利滑面示意图

（4）小结。

综上所述，DB1区（高程2435~2450 m变形体）、DB2区（上游侧高程2315~2420 m覆盖层边坡）、DB3区（上游冲沟附近边坡）稳定性在各种工况下均满足规范要求。

3.2.3　高程2150 m减载平台下部边坡稳定性分析

高程2150 m以下受出渣道路和堆渣体影响，地形不平顺，出渣道路靠山侧边坡陡峭，坡度为60°~70°，局部近直立。在此基础上，仍采用原方案中天然边坡布置框格梁措施的实施效果较差，施工难度较大。支护处理设计方案调整为适当增加开挖减载并对边坡局部采取支护措施。对高程2150 m以下按调整方案开挖前、后边坡的稳定性分析如下。

（1）计算模型。

根据现状开挖地形，在旦波崩坡积体高程2150 m以下边坡选取1-1、2-2、3-3共3个剖面，剖面位置见图3-38，开挖前、后计算剖面见图3-39~图3-44。

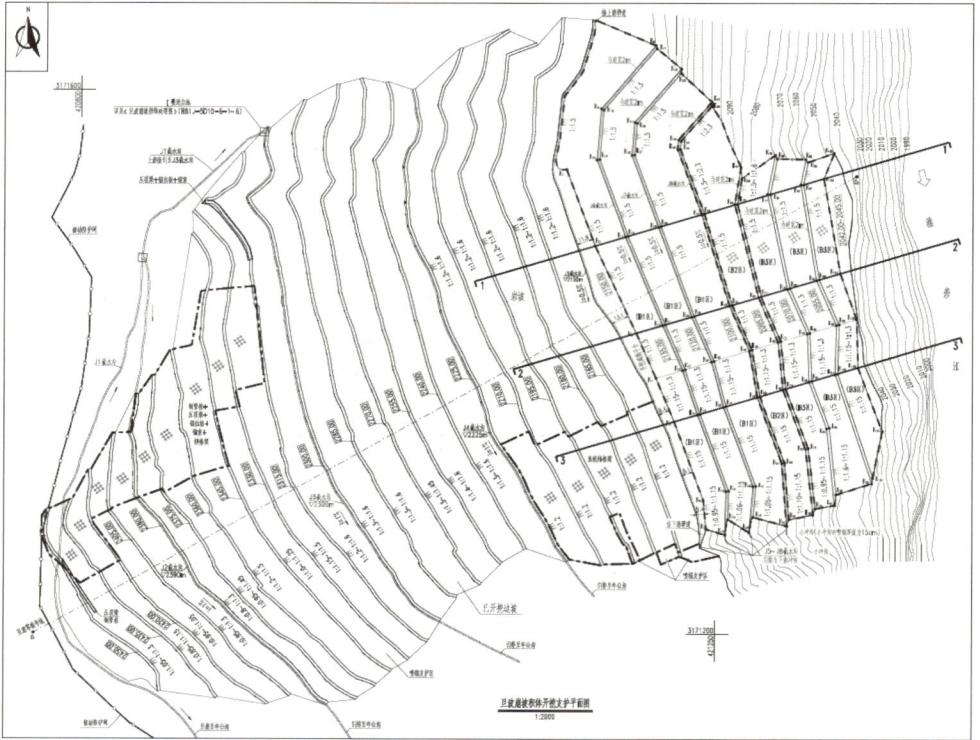

图3-38　旦波崩坡积体高程2150m以下边坡计算剖面位置

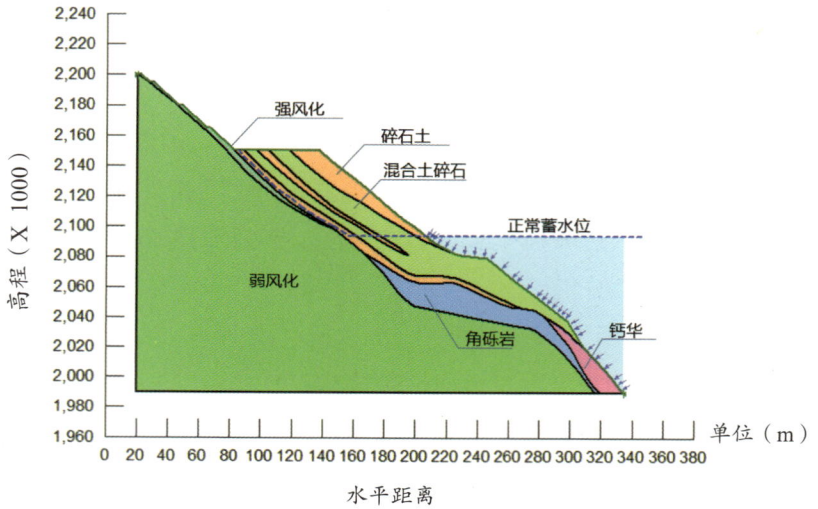

图3-39　1-1剖面（开挖前）

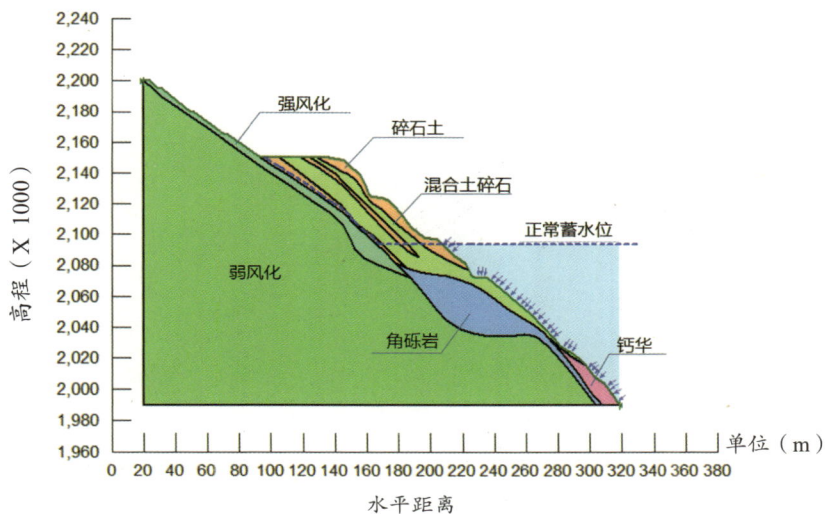

图3-40　2-2剖面（开挖前）

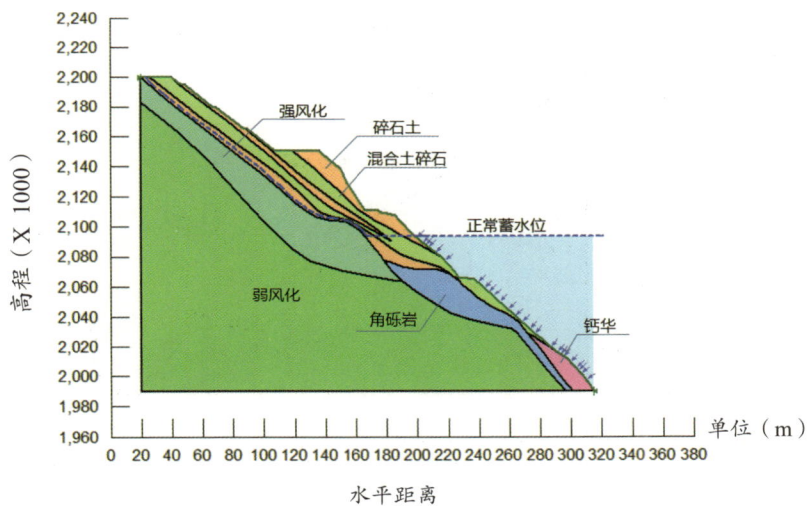

图3-41　3-3剖面（开挖前）

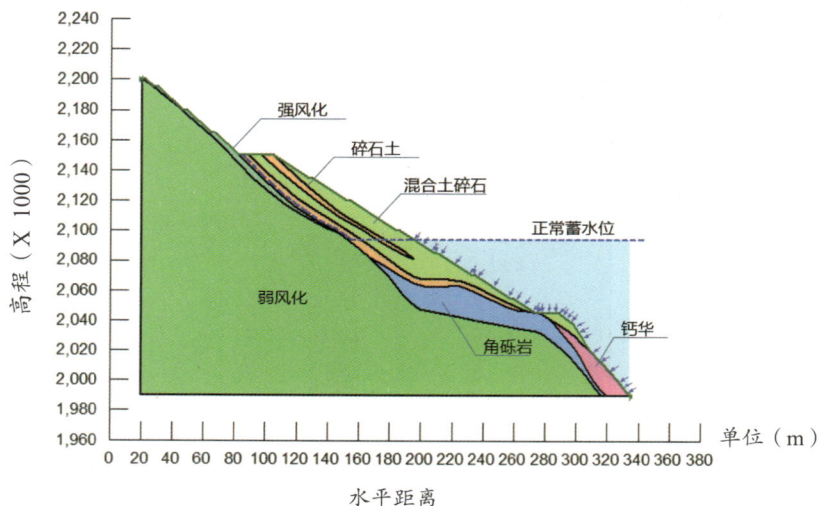

图3-42　1-1剖面（开挖后）

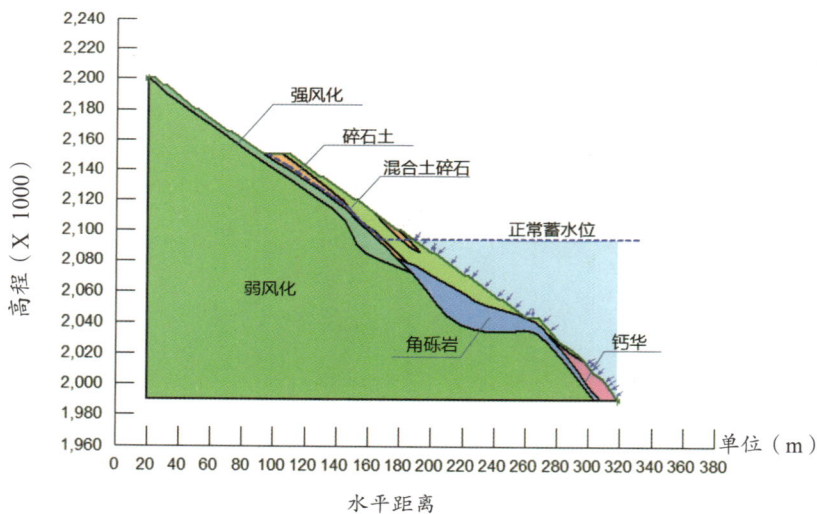

图3-43　2-2剖面（开挖后）

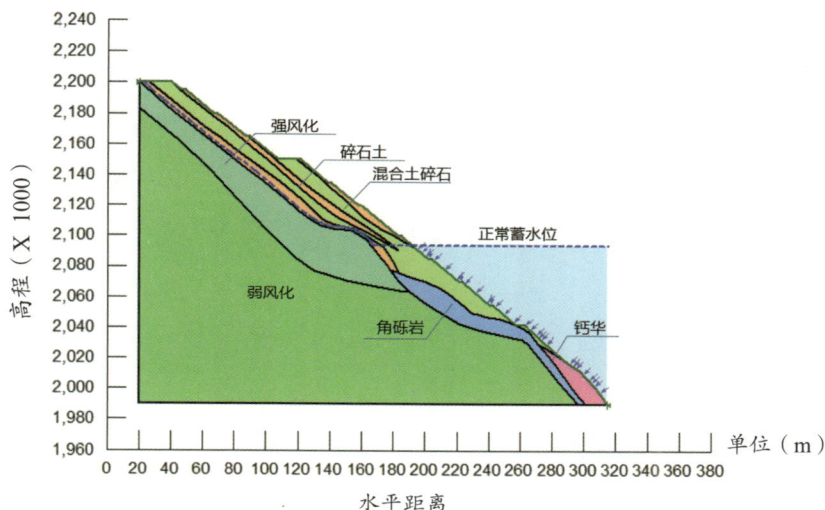

图3-44　3-3剖面（开挖后）

（2）计算方法与工况。

①计算方法和使用程序。

主要采用GEOSLOPE软件中SLOPE/W模块并使用摩根斯坦（Morgenstern–Price）法作为稳定计算方法。

②计算工况。

针对开挖前和开挖后的边坡，分别对正常蓄水位状态、暴雨状态、库水位骤降、地震状态进行计算。

（3）稳定性分析成果。

①开挖前。

在高程2150m以下边坡开挖前，各剖面稳定性满足规范要求且有一定安全裕度，计算结果见表3-17，控制工况下最不利滑面位置示意见图3-45～图3-47。

表3-17　1-1、2-2、3-3剖面稳定安全系数成果表（开挖前）

计算工况	1-1	2-2	3-3	最低值	安全标准	是否满足要求
天然状态	1.450	1.317	1.296	1.296	1.15	满足
暴雨状态	1.304	1.181	1.142	1.142	1.05	满足
库水位骤降	1.400	1.244	1.235	1.235	1.05	满足
地震状态	1.365	1.231	1.215	1.215	1.05	满足

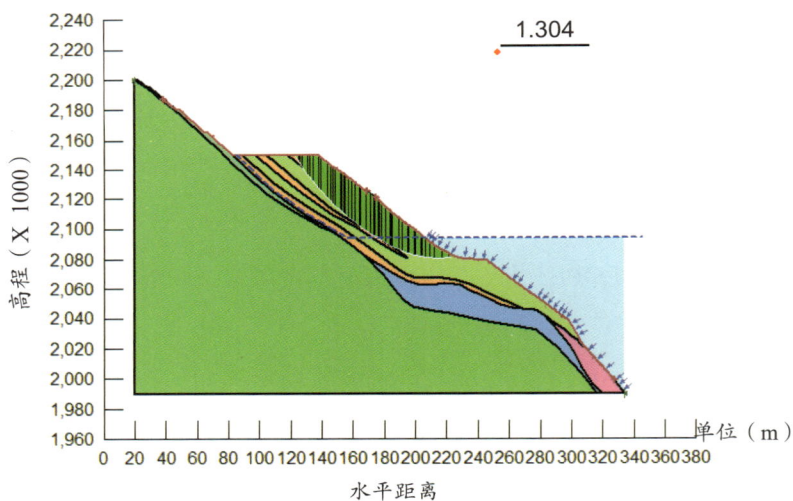

图3-45　开挖前1-1剖面最不利滑面示意图（暴雨状态）

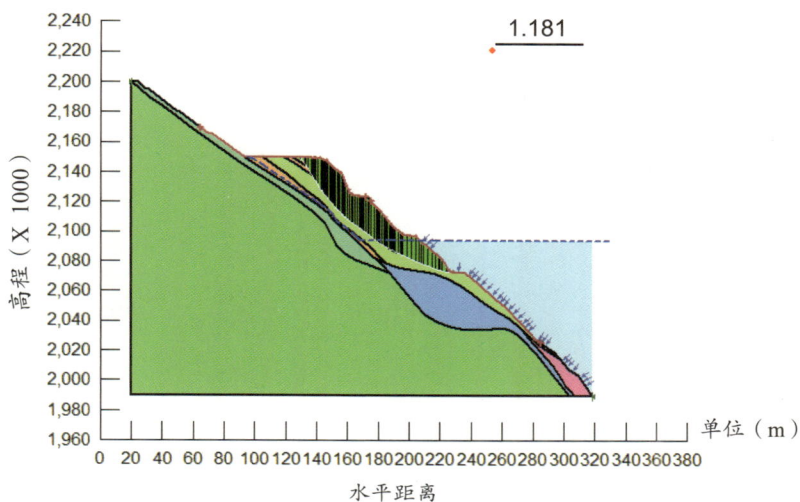

图3-46　开挖前2-2剖面最不利滑面示意图（暴雨状态）

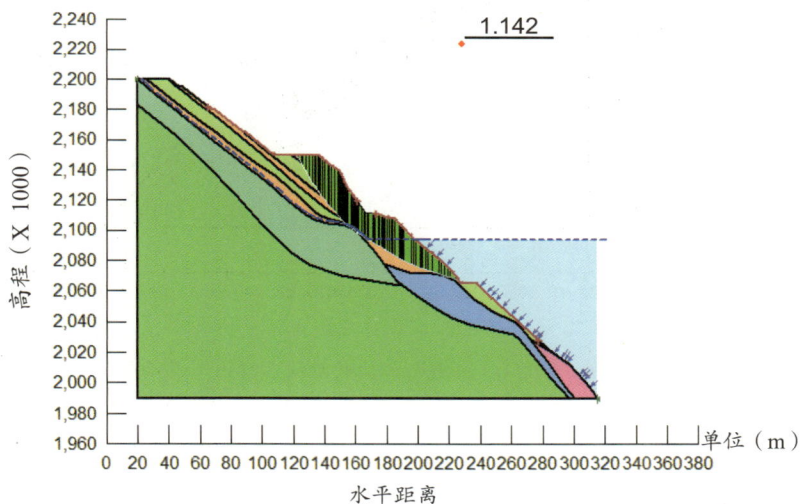

图3-47　开挖前3-3剖面最不利滑面示意图（暴雨状态）

②按调整方案开挖后。

高程2150 m以下边坡按照调整方案进行开挖后，各剖面安全系数比开挖前有一定提高，稳定性满足规范要求且有较高安全裕度。1-1、2-2、3-3剖面稳定性计算结果见表3-18，各控制工况下最不利滑面位置示意见图3-48～图3-50。

表3-18　1-1、2-2、3-3剖面稳定安全系数成果表（开挖后）

计算工况	1-1	2-2	3-3	最低值	安全标准	是否满足要求
天然状态	1.598	1.669	1.388	1.388	1.15	满足
暴雨状态	1.412	1.309	1.213	1.215	1.05	满足
库水位骤降	1.526	1.575	1.331	1.331	1.05	满足
地震状态	1.472	1.554	1.308	1.308	1.05	满足

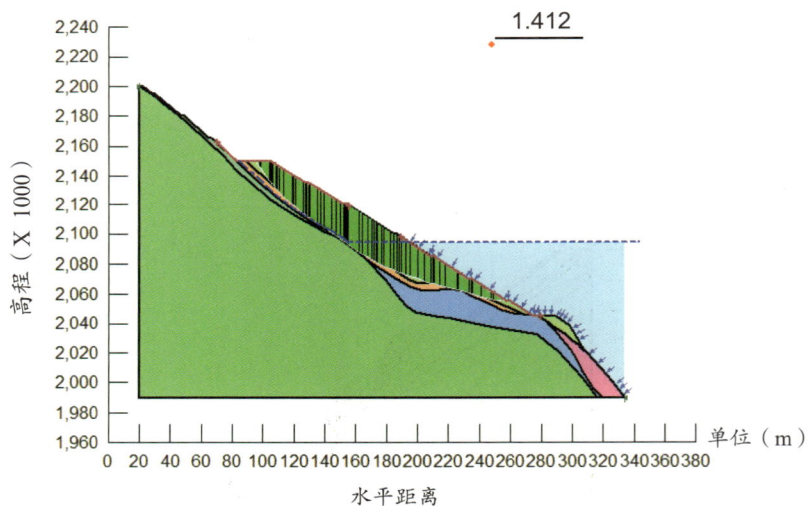

图3-48　开挖后1-1剖面最不利滑面示意图（暴雨状态）

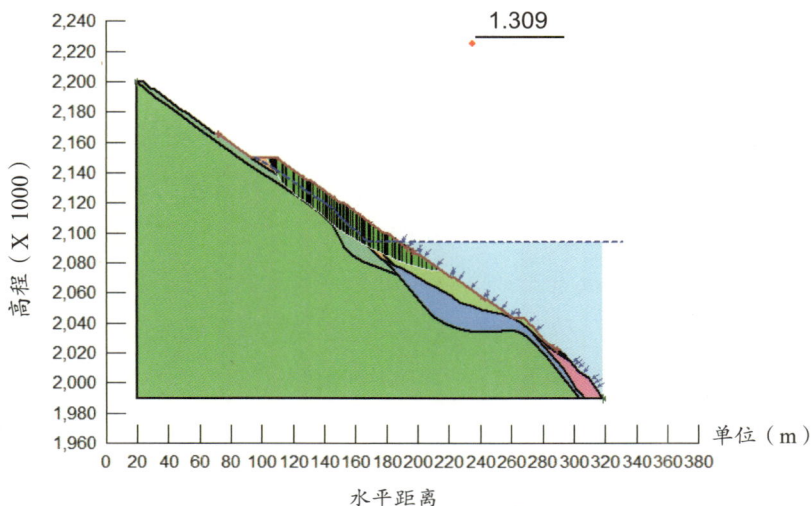

图3-49　开挖后2-2剖面最不利滑面示意图（暴雨状态）

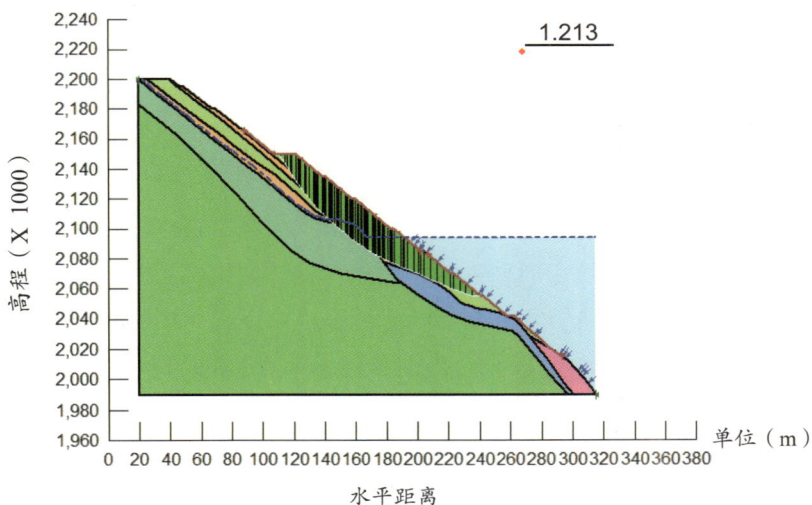

图3-50　开挖后2-2剖面最不利滑面示意图（暴雨状态）

综上所述，高程2150 m以下边坡在开挖前的自然状态下，稳定性满足规范要求，经施工期动态设计处理后，上、中、下游侧边坡安全系数均有提高且有较大安全裕度。

3.2.4 旦波崩坡积体稳定性综合评价

（1）旦波崩坡积体的稳定性评价。

根据稳定性计算分析结果，旦波崩坡积体整体稳定性在各种工况下均满足规范要求。高程2150 m以上边坡已基本开挖至基岩并采用喷锚措施进行支护，稳定性较好。下游侧高程2225 m以下边坡覆盖层较厚，采用框格梁支护，可以保证稳定性要求。上游侧高程2435～2450 m变形体及上游侧覆盖层边坡在采用开挖减载＋钢管桩＋压顶梁＋锚拉板＋锚索＋框格梁的综合处理措施情况下，稳定性在各种工况下均满足规范要求且有一定安全裕度。

高程2150 m以下边坡在开挖前的自然状态下，稳定性满足规范要求，经过施工期动态设计处理后，上、中、下游侧边坡安全系数均有提高且有较大安全裕度。

综上所述，经施工期动态设计处理后，旦波崩坡积体整体稳定性满足工程安全控制标准，高程2150 m以下边坡处理后安全系数得以提升且有较大安全裕度。

（2）旦波崩坡积体对工程的影响评价。

根据稳定性计算分析结果，按设计方案处理后，旦波崩坡积体不会出现整体及局部失稳现象。高程2150 m以下边坡按照调整方案开挖处理后，高程2050～2150 m段仍有较厚覆盖层，当水库蓄水至正常蓄水位2094 m后，水下覆盖层边坡可能产生一定的变形和失稳。因此，设计假设高程2150 m以下边坡减载后剩余的全部覆盖层（约27.6万 m³）一次性失稳入江对工程影响的风险进行分析。

假定高程2150 m以下覆盖层物理力学参数进一步弱化（见表3-19），高程2150 m以下边坡剩余覆盖层整体失稳（见图3-51），用水科院经验公式法、潘家铮法两种方法分别计算涌浪高度（见表3-20）。

经计算，在假定失稳的情况下，滑坡入水点对岸处产生的涌浪最大高度为4.08 m，对岸最大浪顶高程为2098.08 m，低于开关站平台高程2102 m，不会淹没开关站平台。涌浪传播至坝址处最大浪高为2.13 m，坝址处涌浪顶高程为2096.13 m，不会翻坝，对工程安全影响较小。

该崩坡积体在假设失稳的情况下，假设滑坡体全部滑入库中，淤积方量约为27.6万 m³。由于杨房沟水电站总库容为5.1248亿 m³，淤积仅占整体库容的

0.05%，因此，淤积对水库库容及运行影响较小。

表3-19 高程2150m以下覆盖层物理力学参数（假定值）

参数	假定值				地质建议参数			
	天然状态		饱和状态		天然状态		饱和状态	
岩土体	内聚力（kPa）	内摩擦角 Φ（°）	内聚力（kPa）	内摩擦角 Φ（°）	内聚力（kPa）	内摩擦角 Φ（°）	内聚力（kPa）	内摩擦角 Φ（°）
混合土碎石层	49.50	29.70	41.25	28.05	60	36	50	34
碎石土层	57.75	28.05	45.38	26.40	70	34	55	32

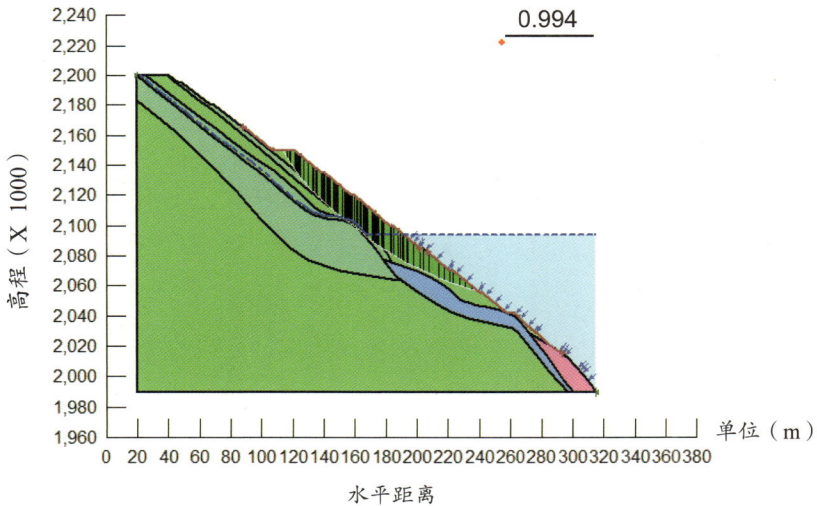

图3-51 高程2150m以下覆盖层边坡失稳滑面（假定）

表3-20　高程2150 m以下边坡剩余覆盖层整体失稳滑速及最大涌浪高度

涌浪高度计算方法	潘家铮法	水科院法	
滑速计算方法	潘家铮法	潘家铮法	美国土木工程师协会推荐法
滑速（m/s）	4.72	4.72	6.76
对岸涌浪高（m）	4.08	0.57	1.10
坝址涌浪高（m）	2.13	0.57	0.97

（3）综合评价。

各典型剖面在各设计工况下稳定性计算分析结果表明，旦波崩坡积体整体稳定安全系数满足规范要求；高程2150 m以上开挖边坡变形体DB1区、上游侧覆盖层边坡DB2区及上游冲沟附近边坡DB3区的稳定安全系数满足规范要求；高程2150 m以下边坡在开挖前后稳定安全系数均满足规范要求。

鉴于水库蓄水后，水下覆盖层边坡可能产生一定的变形和失稳，假设对高程2150 m以下边坡减载后剩余的全部覆盖层一次性失稳入江对工程安全影响进行风险分析。分析结果表明，一次性失稳方量约27.6万 m^3，下滑后均在死库容内，不会产生堵江现象；淤积占总库容（5.12亿 m^3）的比例小，对水库淤积影响小；涌浪分析计算结果表明，滑体入江产生的涌浪最大高度在对岸为4.08 m、至坝址处为2.13 m，浪顶高程均低于开关站平台高程和坝顶高程，涌浪不会淹没开关站平台，也不会翻坝，对工程安全影响较小。

旦波崩坡积体处理工程设计

根据稳定性分析结果，旦波崩坡积体虽然整体稳定性较好，但其安全裕度不足，不能满足规程、规范对边坡安全性的要求。其距离坝址近，变形失稳将会给工程的施工和运行带来不良影响，有必要进行处理。招标设计方案抗滑桩截面大、桩深长，预应力锚索吨位大、长度长，施工难度大、施工道路布置困难且施工期安全问题突出，而且从前期地质资料来看，可能还存在温泉等不利影响。因此，对旦波崩坡积体必须采取妥善、可靠、安全的处理方案，且应易于实施。

4.1 处理方案研究

4.1.1 崩坡积体处理的方法

崩坡积体的形成是由后缘斜坡岩体经倾倒变形—拉裂—崩塌堆积等一系列过程长期发展的结果，因此崩坡积体的物质结构极其复杂和不均一。崩坡积体复杂的地质条件，即便进行多次地勘也难以完全查明。目前国内工程中崩坡积体的成熟治理案例较少，但在滑坡防治上积累了丰富的实践经验，滑坡体的处理措施对崩坡积体具有重要的参考价值，但由于崩坡积体的物质组成和地质条件比滑坡体更为复杂，实际处理过程中必须针对不同的地质条件采取更加灵活多变的应对措施。

参考滑坡体处理，崩坡积体处理措施主要有以下四种：一是消除或减少水的危害；二是改变崩坡积体几何形态；三是设置抗滑建筑物；四是改善滑动带土石性质。实际在崩坡积体处理的过程中可以灵活采用一种或几种措施综合处理。

（1）消除或减少水的危害。

排除地表水是不可缺少的辅助措施，而且是应该首先采取并长期运用的措施。对于地下水，可疏而不可堵。其主要工程措施有截水盲沟、支撑盲沟、仰斜孔群，此外还有盲洞、渗管、渗井、垂直钻孔等排除滑体内地下水的工程措施。

（2）改变几何形态。

这种措施主要是消减推动边坡变形位移的物质（即减重）和增加阻止边坡变形位移的物质（即反压），就是通常所谓的"砍头压脚"；减缓边坡的总坡度，即通称的"削方减载"，这种方法是较为经济有效的处理措施。

（3）设置抗滑建筑物。

①抗滑挡墙：在坡脚修建挡墙也是一种常用的方法。挡墙可用砌石、混凝土以及钢筋混凝土结构。临时性加固时，也可采用木笼挡墙。

②抗滑桩：在边坡上挖孔设桩，不会因施工破坏其整体稳定。桩身嵌固在滑动面以下的稳固地层内，借以抗衡滑坡体的下滑力。

③地面用梁或锚墩作反力装置，给滑体施加一个预应力来稳定边坡，这样能有效阻止崩坡积体的移动。

④锚索与抗滑桩联合形成锚索桩。

⑤普通砂浆锚杆锚固利用水泥砂浆将锚杆和孔壁牢牢地粘结在一起。

（4）改善滑动带土石性质。

对于软基和由软土构成的边坡，可以采用物理或化学的处理方法，改变土体性质，以提高边坡的稳定性。一般采用焙烧法、爆破灌浆法等物理化学方法对滑坡进行整治。

4.1.2 边坡开挖

坡度越陡，安全系数越小。不同开挖坡比对边坡安全系数的影响很大，说明边坡的稳定性对开挖坡比具有较高的敏感性。实际施工中，开挖坡比过缓，施工难度与施工成本的增加为施工企业增加了负担，因此必须满足稳定性规范要求才能合理确定开挖坡比。

既有高边坡在开挖过程中，其长度、高度、坡角及临空条件等都随施工进度在不断变化。开挖过程中临空面的坡比对边坡稳定起着重要作用。根据张倬元等人的研究成果：

①坡高（H）并不改变应力等值线图像，但坡内各处的应力值，均随坡高增加而线性增大。

②坡角明显改变应力分布状况。随坡角变陡，坡面附近张力带范围也随之扩大和增强，坡脚应力集中带最大剪应力值也随之提高。

③坡底的宽度（W）对坡脚的应力状态也有明显的影响，当$W<0.8H$时，坡脚最大剪应力值随底宽缩小而急剧增高；当$W>0.8H$时，坡脚最大剪应力值为一常值，如图4-1所示。

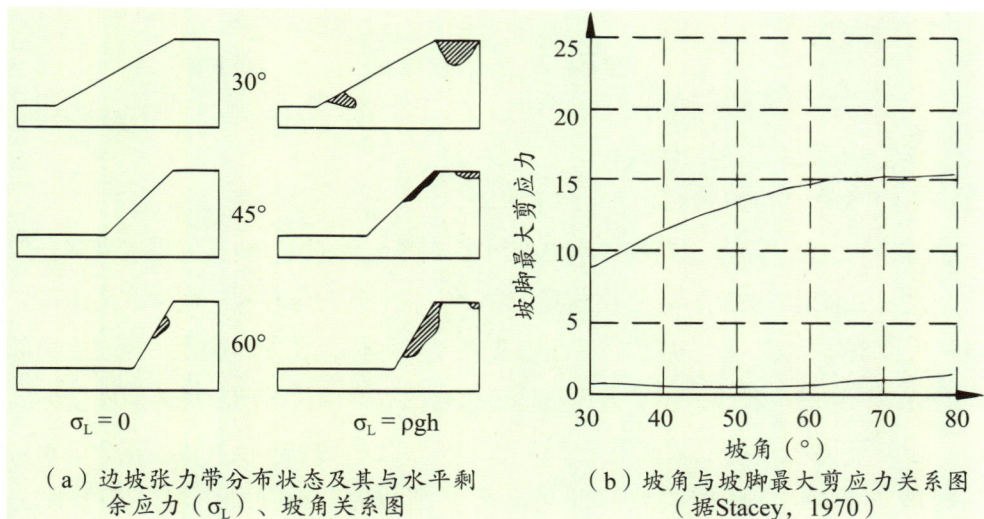

（a）边坡张力带分布状态及其与水平剩余应力（σ_L）、坡角关系图

（b）坡角与坡脚最大剪应力关系图（据Stacey，1970）

图4-1　边坡张力带分布状态及坡角与坡脚最大剪应力关系图

④断面形态也对边坡稳定性具有明显的影响。边坡沿走向方向的形状对边坡的稳定性也有一定的影响，当边坡呈凸形时，岩体内出现拉应力，当边坡呈凹形时，岩体处于二向受压状态。根据边坡的横断面形式分为直线形边坡、凸形边坡、凹形边坡，如图4-2、图4-3所示。

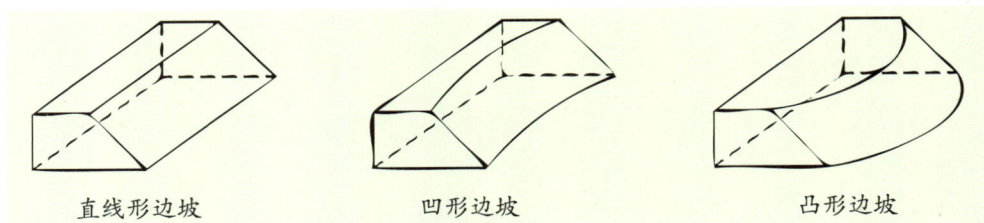

图4-2　边坡走向形式图

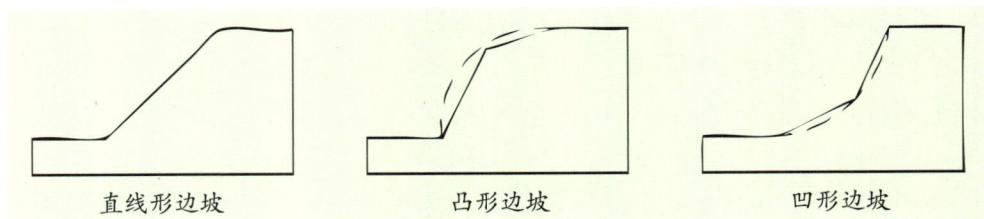

图4-3　边坡断面形式图

参考类似已建工程经验有：

（1）金沙江白鹤滩水电站马脖子边坡。

马脖子山位于金沙江白鹤滩水电枢纽上游附近，其山脊线与岩层走向交角较大，主要由坚硬的玄武岩、较软的凝灰岩、中硬的砂岩与较软的泥岩互层组成，自然边坡整体稳定。但表层为覆盖层及Ⅳ～Ⅴ类岩体，在外界扰动下易发生局部崩塌破坏，边坡失稳模式主要是由结构面组合的局部块体滑动及局部崩塌破坏。

马脖子边坡开挖底板高程为734 m，坡顶高程为996 m，边坡高262 m，开挖坡角约68°，开挖边坡底部呈扇形。高程950 m以上边坡开挖坡比为1∶0.75～1∶1.5，高程950 m以下边坡开挖坡比为1∶0.3。

（2）乌东德水电站左岸尾水出口边坡。

乌东德水电站左岸尾水出口边坡位于河床侧布置于大坝轴线下游约800 m处。边坡结构为顺向坡，其所处地层岩性为薄层夹互层灰岩、薄层灰岩与薄层夹互层灰色灰岩混合，地层走向近EW向为60°～100°，倾向S，倾角75°～85°，即近横河向展布，陡倾下游偏左岸边坡岩体质量一般属2级，层面及裂隙较多附泥钙质薄膜，较少部分为无填充。

乌东德水电站左岸尾水出口边坡高程850.5 m以上开挖坡比为1∶0.3，每15 m

设一级3 m宽马道；高程850 m马道宽6.4 m，高程850.5 m以下为直立边坡。

（3）象鼻岭水电站进水口后边坡。

象鼻岭水电站进水口后边坡在施工过程中，边坡开挖揭露呈现的岩体节理裂隙发育，呈现镶嵌碎裂结构，并发育有卸荷裂隙和夹层，存在大量凝灰质玄武岩，为强风化岩体，稳定性较差，边坡稳定问题比较突出，对进水口边坡的稳定性影响较大。

象鼻岭水电站进水口后边坡最大高度约53 m，开挖坡比相对较陡，为1∶0.3～1∶0.5，15 m设一级马道，马道宽度2～3 m。

4.1.3 支护措施

水工边坡防护的常用支护方式有框格梁、锚杆、锚拉板、拉锚、喷锚支护等，每种支护方式优缺点各异。

（1）框格梁防护。

适用于多种边坡环境，且防护效果优良，针对高边坡尤为有效，其优点是：

①坡面受力均匀，并能有效防止不稳定的潜在滑动。

②外形美观、容易绿化，并能有效防止水土流失。

③施工简便、节约材料、因地制宜，适用于多种地形。

④可进行边坡动态设计，便于监测实际调整。

其缺点包括：

①应力集中显著，侧向刚度小，在强烈地震作用下，结构所产生的水平位移较大，易造成严重的非结构性破坏。

②对于岩石效果较好，对于土质坡，时间长了雨水掏刷会造成格构梁脱空，引发支护措施失效。

（2）拉锚或锚杆支护。

锚杆支护的优点：

①锚杆支护是通过围岩内部的锚杆改变围岩本身的力学状态，在巷道周围形成整体而又稳定的岩石带，利用锚杆与围岩共同作用，达到维护巷道稳定的目的。它是一种积极防御的支护方法，是矿山支护的重大变革。

②锚固支护具有成本低、支护效果好、操作简便、使用灵活、占用施工净空

少等优点。

③锚杆不但支护效果好，且用料节省、施工简单、有利于机械化操作、施工速度较快。

其缺点包括：

①由于锚杆支护不能封闭围岩，容易使围岩风化，不能防止各锚杆之间裂隙岩石的剥落。

②属于隐性支护，主支护质量和可靠性监测和检测不易，而且只适用于周围场地具有拉设的环境和地质条件。

（3）喷锚支护。

支护方法的优点有：

①灵活性。锚喷支护是由喷射混凝土、锚杆、钢筋网等支护部件进行适当组合的支护形式，它们既可以单独使用，也可以组合使用。

②及时性。锚喷支护能在施作后迅速发挥其对围岩的支护作用。

③密贴性。喷射混凝土能与坑道周边的围岩全面、紧密地粘结，因而可以抵抗岩块之间沿节理的剪切和张裂作用。

④深入性。锚杆能深入围岩体内部一定深度，对围岩具有约束作用。

⑤柔性。锚喷支护属于柔性支护，它可以较便利地调节围岩变形，允许围岩作有限的变形，即允许在围岩塑性区有适度的发展，以发挥围岩的自承能力。

⑥封闭性。喷射混凝土能全面及时地封闭围岩，这种封闭不仅阻止了洞内潮气和水对围岩的侵蚀作用，减少了膨胀性岩体的潮解软化和膨胀，而且能够及时有效地阻止围岩变形，使围岩较早地进入变形收敛状态。

传统喷锚支护存在的缺点：

①锚杆托盘与暴露围岩的接触为点线式接触。锚杆托板不能有效地紧贴岩面，从而减轻了锚杆的支护质量。

②过分强调网、梁和喷层的支护作用，忽视了锚杆的主体支护作用。喷层厚度设计不合理。

③不能发挥金属网、托梁在喷体中的骨架作用。

（4）抗滑桩。

抗滑桩具有以下优点：

①抗滑能力强，支挡效果好。

②对滑体稳定性扰动小，施工安全。

③设桩位置灵活。

④能及时增加滑体抗滑力，确保滑体的稳定。

⑤预防滑坡可先做桩后开挖，防止滑坡发生。

⑥桩坑可作为勘探井，验证滑面位置和滑动方向，以便调整设计，使其更符合工程实际。

缺点：抗滑桩通常要深入稳固基岩，开挖深度大，施工难度大，投资、工期控制难度大，且需要较大的施工平台。

4.1.4 排水方案

边坡的排水系统包括地表排水措施、地下内部排水措施和减少地表水下渗等措施。地表排水、地下排水与防渗措施宜统一考虑，使之形成相辅相成的防渗、排水体系。

边坡排水设计的一般原则有：

（1）预防为主，防治结合。在边坡设计和施工过程中，要根据边坡的实际情况（如坡度、高度、土质、汇水面积）等，事先设置截水沟、排水沟、边沟与渗水沟等排水设施；在岩土松散破碎处设置必要的防护和支挡工程。不要等到边坡失稳了再来考虑这些问题，做到预防为主，防患于未然。

（2）分级截流，纵横结合。高陡边坡或岩土稳定性欠佳边坡的排水工程应采取分级截流、纵横结合排水的方法来进行处理。坡顶以外的地表水从截水沟排走；分级边坡每个台阶设一截水沟排水；坡脚设边沟排水。高陡边坡应根据地形和坡面大小，隔一定距离设一垂直路线的排水沟，使水尽快排出边坡。

（3）表里排水，综合治理。路基边坡设计中，必须考虑将影响边坡稳定的地面水加以拦截，排除在边坡范围以外，并防止漫流、停积或下渗。对影响边坡稳定的地下水，应予以截断、疏干、降低并引导到边坡范围以外，只有把地表水和地下水有效地排出边坡，实行综合治理，才能保证边坡的稳定。

（4）坡面防护、支挡并重。要根治水害，除了要注意排水外，必要时还需修筑一些坡面防护工程（如拱式护坡、护墙、植被护坡等），以保证边坡的稳固。有时，还要在坡脚设置一定数量的支挡结构物，以提高边坡抗水害的能力。

（5）因地制宜，经济适用。边坡破坏现象和失稳原因是多方面的，应深入调查研究，根据当地气候环境、工程地质和材料等具体情况，因地制宜，就地取材，选用适当的工程类型或排水设施，不要轻易取消或减少必要的防护工程设施。排水沟渠应选择地形地质较好的地段通过，以节约加固工程成本。对排水困难和地质不良地段应进行特殊设计，使排水防护工程收到更好的效果。

排水是边坡治理的一个关键所在，在边坡加固的基础上为边坡设计相应的排水系统，以疏排水体。根据边坡所处地形，分别在坡顶和坡脚设置截水沟和排水沟，坡面设置急流槽，每级平台上均设置截水沟。

建立边坡截排水系统：通过坡顶截水沟、坡面激流槽、坡底排水沟等组成网络系统，共同承担排水任务：

（1）坡顶截水沟。主要利用主体结构排水系统，若坡顶无主体结构，则沿人行道设置，将坡顶以外水流截住，尽量减小对坡面的冲刷作用。

（2）坡面激流槽。其作用有二，一是将坡顶截留水引至坡底，根据汇水面积确定坡面设置间距，断面为阶梯形；二是依坡面起伏汇聚坡面流，常在冲沟处设置，断面呈弧形。

（3）坡底排水沟。所有自坡顶、坡面汇集的雨水经过坡底排水沟流至排水管网。

4.2 处理方案选择

旦波崩坡积体平均厚度约19.6 m，其上部相对较薄（高程2250 m以上），中下部较厚。稳定性分析计算表明，其最不利滑弧位置为从中部高程2250～2260 m剪入，前缘高程2050 m剪出。按受力状态分析，崩坡积体中下部下滑力较大，沿潜在滑动面先行滑动，上部因下部滑动失去支撑进而发生滑动，属于牵引式滑动。此类崩坡积体治理措施一般根据治理对象的地形、地质等实际情况，通过压脚、锚索抗滑桩支挡、框格梁＋锚索、开挖减载等一种或多种措施，并辅以排水系统进行综合处理。

4.2.1 压脚方案

压脚方案考虑了三种，如表4-1、图4-4所示。

表4-1 压脚方案汇总表

编号	方案
方案1	堆渣坡比1：1.8，堆渣高程至2102 m
方案2	堆渣坡比1：3，堆渣高程至2102 m
方案3	堆渣坡比1：3，堆渣高程至2122 m

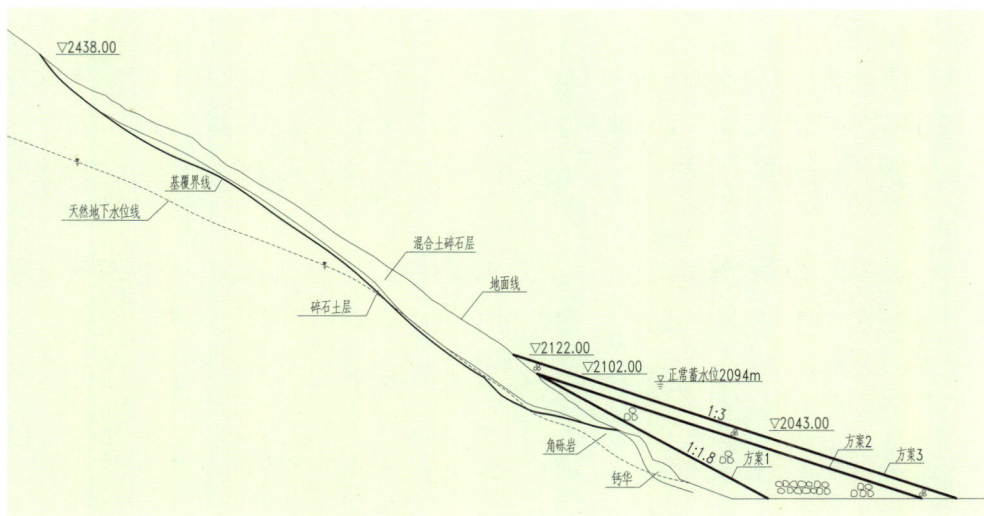

图4-4 压脚方案示意图（Ⅲ-Ⅲ′剖面）

压脚方案处理前后各剖面控制工况稳定安全系数计算成果见表4-2。

表4-2 压脚方案处理前后各剖面控制工况稳定安全系数成果表

剖面编号	控制工况	计算方法	稳定安全系数				B类I级安全标准
			处理前	方案1	方案2	方案3	
I-I′	设计洪水位+暴雨	Bishop	1.03	1.04	1.05	1.12	1.05
		M-P	1.02	1.03	1.04	1.12	
II-II′	设计洪水位	Bishop	1.11	1.15	1.2	1.35	1.15
		M-P	1.10	1.13	1.2	1.36	
III-III′	设计洪水位	Bishop	1.05	1.09	1.09	1.15	1.15
		M-P	1.04	1.08	1.10	1.16	

从表4-2中可以看出，I-I′、II-II′剖面范围需采用坡比1∶3，堆渣至2102 m高程的压脚方案；III-III′剖面范围需采用坡比1∶3，堆渣至2122 m高程的压脚方案。经计算，要使各剖面均满足稳定安全标准，总计压脚堆渣方量约350万 m³。

旦波崩坡积体前缘临江地形陡峭、河道狭窄，压脚方量大，将严重压占河床，影响施工期特别是汛期正常行洪，对旦波崩坡积体而言不具备实施条件。

4.2.2 框格梁+锚索方案

框格梁+锚索方案如图4-5、图4-6所示。

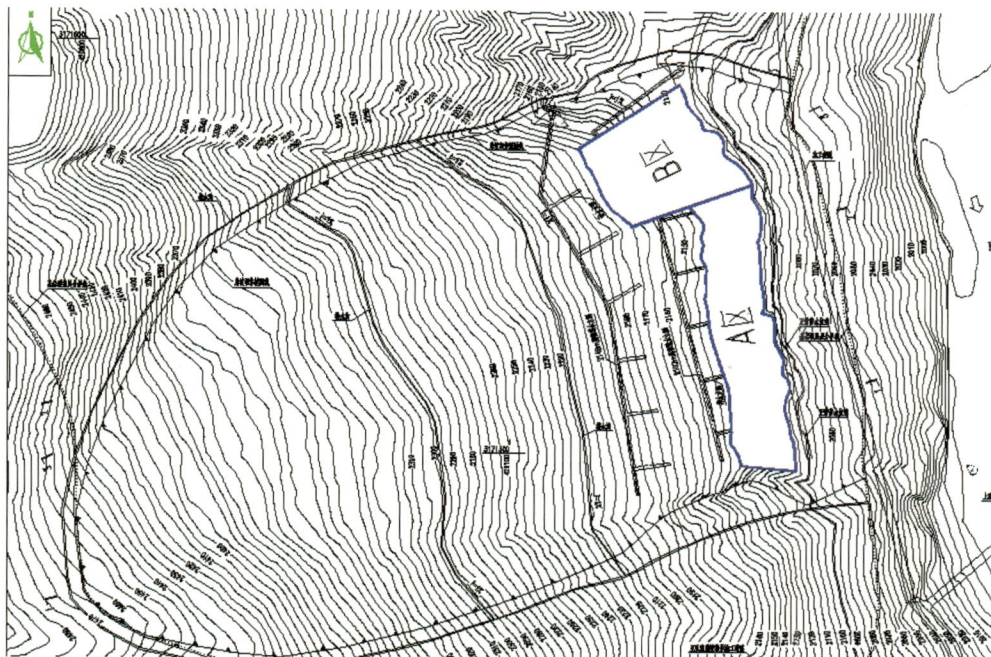

图4-5　框格梁＋锚索方案示意图

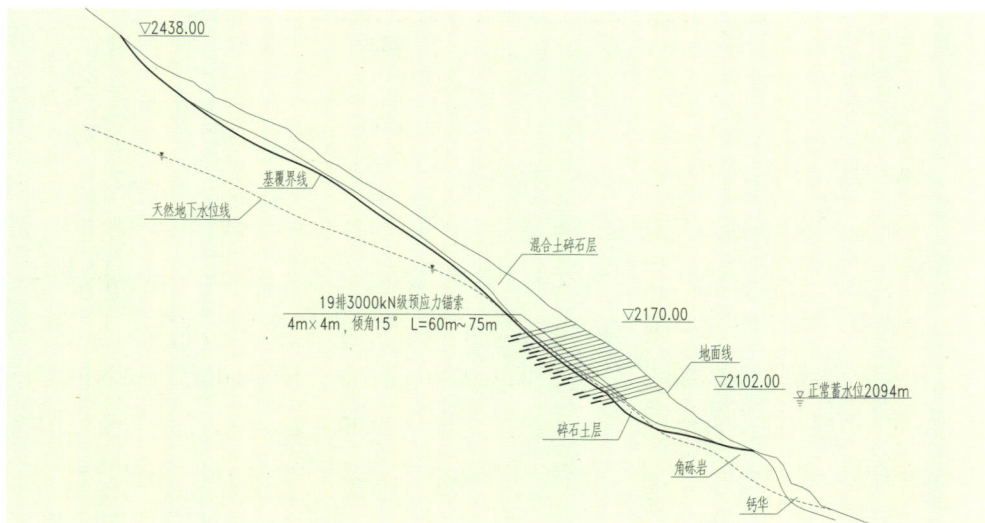

图4-6　框格梁＋锚索方案示意图（Ⅲ-Ⅲ′剖面）

采用预应力锚索对崩坡积体进行加固处理，根据《水电水利工程边坡设计规范》（DL/T 5353—2006），对于土质边坡和堆积体边坡预应力锚索只计算设计总锚固力分解出的沿滑面的抗滑力，不计算滑面法向力产生的抗滑力，锚索抗滑力示意图如图4-7所示。

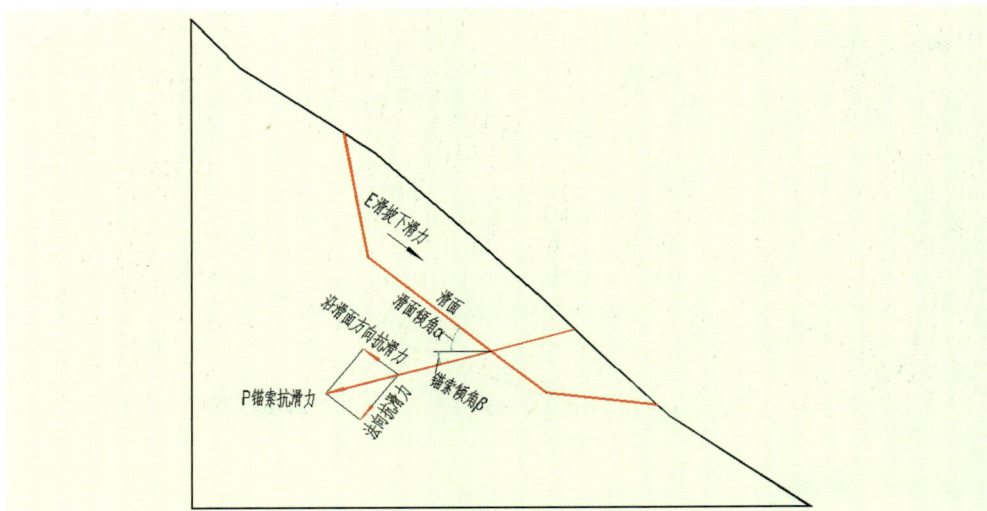

图4-7　锚索抗滑力示意图

框格梁＋锚索方案具体工程处理措施如下：

结合地质勘探成果及稳定计算成果，崩坡积体上部边坡稳定性较好，因此主要对中下部进行锚固，框格梁采用C25混凝土，断面50 cm×60 cm，间距4 m×4 m，框架上纵梁与横梁的交点处分别设置预应力锚索。A区（Ⅰ-Ⅰ′剖面、Ⅱ-Ⅱ′剖面范围）锚固范围为2102～2140 m高程，设置10排2000kN锚索，共480束；B区（Ⅲ-Ⅲ′剖面范围）锚固范围为2102～2170 m高程，设置19排3000kN锚索，共380束；总计预应力锚索860束，锚索长60～80 m，下倾15°。

框格梁＋锚索方案处理前后各剖面控制工况稳定安全系数计算成果见表4-3。

表4-3　框格梁＋锚索方案处理前后各剖面控制工况稳定安全系数成果表

剖面编号	控制工况	计算方法	稳定安全系数		B类Ⅰ级安全标准	锚索布置
			处理前	处理后		
Ⅰ-Ⅰ′	设计洪水位＋暴雨	Bishop	1.03	1.06	1.05	10排2000kN锚索，230束
		M-P	1.02	1.05		
Ⅱ-Ⅱ′	设计洪水位	Bishop	1.11	1.19	1.15	10排2000kN锚索，250束
		M-P	1.10	1.15		
Ⅲ-Ⅲ′	设计洪水位	Bishop	1.05	1.16	1.15	19排3000kN锚索，380束
		M-P	1.04	1.15		

计算成果表明，经过框格梁＋锚索方案处理后，各剖面均能达到稳定安全标准。

由于预应力锚索吨位大、长度长、数量多，在崩坡积体中锚索造孔难度大、锚固效果不容易得到保证，且不确定因素多，工期难以保证，在招标设计阶段方案比较中未被推荐。

4.2.3 开挖中下部减载方案

对崩坡积体中下部挖除一定厚度进行减载，边坡开挖高程2088～2262 m，坡比1∶1～1∶2（局部1∶0.8），每15 m设3 m宽马道，边坡高度137～162 m，开挖量约80万 m³。开挖剖面见图4-8。

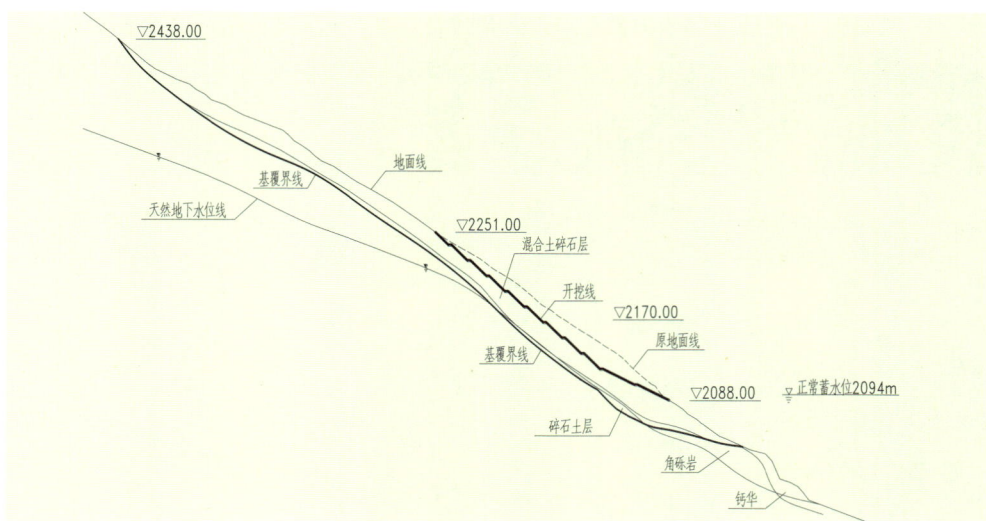

图4-8 开挖中下部减载方案示意图（Ⅲ-Ⅲ'剖面）

开挖中下部减载方案处理前后各剖面控制工况稳定安全系数计算成果如表4-4所示。

表4-4 开挖中下部减载方案处理前后各剖面控制工况稳定安全系数成果表

剖面编号	控制工况	计算方法	稳定安全系数		B类Ⅰ级安全标准
			处理前	处理后	
Ⅰ-Ⅰ'	设计洪水位+暴雨	Bishop	1.03	1.08	1.05
		M-P	1.02	1.07	
Ⅱ-Ⅱ'	设计洪水位	Bishop	1.11	1.16	1.15
		M-P	1.10	1.16	
Ⅲ-Ⅲ'	设计洪水位	Bishop	1.05	1.14	1.15
		M-P	1.04	1.15	

计算成果表明，开挖中下部减载方案处理后，各剖面均能达到稳定安全标准。

开挖中下部进行减载会削弱对崩坡积体上部的支撑，导致上部失稳风险增大，而且由于崩坡积体中下部地形陡于上部，减载后会形成高陡的土质边坡，开挖坡面的稳定问题不易得到保证。因此，开挖中下部减载方案不适用于旦波崩坡积体。

4.2.4 开挖中上部减载方案

从崩坡积体顶部开始，自上而下将崩坡积体中上部全部挖除至一定高程进行减载，直到崩坡积体满足稳定安全标准。经计算，开挖减载范围为自崩坡积体顶部开挖到2150 m高程，均开挖至基岩面，总计开挖中上部减载约255万 m³。

开挖减载区每隔15 m高差设一级2 m宽马道。对于基岩面坡比陡于1∶1.5的开挖减载区均清除覆盖层至基岩，并开挖基岩形成马道；对于基岩面坡比缓于1∶1.5的开挖减载区保留与基岩面接触的碎石土层20 cm左右，以便后期植被恢复植草，并将挡墙（基础挖至基岩）靠马道外侧布置，内侧回填根植土以形成分级马道。

地表排水系统包括周边截排水沟、横向排水沟。周边截排水沟布置在崩坡积体范围线外5～10 m。横向排水沟在崩坡积体开挖减载区及坡脚共设置4道，高差75～80 m，高程分别为2385、2305、2225、2150 m。周边截排水沟与横向排水沟相接，组成地表的排水网络，将地表水引出坡体范围之外，以减少地表水下渗和对坡面的淘刷。

对开挖减载区基岩面坡比陡于1∶1.5的，以随机挂网喷锚支护＋排水孔为主，辅以混凝土框格梁＋自进式锚杆，局部采用预应力锚索支护。对开挖减载区基岩面坡比缓于1∶1.5的，原则上不进行喷锚支护。对崩坡积体开挖减载平台以下部分（高程2050～2150 m），采用系统框格梁＋自进式锚杆支护，其中正常蓄水位以下部分（高程2050～2094 m）框格内填30 cm厚干砌石进行防冲刷保护，正常蓄水位以上部分（高程2094～2150 m）设置系统排水孔并进行反滤保护。稳定性分析成果如下：

（1）开挖减载后崩坡积体稳定性分析。

开挖中上部减载方案处理后，各剖面稳定安全系数计算成果见表4-5。

表4-5　开挖中上部减载方案处理后各剖面稳定安全系数成果表

设计工况	工况编号	状态	计算方法	稳定安全系数			B类Ⅰ级安全标准
				Ⅰ-Ⅰ′	Ⅱ-Ⅱ′	Ⅲ-Ⅲ′	
持久工况	1	正常蓄水位	Bishop	1.23	1.20	1.21	1.15
			M-P	1.19	1.18	1.19	
	2	设计洪水位	Bishop	1.23	1.20	1.21	
			M-P	1.19	1.18	1.19	
短暂工况	3	校核洪水位	Bishop	1.23	1.20	1.21	1.05
			M-P	1.19	1.18	1.19	
	4	设计洪水位+暴雨	Bishop	1.21	1.20	1.21	
			M-P	1.17	1.18	1.19	
	5	库水位下降	Bishop	1.16	1.15	1.17	
			M-P	1.14	1.13	1.14	
偶然工况	6	正常蓄水位+地震	Bishop	1.15	1.12	1.12	1.05
			M-P	1.11	1.10	1.11	

　　计算成果表明，开挖中上部减载方案处理后，各剖面均能达到稳定安全标准，且有一定安全裕度。

　　开挖中上部减载方案一并解决了崩坡积体上、中、下部的稳定性问题，而且大范围开挖也便于机械化施工，开挖后坡面的防护处理难度大大降低，对旦波崩坡积体而言具有较好的可实施性。

　　各剖面控制工况的最不利滑面位置见图4-9～图4-11。

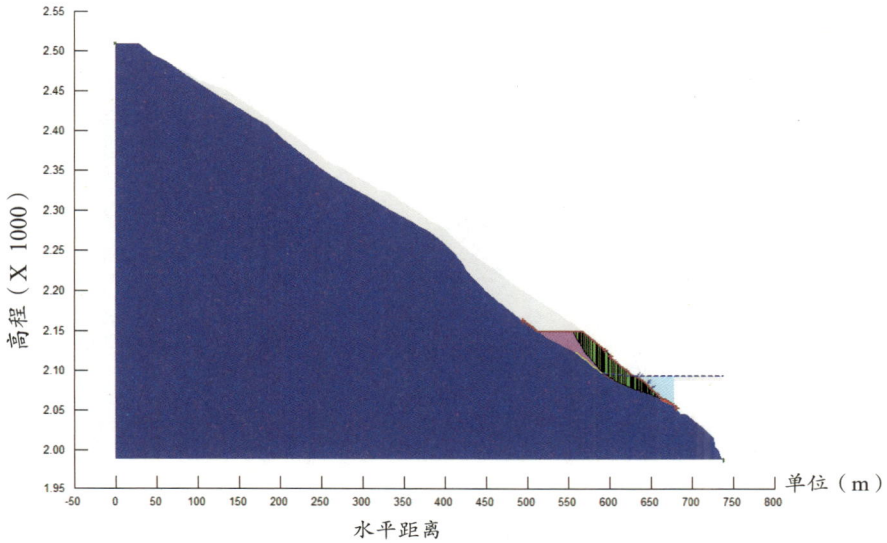

图4-9　Ⅰ-Ⅰ'剖面设计洪水位工况最不利滑面示意

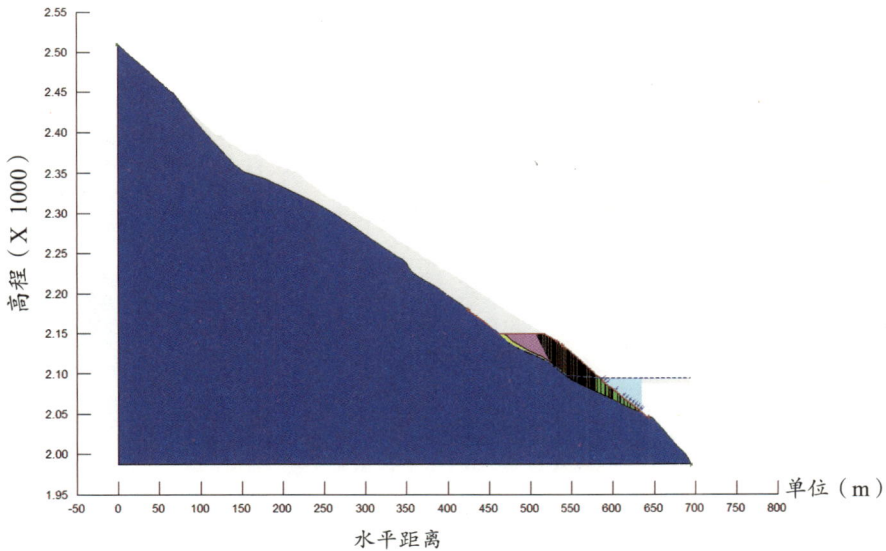

图4-10　Ⅱ-Ⅱ'剖面设计洪水位工况最不利滑面示意

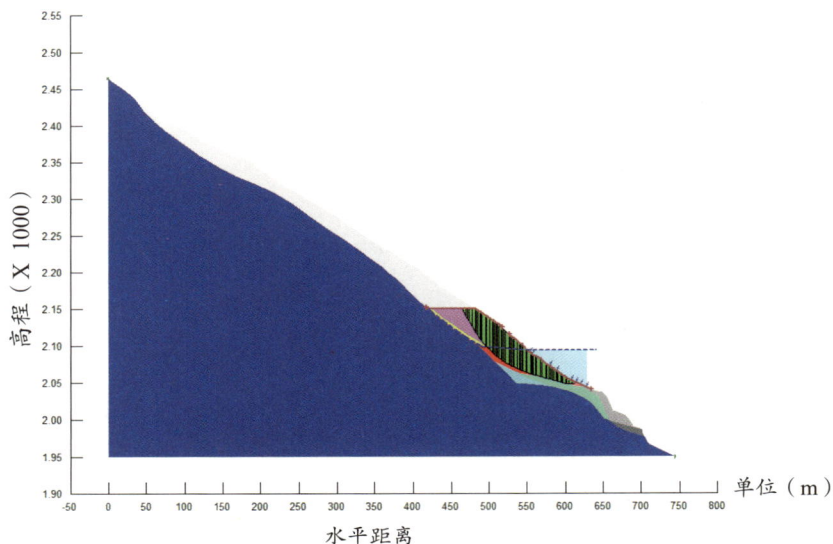

图4-11 Ⅲ-Ⅲ′剖面设计洪水位工况最不利滑面示意

（2）开挖减载后崩坡积体后缘稳定性分析。

开挖减载后崩坡积体后缘各代表性剖面稳定性计算成果见表4-6。从计算成果可以看出，开挖减载后崩坡积体后缘稳定性符合安全控制标准。

表4-6 开挖减载后崩坡积体后缘各代表性剖面稳定安全系数成果表

设计工况	状态	计算方法	稳定安全系数		B类Ⅰ级安全标准
			Ⅶ-Ⅶ′	Ⅷ-Ⅷ′	
持久工况	天然	Bishop	1.26	1.35	1.15
		M-P	1.24	1.32	
短暂工况	暴雨	Bishop	1.09	1.18	1.05
		M-P	1.07	1.15	
偶然工况	地震	Bishop	1.19	1.27	1.05
		M-P	1.16	1.26	

各计算剖面相应控制工况的最不利滑面位置见图4-12、图4-13。

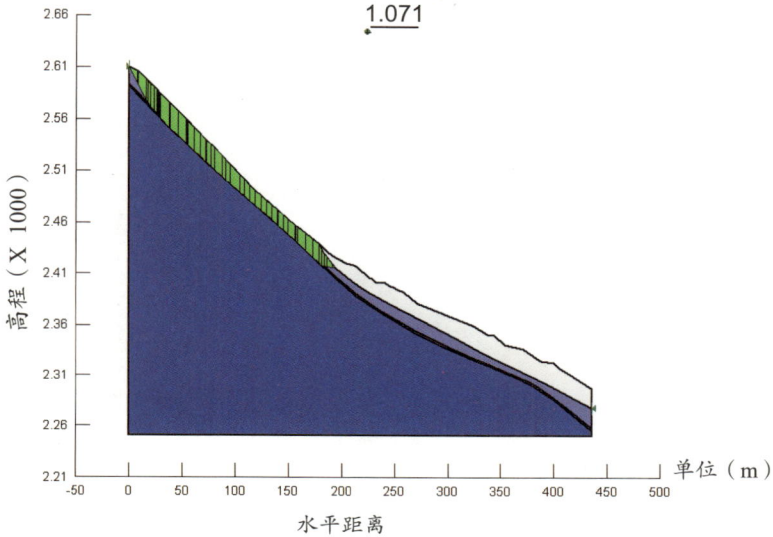

图4-12　Ⅶ-Ⅶ′剖面暴雨工况最不利滑面示意

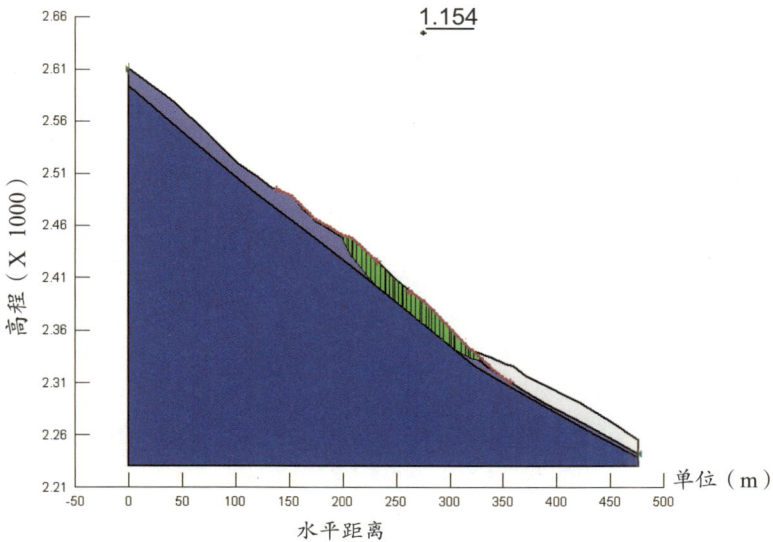

图4-13　Ⅷ-Ⅷ′剖面暴雨工况最不利滑面示意

（3）开挖减载后下伏基岩稳定性分析。

开挖减载后崩坡积体下伏基岩各代表性剖面稳定性计算成果见表4-7。从计算成果可以看出，开挖减载后崩坡积体下伏基岩稳定性符合安全控制标准。

表4-7　开挖减载后崩坡积体下伏基岩各代表性剖面稳定安全系数成果表

设计工况	状态	计算方法	稳定安全系数		B类Ⅰ级安全标准
			Ⅰ－Ⅰ′	Ⅱ－Ⅱ′	
持久工况	正常蓄水位	Bishop	1.24	1.23	1.15
		M-P	1.23	1.22	
短暂工况	暴雨	Bishop	1.10	1.07	1.05
		M-P	1.09	1.06	
偶然工况	地震	Bishop	1.17	1.17	1.05
		M-P	1.16	1.16	

各计算剖面相应控制工况的最不利滑面位置见图4-14、图4-15。

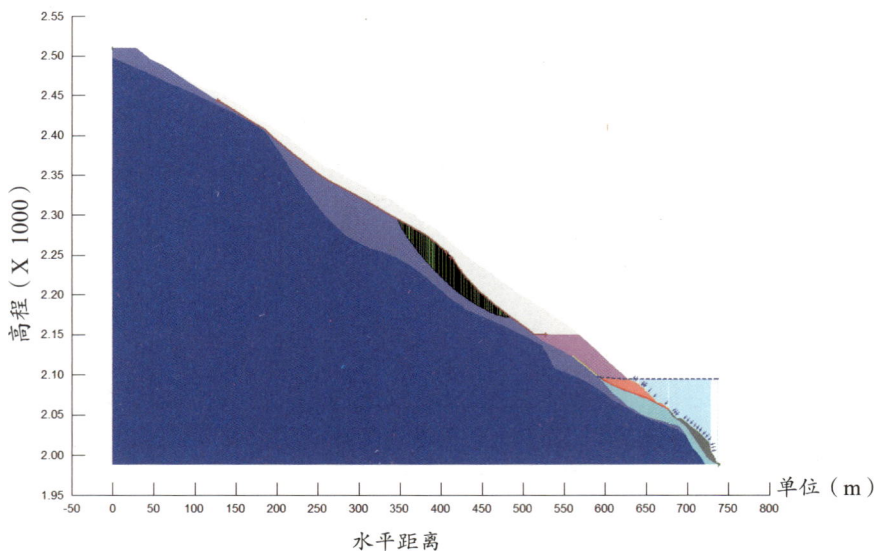

图4-14　Ⅰ－Ⅰ′剖面暴雨工况最不利滑面示意

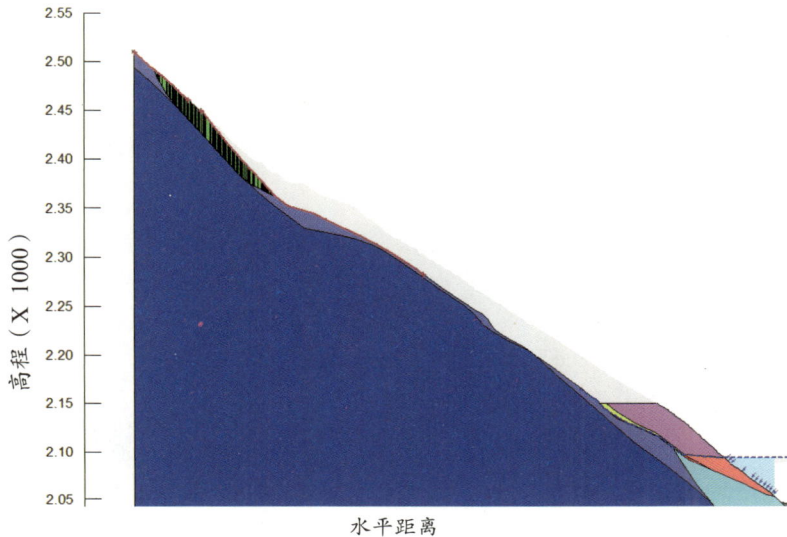

图4-15 Ⅱ-Ⅱ′剖面暴雨工况最不利滑面示意

（4）开挖减载后崩坡积体下游侧缘稳定性分析。

开挖减载后崩坡积体下游侧缘稳定性代表性剖面稳定性计算成果见表4-8。从计算成果可以看出，开挖减载后崩坡积体下游侧缘稳定性满足安全控制标准。

表4-8 开挖减载后崩坡积体下游侧缘代表性剖面稳定安全系数成果表

设计工况	状态	计算方法	Ⅵ-Ⅵ′稳定安全系数	B类Ⅰ级安全标准
持久工况	正常蓄水位	Bishop	1.42	1.15
		M-P	1.43	
短暂工况	暴雨	Bishop	1.25	1.05
		M-P	1.26	
偶然工况	地震	Bishop	1.33	1.05
		M-P	1.34	

代表性剖面控制工况的最不利滑面位置见图4-16。

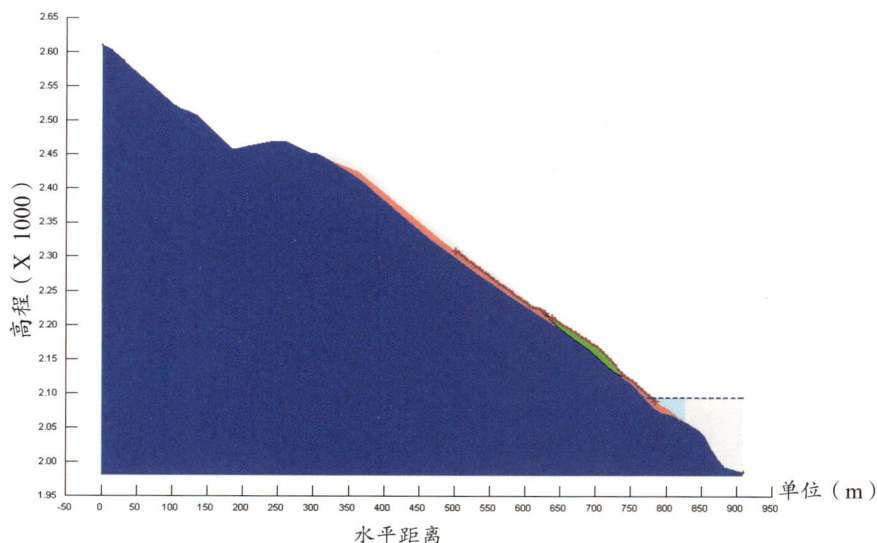

图4-16　Ⅵ-Ⅵ′剖面暴雨工况最不利滑面示意

4.2.5　开挖中上部减载＋抗滑桩方案

开挖中上部减载＋抗滑桩方案上游侧开挖减载到2175 m高程，下游侧开挖减载到2225 m高程，较开挖中上部减载方案少开挖25～75 m高，开挖减载总量约192万 m³，减少约63万 m³。

开挖减载后，Ⅰ-Ⅰ′剖面的稳定性尚不能符合安全控制标准。考虑到Ⅰ-Ⅰ′剖面下部崩坡积体厚度相对较薄，有条件布置抗滑桩，因此，Ⅰ-Ⅰ′剖面范围在2075 m高程布置9根深15 m、截面3 m×4 m、桩间距10 m的抗滑桩。桩与桩间设置钢筋混凝土联系梁，联系梁断面尺寸3 m×2 m。每根桩的入岩深度5～8 m。为满足抗滑桩施工场地要求，在Ⅰ-Ⅰ′剖面2075 m高程设置5～7 m宽施工平台，平台开挖坡比1∶0.8，边坡开挖高度10～30 m。

开挖中上部减载＋抗滑桩方案处理后各剖面稳定安全系数计算成果详见表4-9。

表4-9　开挖中上部减载+抗滑桩方案处理后各剖面稳定安全系数成果表

设计工况	工况编号	状态	计算方法	稳定安全系数				B类Ⅰ级安全标准
				Ⅰ-Ⅰ'（无抗滑桩）	Ⅰ-Ⅰ'（有抗滑桩）	Ⅱ-Ⅱ'	Ⅲ-Ⅲ'	
持久工况	1	正常蓄水位	Bishop	1.14	1.17	1.16	1.16	1.15
			M-P	1.12	1.16	1.15	1.15	
	2	设计洪水位	Bishop	1.14	1.17	1.16	1.16	
			M-P	1.12	1.16	1.15	1.15	
短暂工况	3	校核洪水位	Bishop	1.14	1.17	1.16	1.16	1.05
			M-P	1.12	1.16	1.15	1.15	
	4	设计洪水位+暴雨	Bishop	1.10	1.12	1.15	1.10	
			M-P	1.08	1.11	1.14	1.09	
	5	库水位下降	Bishop	1.10	1.13	1.12	1.12	
			M-P	1.09	1.11	1.11	1.11	
偶然工况	6	正常蓄水位+地震	Bishop	1.06	1.09	1.08	1.08	1.05
			M-P	1.05	1.08	1.07	1.07	

计算表明，开挖中上部减载+抗滑桩方案处理后，各剖面均能达到稳定安全标准。

各计算剖面相应控制工况的最不利滑面位置见图4-17～图4-19。

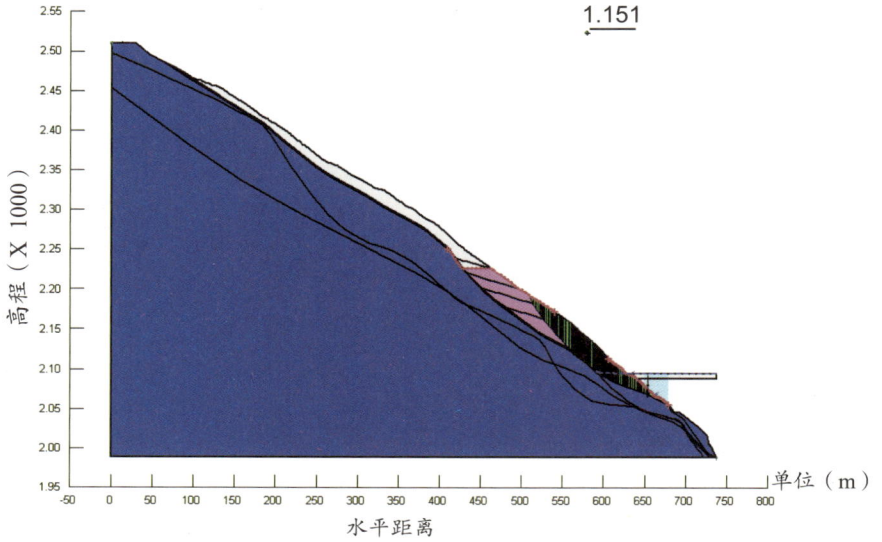

图4-17　Ⅰ-Ⅰ′剖面设计洪水位工况最不利滑面示意

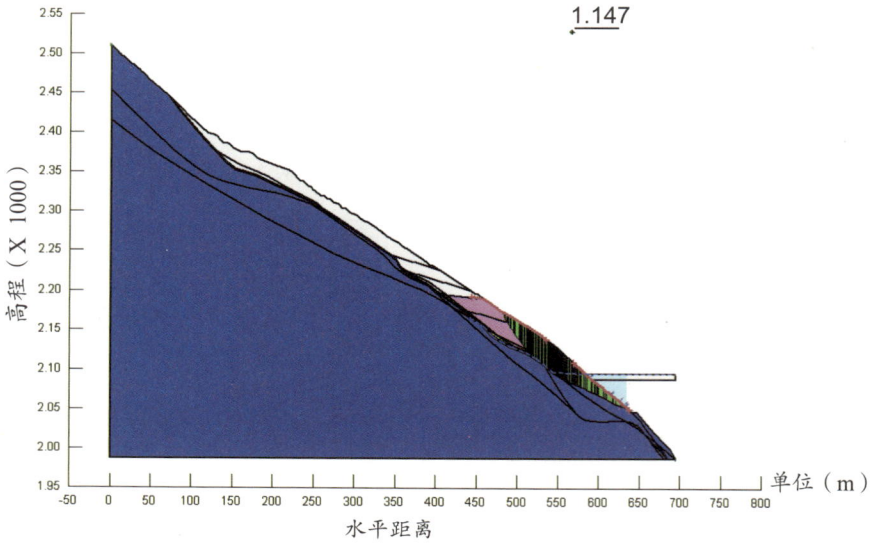

图4-18　Ⅱ-Ⅱ′剖面设计洪水位工况最不利滑面示意

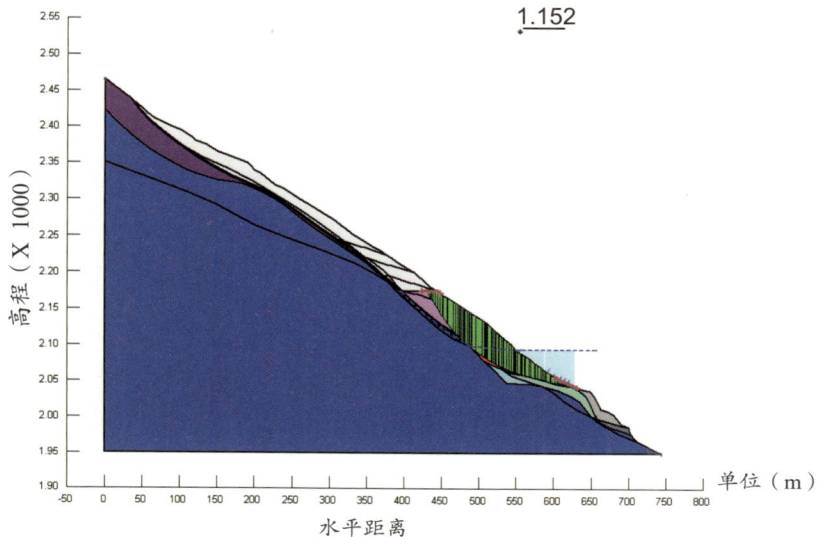

图4-19　Ⅲ-Ⅲ'剖面设计洪水位工况最不利滑面示意

对于Ⅰ-Ⅰ'剖面设置的抗滑桩进行了越顶破坏检算，共搜索越顶滑弧3544条，最不利滑弧稳定安全系数$K = 1.16$，均大于稳定安全系数标准（1.15），故不会发生越顶破坏（见图4-20）。

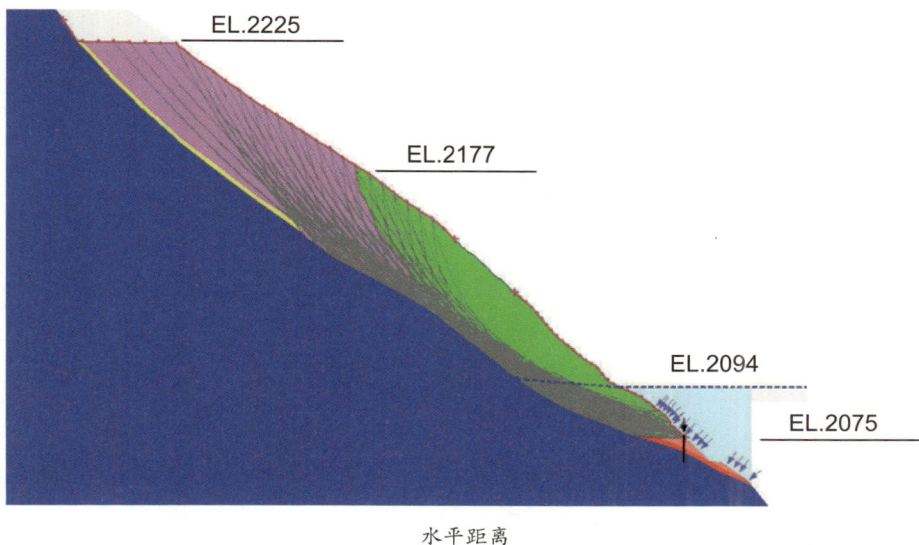

图4-20　抗滑桩越顶破坏检算最不利滑弧搜索示意图

4.2.6 开挖中上部减载＋锚索地梁方案

为提高水库蓄水后崩坡积体下部的稳定性，对崩坡积体正常蓄水位2094 m高程以下部位进行锚索地梁锚固，并在崩坡积体前缘2050 m高程左右设置一道重力式挡墙，挡墙建基于角砾岩上，高度2～3 m。地梁采用C25混凝土，断面50 cm×60 cm、间距5 m×5 m。在地梁交叉节点处设置3排1000kN预应力锚索，分别在2094、2084、2074 m高程，共布置180束，锚索长20～50 m，下倾15°，其余地梁交叉节点设自进式锚杆R28N L＝6 m/9 m。

经计算分析，设置锚索地梁后，可提高崩坡积体稳定安全系数约0.01。在此基础上，再进行开挖中上部减载，上游侧需开挖至2185 m高程，下游侧需开挖至2175 m高程，开挖减载总量约224万 m³，较开挖中上部减载方案减少约31万 m³。

排水系统、边坡防护处理原则与开挖中上部减载方案一致。

开挖中上部减载＋挡墙＋锚索地梁方案处理后各剖面控制工况稳定安全系数计算成果详见表4-10。

表4-10　开挖中上部减载＋锚索地梁方案处理后各剖面控制工况稳定安全系数成果表

| 剖面编号 | 控制工况 | 计算方法 | 稳定系数 | | | B类Ⅰ级安全标准 |
			处理前	锚索地梁处理后	减载＋锚索地梁处理后	
Ⅰ－Ⅰ′	设计洪水位＋暴雨	Bishop	1.03	1.03	1.12	1.05
		M－P	1.02	1.03	1.11	
Ⅱ－Ⅱ′	设计洪水位	Bishop	1.11	1.12	1.17	1.15
		M－P	1.10	1.11	1.16	
Ⅲ－Ⅲ′	设计洪水位	Bishop	1.05	1.06	1.16	1.15
		M－P	1.04	1.05	1.15	

计算结果表明，开挖中上部减载＋锚索地梁方案处理后，各剖面均能达到稳定安全标准。虽然预应力锚索吨位和长度均较框格梁＋锚索方案大大减少，但考虑到在崩坡积体中锚索造孔难度大、锚固效果不容易得到保证，且不确定因素

多，不建议采用。

4.2.7 处理方案选择

根据上述分析成果，框格梁＋锚索方案、开挖中上部减载方案和开挖中上部减载＋抗滑桩方案都可以使旦波崩坡积体的稳定性满足规范要求。

（1）框格梁＋锚索方案。

由于预应力锚索吨位大、长度长、数量多，在崩坡积体中锚索造孔难度大，锚固效果不容易得到保证，且不确定因素多，工期难以保证。

（2）开挖中上部减载＋抗滑桩方案。

抗滑桩截面大、桩长深、数量多，且可能还存在温泉涌水、有毒有害气体、碎块石等不利影响，桩井人工开挖难度大、安全风险突出，工期以及投资控制难度大。

（3）开挖中上部减载方案。

从崩坡积体顶部开始，自上而下将崩坡积体中上部全部挖除至一定高程进行减载，直到崩坡积体符合稳定安全标准，一并解决了崩坡积体上中下部的稳定性问题，而且大范围开挖也便于机械化施工，开挖后坡面的防护处理难度大大降低，且具有较好的可实施性。

与其他方案相比：

①取消深、大锚索抗滑桩，大大降低了施工难度以及安全风险，工期易于保证。

②取消长度长、吨位大的预应力锚索，开挖范围、方量虽有增加但便于机械化施工，支护方式比较常规，施工难度明显降低，也提高了质量保证率。

③采用开挖减载方案以后，崩坡积体的汇水面积大大缩小，降雨下渗对崩坡积体的稳定性影响程度也相应减小了。同时，结合前期和旦波一期地下水位监测资料成果，崩坡积体范围实测地下水位较低，水位变幅较小（0~2 m），且混合土碎石层透水性较好，地下排水的作用有限，在强至弱风化岩体及覆盖层中进行排水洞开挖施工难度较大，不适合采用排水洞排水。

④地表截排水沟布置高差大，其材料运输可利用开挖减载的施工道路运输，施工难度大大降低。

⑤开挖减载将造成大范围开挖裸露面，及时采取植被恢复措施，可大大降低对周边生态环境的影响；开挖弃渣培育后可用于解决复垦表土不足的问题。

因此，旦波崩坡积体最终选择采用"开挖减载＋地表排水＋坡面植被恢复"的综合处理方案。

4.3 处理方案设计

通过旦波崩坡积体处理方案研究比选，最终选择采用"开挖减载＋地表排水＋坡面植被恢复"的综合处理方案，具体方案设计如下：

（1）边坡开挖设计。

对旦波崩坡积体采取自上而下进行开挖减载，开挖减载范围为自崩坡积体顶部开挖到2150 m高程，均开挖至基岩面。

开挖减载区每隔15 m高差设一级2 m宽马道。对于基岩面坡比陡于1∶1.5的开挖减载区均清除覆盖层至基岩，并开挖基岩形成马道；对于基岩面坡比缓于1∶1.5的开挖减载区保留与基岩面接触的碎石土层20 cm左右，以便后期植被恢复植草，并将挡墙（基础挖至基岩）靠马道外侧布置，内侧回填耕植土以形成分级马道。

旦波崩坡积体开挖减载上下游侧可视情况保留一部分覆盖层，并采取加强支护处理措施，具体根据现场开挖揭示情况进行调整。

（2）边坡支护设计。

边坡分区支护措施具体见表4-11。

表4-11　开挖边坡支护措施表

支护区域	范围	支护措施及参数
支护A区	崩坡积体2150m高程以上的开挖减载区边坡	①随机锚杆：R28N L = 9 m/6 m； ②随机挂网喷混凝土：挂Φ6.5@150 mm×150 mm钢筋网，喷混凝土C25厚12 cm； ③随机排水孔：Φ100，$L = 10$ m，上仰10°，设反滤； ④随机框格梁：C25混凝土框格梁，断面30 cm×40 cm，间距5 m×5 m； ⑤随机预应力锚索：1000kN，$L = 30 \sim 50$ m； ⑥开口线顶部外围设一道RXI-075型被动防护网； ⑦随机支护原则：对崩坡积体开挖减载区基岩面坡比陡于1:1.5的，根据基岩类别和破碎情况喷锚支护，Ⅳ类岩体以随机挂网喷锚支护+排水孔为主，Ⅴ类岩体（炭质板岩及断层带）以混凝土框格梁+自进式锚杆+排水孔为主，局部采用预应力锚索支护。对基岩面坡比缓于1:1.5的，原则上不进行喷锚支护。覆盖层边坡以混凝土框格梁+自进式锚杆+排水孔为主，局部采用预应力锚索支护
支护B区	崩坡积体2150m高程以下部分	①系统框格梁：C25混凝土框格梁，底梁置于钙华体顶部，断面60 cm×80 cm，其余断面30 cm×40 cm，间距4 m×4 m； ②系统自进式锚杆：框格梁交叉节点R28N（$L = 9$ m/6 m）； ③高程2050～2094 m干砌石坡：框格内填30cm厚干砌石护坡； ④高程2094～2150 m设置系统排水孔：Φ100，$L = 30$ m，间排距4 m×4 m，设反滤

说明：上表中排水孔的数量及深度可根据施工期监测数据及开挖揭露的情况进行适当调整。

（3）排水系统设计。

地表排水系统遵循坡顶截排、分层引导、汇流入江的原则，主要包括周边截排水沟和横向排水沟。周边截排水沟布置在崩坡积体范围线外5～10 m。横向排水沟在崩坡积体开挖减载区及坡脚共设置4道，高差75～80 m，高程分别为2385、2305、2225、2150 m。周边截排水沟与横向排水沟相接，组成地表的排水网络，将地表水引出坡体范围之外，以减少地表水下渗和对坡面的淘刷。

截排水沟采用梯形断面，周边截排水沟底宽60 cm，横向截排水沟底宽40 cm。对于覆盖层，截排水沟采用浆砌石外抹M7.5水泥砂浆，浆砌石厚30 cm，水泥砂浆厚6 cm；对于基岩基础，截排水沟开挖到位后直接采用M7.5砂浆抹面。

（4）水土保持措施设计。

①工程措施。

旦波崩坡积体开挖卸载施工前对相对具备清表条件的缓坡区域进行表土剥离，剥离表土厚度取40～50 cm，剥离的表土集中运至中铺子表土堆存场堆存并防护。

为防止开挖土石方顺坡滚落至雅砻江，施工期前，考虑在开挖区域下方设置一道干砌石挡墙防护，挡墙高2 m，顶宽80 cm，面坡1∶0.2，背坡1∶0.4，长约380 m。

植物措施实施后，为保证后期的绿化养护用水，配套供水设施1套，主要设施包括在崩积体顶部修建30 m³的钢筋砼蓄水池，水源从施工供水系统右坝头地下水池接引，采用DN50钢管，共计约950 m，并设置小型加压泵站一座。

②植被恢复措施。

结合调整后的崩坡积体开挖边坡坡度、地质条件等因素，考虑对开挖减载区域采用"挂网喷播植草＋撒播灌草籽＋栽植藤本植物"相结合的方式进行植被恢复，即对开挖边坡坡度缓于1∶1.5的边坡和平台进行撒播灌草籽植被恢复，撒播灌草籽前进行覆土，厚度20 cm；坡度陡于1∶1.5的边坡采用挂网喷播植草恢复植被，喷播之前坡面铺设铁丝网，采用液力喷洒机将拌合好的草种、纤维、保水剂、黏合剂、肥料及水的混合物料均匀喷射于坡面；植被恢复措施的实施要求在坡面平整的情况下进行，灌草种选择当地适生的草种，如紫穗槐、麻棘、狗牙根、黑麦草和苜蓿等，灌草种按1∶2混交，撒播密度120 kg/hm²。同时，为确保植被恢复效果，在每一级开挖边坡马道内侧栽植一排爬山虎，株距0.5 m，采用穴植。植被恢复措施实施后，为防止降雨冲刷，对植被恢复区域覆盖土工布，并定期进行喷水养护。

（5）环境保护措施设计。

①环境空气保护措施。

旦波崩坡积体采取"开挖减载＋地表排水＋坡面植被恢复"的综合处理方案，在开挖过程中，开挖现场的多粉尘作业面采用人工控制定期洒水，无雨日每隔2 h洒水一次的方案。开挖弃方存放的临时堆场，尽量选在较为避风的地方，物料存放尽量平整，弃渣应及时清运，不清运期间建议洒水或采用防风罩进行覆盖。

施工机械推行强制更新报废制度。机械要注意保养维修，注意调整到最佳状态运行。

②声环境保护措施。

选用低噪声机械设备和工艺，对振动大的机械设备使用减振机座或减振垫，可从根本上降低噪声。

加强施工设备的维护和保养，保持机械润滑，减少运行噪声。

③水环境保护措施。

旦波崩坡积体施工过程中，承包商营地内施工人员生活污水应纳入承包商营地生活污水处理系统统一处理，施工现场人员使用移动临时厕所，不得随地大小便。移动临时厕所内粪便污水定期由吸粪车清运至承包商营地内生活污水处理系统进行统一处理。

④陆生生态保护措施。

加强对施工人员的管理，限制施工人员到施工无关区域随意扰动和破坏。施工过程中尽量采用低噪声爆破技术，从而减少对动物的惊吓。

施工前和施工过程中采取多种形式向施工人员宣传《中华人民共和国野生动物保护法》、野生动物的知识及保护的意义，保护野生动物的栖息环境，禁止诱捕、毒杀野生动物。施工过程中，如发现猕猴、水獭等保护动物，应避免伤害，并及时报告当地林业部门。

施工前和施工过程中发现珍稀植物应及时进行移植保护。

旦波崩坡积体开挖的表层土应堆存至中铺子表土堆存场。结合水土保持措施，对施工场地进行防护和植被恢复。

⑤固体废物处置措施。

施工人员的生活垃圾不得随意丢弃，应投放至施工营地和施工现场的垃圾桶内。

施工开挖产生的土石方，除部分表土运至中铺子表土堆存场用于后期植被恢复外，其余弃渣运至上铺子弃渣场，并采取相应水土保持措施进行渣场防护。

（6）安全监测设计。

旦波崩坡积体安全监测分为一期监测及二期监测。

①一期监测。

a. 变形监测。

在边坡上选择2个监测断面布置表面变形测点，每个断面布置5个表面变形测点；选择其中靠上游侧断面为主的监测断面，在2220、2140 m高程表面变形测点旁各布置1个测斜孔，共计10个表面变形测点，2个测斜孔。

在崩坡积体对岸布置2个表面变形工作基点，在两岸共布置4个表面变形基准点。

b. 渗流监测。

在上述2个监测断面各布置2个地下水位孔，共计4个地下水位孔。

地下水位孔均内置渗压计进行自动化读数，采用电测水位计人工读数。

②二期监测。

在崩坡积体后缘开挖线外侧山体布置4个表面变形测点。

在崩坡积体布置2个顺坡向监测断面，每个监测断面在2080、2120 m高程分别布置1个表面变形测点，共4个表面变形测点。

表面变形采用交会法监测水平位移，三角高程法监测垂直位移。

4.4 施工过程动态设计

4.4.1 高程2150 m减载平台上部动态设计

旦波崩坡积体开挖支护施工过程中，必须密切关注地质条件的变化，每开挖5 m梯段，由地质及设计工程师根据实际揭露的地质情况、监测数据、计算分析成果等，对开挖及支护进行动态设计与调整，针对性状不同的边坡分别提出针对性的支护措施，以保证施工、运行期边坡稳定安全。每完成一级边坡（15 m为一级）的开挖，组织监理等参建方进行联合验收，验收合格方可进行下一级边坡开挖。具体见表4-12。

表4-12　旦波崩坡积体开挖支护设计（修改）通知单统计表

序号	编号	名称	时间
1	YFGC-201506-[2016]-140	关于明确旦波崩坡积体高程2150 m以下施工道路边坡开挖坡比及支护措施的设计通知	2016.12.22
2	YFGC-201506-[2017]-037	关于局部调整旦波崩坡积体开挖下游侧开口线位置和明确高程2435 m以上开挖边坡支护措施的设计通知	2017.03.24
3	YFGC-201506-[2017]-069	关于旦波崩坡积体高程2150 m以下施工道路边坡及高程2435 m以上开挖边坡排水花管管径调整的设计通知	2017.05.29
4	YFGC-201506-[2017]-090	关于明确旦波崩坡积体2435 m～2420 m高程边坡开挖与支护措施的设计通知	2017.07.21
5	YFGC-201506-[2017]-175	关于明确旦波崩坡积体2420 m～2405 m高程边坡下游段支护措施的设计通知	2017.11.09
6	YFGC-201506-[2017]-184	关于明确旦波崩坡积体高程2420 m～2450 m段上游侧土质边坡变形区处理方案的设计通知	2017.12.02
7	YFGC-201506-[2017]-200	关于明确旦波崩坡积体2405 m～2390 m高程边坡下游段支护措施的设计通知	2017.12.21
8	YFGC-201506-[2018]-031	关于明确旦波崩坡积体高程2375 m～2390 m下游段边坡支护措施的设计通知	2018.02.02
9	YFGC-201506-[2018]-052	关于明确旦波崩坡积体高程2360 m～2375 m下游段边坡支护措施的设计通知	2018.04.04
10	YFGC-201506-[2018]-064	关于明确旦波崩坡积体高程2420 m～2405 m上游侧边坡支护措施的设计通知	2018.05.03
11	YFGC-201506-[2018]-065	关于明确旦波崩坡积体高程2345 m～2360 m下游段边坡支护措施的设计通知	2018.05.03

序号	编号	名称	时间
12	YFGC-201506-[2018]-070	关于明确旦波崩坡积体高程2405 m～2390 m上游侧边坡支护措施及高程2435 m框格梁脱空部位回填混凝土的设计通知	2018.05.09
13	YFGC-201506-[2018]-114	关于明确旦波崩坡积体高程2360 m～2375 m中游段边坡支护措施的设计通知	2018.09.12
14	YFGC-201506-[2018]-115	关于明确旦波崩坡积体高程2345 m～2360 m中游段边坡支护措施的设计通知	2018.09.12
15	YFGC-201506-[2018]-116	关于明确旦波崩坡积体高程2330 m～2345 m下游段边坡支护措施的设计通知	2018.09.12
16	YFGC-201506-[2018]-124	关于明确旦波崩坡积体高程2330 m～2345 m中游段边坡支护措施的设计通知	2018.08.21
17	YFGC-201506-[2018]-190	关于明确旦波崩坡积体高程2390 m～2375 m上游侧边坡支护措施的设计通知	2018.12.11
18	YFGC-201506-[2018]-191	关于明确旦波崩坡积体高程2375 m～2360 m上游侧边坡支护措施的设计通知	2018.12.11
19	YFGC-201506-[2019]-003	关于明确旦波崩坡积体高程2360 m～2345 m上游侧边坡支护措施的设计通知	2019.01.02
20	YFGC-201506-[2019]-004	关于明确旦波崩坡积体高程2345 m～2330 m上游侧边坡支护措施的设计通知	2019.01.02
21	YFGC-201506-[2019]-047	关于明确旦波崩坡积体高程2315 m～2330 m开挖边坡及高程2315 m～2353 m上游侧自然边坡支护措施的设计通知	2019.05.05

续表

序号	编号	名称	时间
22	YFGC-201506-[2019]-048	关于明确旦波崩坡积体高程 2300 m～2315 m边坡支护措施的设计通知	2019.05.05
23	YFGC-201506-[2019]-049	关于明确旦波崩坡积体高程 2285 m～2300 m边坡支护措施的设计通知	2019.05.05
24	YFGC-201506-[2019]-065	关于明确旦波崩坡积体高程 2270 m～2285 m边坡支护措施的设计通知	2019.05.27
25	YFGC-201506-[2019]-071	关于明确旦波崩坡积体高程 2255 m～2270 m边坡支护措施的设计通知	2019.06.04
26	YFGC-201506-[2019]-088	关于明确旦波崩坡积体高程 2240 m～2255 m边坡支护措施的设计通知	2019.07.06
27	YFGC-201506-[2019]-094	关于明确旦波崩坡积体高程 2225 m～2240 m边坡支护措施的设计通知	2019.07.12
28	YFGC-201506-[2019]-114	关于明确旦波崩坡积体高程 2210 m～2225 m边坡开挖支护措施的设计通知	2019.08.14
29	YFGC-201506-[2019]-170	关于明确旦波崩坡积体高程 2210 m～2195 m和2195 m～2180 m边坡开挖支护措施的设计通知	2019.11.25
30	YFGC-201506-[2019]-183	关于明确旦波崩坡积体高程 2180 m～2165 m和2165 m～2150 m边坡开挖支护措施的设计通知	2019.12.10
31	YFGC-201506-[2019]-184	关于调整旦波崩坡积体高程2150.00 m 以下边坡处理措施的设计修改通知	2019.12.11
32	YFGC-201506-[2020]-095	关于调整旦波崩坡积体高程2150 m以上边坡支护措施的设计通知	2020.07.09

　　根据施工图阶段开挖支护处理方案和动态设计方案，旦波崩坡积体高程

2315～2465m上游侧开挖边坡（DB1区、DB2区）采用框格梁＋锚拉板＋锚索＋压顶梁＋钢管桩的支护方案进行支护，旦波崩坡积体高程2150～2225m下游侧110～120m范围（DB5区）采用系统框格梁进行支护，高程2150m上部其余开挖边坡（DB3区、4区、6区、7区）采用系统喷锚支护，局部自然边坡采用人工复绿方案进行支护，见图4-21。

图4-21　旦波高程2150m减载平台上部边坡支护方案

图4-22　旦波崩坡积体上游侧自然边坡

具体如下：

（1）高程2315～2465m上游侧开挖边坡。

旦波崩坡积体高程2315～2465m上游侧开挖边坡（见图4-22）包含DB1区、DB2区。其中，DB1区为土质边坡，位于上游侧高程2420~2465 m，边坡覆盖层主要成分为混合土碎石，一般厚度为2~6 m，曾在2017年7月份出现变形；DB2区为土质边坡，位于上游侧高程2315~2420 m，边坡覆盖层主要成分为混合土碎石和碎石土，一般厚度为3~6 m，在区内中部局部最深处的垂直深度达8 m。该区覆盖层中发育一小滑坡，分布高程为2330~2420 m。

（2）高程2150~2225 m下游侧开挖边坡。

旦波崩坡积体高程2150~2225 m下游侧110~120 m范围（包含DB5区）边坡覆盖层主要成分为混合土碎石和碎石土，根据前期钻探成果，水平厚15~25 m，以稍密至中密为主，开口线附近较松散。具体支护措施为：

①布置系统框格梁（C25混凝土），断面30 cm×40 cm，间距4 m×4 m（水平距离×坡面距离），框格梁每隔12 m设一道结构缝，缝内填充沥青木板。

②框格梁节点处系统布置砂浆锚杆，砂浆锚杆ϕ28（L=9 m/6 m），锚杆方向垂直坡面。

③框格梁坡面系统布置排水孔，排水孔Φ100，L=10 m@4 m×4 m，上仰10°，内插Φ75排水花管，设反滤。

（3）高程2150~2465 m其余部位开挖边坡。

高程2150 m上部其余开挖边坡包含DB3区、DB4区、DB6区和DB7区。其中，DB3区为土质边坡，主要成分为混合土碎石和碎石土，覆盖层一般厚度为2~5 m，碎石土分布在基覆面附近，结构密实至中密；DB4区主要成分为混合土碎石，覆盖层厚度为1~3 m，以稍密为主；DB6区、DB7区均为岩质边坡。该范围边坡采用系统喷锚支护，具体支护参数为：

①系统挂网喷混凝土：挂A6@15 cm×15 cm钢筋网，喷C25混凝土厚12 cm，需确保钢筋网被喷砼覆盖，且挂网时应在钢筋网下部布设垫块或支架。

②系统砂浆锚杆，锚杆方向垂直坡面，锚杆规格根据边坡性状确定，具体根据地质或设计工程师现场指定，常用规格有C28@2 m×2 m（L=9 m/6 m）、C28@3 m×3 m（L=9 m/6 m）、C28@4 m×4 m（L=9 m/6 m）、C28@5 m×5 m（L=4.5 m）、C20@5 m×5 m（L=1 m）。

③系统排水孔，A100@5 m×5 m，L=10 m，上仰10°，梅花形布置，内插A75排水花管，设反滤。

（4）局部自然边坡。

旦波崩坡积体高程2315 m以下上游侧自然边坡，属于旦波崩坡积体设计开挖线以外堆渣范围，该自然边坡分布高程在2315～2080 m，高差245 m，长度50～60 m，高程2125 m以上坡度30°～40°，边坡内分布一小冲沟，冲沟内见基岩局部出露，边坡上覆盖层厚3～5 m，覆盖层成分为碎石混合土，高程2125 m以下坡度20°～30°，边坡上覆盖层厚8～10 m，覆盖层成分为碎石混合土。

旦波崩坡积体开挖边坡的废渣临时堆存在该自然边坡上，后期将清除自然边坡上的堆渣并采用人工植草复绿方案进行处理。

4.4.2 高程2150 m减载平台下部设计调整方案

根据施工图阶段处理方案，高程2150 m减载平台下部为支护B区，采用系统框格梁进行支护。根据现状情况，高程2150 m以下受出渣道路和堆渣体影响，地形不平顺，出渣道路靠山侧边坡陡峭，坡度为60°～70°，局部近直立（见图4-23）。在此基础上仍采用原方案中天然边坡布置框格梁的实施效果较差，施工难度较大。

根据高程2150 m以下边坡地形条件和稳定条件，同时考虑施工条件，支护处理设计方案调整为适当增加开挖减载并对边坡

图4-23 旦波崩坡积体出渣道路下部自然边坡施工面貌

局部采取支护措施，具体为：

（1）对旦波崩坡积体高程2150 m以下边坡自上而下开挖减载，开挖减载范

围：自崩坡积体开挖减载平台（高程2150m）开挖减载到高程2042～2045m，开挖边坡底部高程可根据现场实际地质情况动态调整，以坡脚基本坐落于基岩面或角砾岩面为原则。

自高程2150m开挖至高程2042～2045m，共分为7级边坡进行开挖，在高程2135、2120、2100、2085、2070、2055m设置2m宽马道，边坡开挖坡比按照下游至上游坡比为1∶1.15～1∶1.5。

（2）对水位以下高程2100～2042m的开挖边坡采取框格梁＋土工布＋喷混凝土＋排水护坡；对水位上部2100～2150m的开挖边坡植草复绿并在坡体表面设置排水系统等。分区支护措施具体见表4-13。

表4-13 边坡支护措施表

支护区域	范围	支护措施及参数
支护B区	崩坡积体2100～2150m高程（B1区）	①开挖后，在坡面上布置土工格室，规格采用TGLG-PE-100-1000-1.0，土工格室性能需要满足《土工合成材料塑料土工格室》（GB/T 19274—2003）相关要求，或者采用GCE-HJ-100-1000-1.0，性能需要满足《铁路工程土工合成材料第1部分：土工格室》（GQ/CR 549.1—2016）相关要求，并保证土工格室与坡面有效连接，土工格室内进行覆土植草绿化；②系统排水孔：Φ100，$L=5$m，间距4m×4m（平距×高差），上仰10°，内插Φ75排水花管，设反滤；③在高程2100、2120、2135m马道处内侧设置排水沟，自上游排向下游，坡比不小于0.5%，引至下游冲沟，冲沟内边坡系统喷锚封闭，挂A6@30cm×30cm钢筋网，喷C25混凝土，厚15cm
	崩坡积体2085～2100m高程（B2区）	①系统框格梁：C25混凝土框格梁，断面30cm×40cm，间距4m×4m（平距×坡面距离），框格梁每隔12m设一道结构缝，缝内填充沥青木板；②系统锚杆：框格梁节点处布置C28（$L=9$m/6m）的砂浆锚杆，长短间隔布置，方向垂直坡面；③护坡：在高程2085～2095m范围框格梁内部边坡先铺设1层土工布（200g/m²），连接方式可采用搭接，然后挂A6@30cm×30cm钢筋网，喷C25混凝土，厚10cm，需确保钢筋网被喷砼覆盖，且挂网时应在钢筋网下部布设垫块或支架；④系统排水孔：Φ100，$L=30$m，间距4m×4m（平距×高差），上仰10°，内插排水花管，终孔孔径不小于Φ50，设反滤，排水孔端部须穿出喷混凝土表面

支护区域	范围	支护措施及参数
	崩坡积体2042～2085 m高程（B3区）	①系统框格梁：C25混凝土框格梁，底梁基本置于角砾岩层，断面60 cm×80 cm，其余断面30 cm×40 cm，间距4 m×4 m（平距×坡面距离），框格梁每隔12 m设一道结构缝，缝内填充沥青木板； ②系统锚杆：框格梁节点处布置C28（$L=9$ m/6 m）的砂浆锚杆，长短间隔布置，方向垂直坡面； ③护坡：在高程2042～2085 m范围框格梁内部边坡先铺设1层土工布（200 g/m²），连接方式可采用搭接，然后挂A6@30 cm×30 cm钢筋网，喷C25混凝土，厚10 cm，需确保钢筋网被喷砼覆盖，且挂网时应在钢筋网下部布设垫块或支架； ④系统排水孔：$\Phi100$，$L=2$ m，间距4 m×4 m（平距×高差），上仰10°，内插$\Phi75$排水花管，设反滤，排水孔端部须穿出喷混凝土表面
	崩坡积体开口线外受施工期出渣影响的自然边坡	植草复绿

高程2150 m以下边坡处理方案调整具体见图4-24、图4-25。

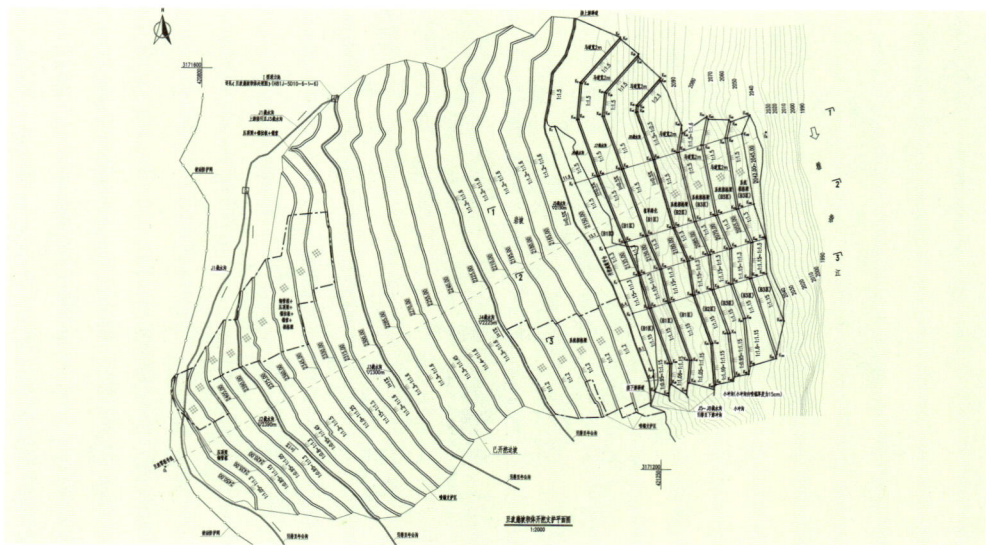

图4-24　旦波崩坡积体高程2150 m以下边坡处理调整方案

图4-25　旦波崩坡积体高程2150 m以下边坡处理调整方案示意图

5 / 施工关键技术研究

旦波崩坡积体工程量大且存在各种不同的变形失稳条件，如何保证安全开挖且对崩坡积体扰动降到最低，是该工程的关键技术问题之一。旦波崩坡积体地形前陡后缓，施工中可利用的施工场地较小，给施工布置带来较大的难度，同时边坡地质条件复杂、支护型式多，如何保证开挖支护进度成为本工程的一个难点。

下面通过对崩坡积体变形处理、开挖出渣方式等关键技术的研究，说明旦波崩坡积体在施工期是如何有效解决以上难题的。

5.1 崩坡积体变形处理

5.1.1 崩坡积体变形情况及过程

截至2017年6月24日，旦波崩坡积体开口线顶部截水沟和被动防护网施工完成，高程2435～2465 m段开挖边坡支护基本完成，上游侧采取框格梁支护措施，下游侧采取系统喷锚支护措施，高程2420～2435 m段边坡基本开挖完成。

崩坡积体开挖边坡变形情况及过程如下：

（1）2017年6月15日至30日，杨房沟施工区连续降雨，7月1日巡查发现旦波崩坡积体高程2420～2435 m上游侧覆盖层开挖边坡局部出现塌滑，造成上部已完成的框格梁前缘形成空腔，基础脱空范围长5～8 m，深约0.5 m。已完成施工的高程2435～2465 m段边坡及开口线以上后缘未发现有明显变形迹象。

（2）2017年7月1日至7月2日，杨房沟施工区连续降雨；7月3日至7月11日，施工区以小雨或多云天气为主。7月12日，现场巡查发现高程2435～2450 m段上游侧土质边坡和框格梁出现局部变形（见图5-1），该段边坡上游侧部分框格梁和截水沟底部脱空（见图5-2）。边坡后缘和上游侧截水沟附近主要出现3条裂缝，其中裂缝L1延伸走向N30°～43°W，延伸长度约15 m，呈锯齿状，张开10～16 cm，贯穿上游侧截水沟，可见深度1.1 m（见图5-3、图5-4）；裂缝L2延伸走向约N50°W，延伸长度约1.7 m，呈锯齿状，张开2～3 cm；裂缝L3延伸走向约N10°E，延伸长度约6 m，张开2～3 cm，与上游侧向边坡近平行。

初步判断高程2435～2450 m段上游侧土质边坡局部失稳，局部稳定性差；现场要求及时对已变形土质边坡前缘坡脚采取堆载反压措施；同时，为确保高程2450～2465 m段边坡框格梁不受前缘边坡失稳影响，在高程2450 m平台上游侧设置钢管桩护坡。进一步查明覆盖层厚度后，拆除变形的框格梁，重新对边坡进行加固处理。

图5-1　高程2435～2450 m段上游侧土质边坡和框格梁出现变形

图5-2　边坡上游侧部分截水沟底部脱空

图5-3 边坡后缘和上游侧截水沟附近裂缝L1发育情况

图5-4 边坡后缘和上游侧截水沟附近裂缝发育情况

（3）2017年7月14日，现场巡视发现高程2340～2420 m段土质边坡出现蠕滑、开裂变形（见图5-5、图5-6），地形坡度约35°～40°，地表形成的裂缝断续延伸，边缘裂缝大致呈钟形，后缘裂缝张开约20 cm，可见深度约1.0 m，前缘未见明显剪出口迹象，分布面积约1.4万 m^2，方量约15万 m^3。

图5-5 高程2350～2420 m段土质边坡出现蠕滑变形

图5-6 已变形土质边坡后缘裂缝

经现场调查和巡视，高程2340 m集渣平台以下边坡无变形、开裂迹象，判断处于稳定状态。现场明确对已变形土质边坡采取削坡减载处理措施；在已变形土质边坡及其两侧设置表面变形观测点进行安全监测；同时，尽快用防水布覆盖裂缝边界，防止雨水进一步沿裂缝下渗对边坡稳定造成更不利影响。

（4）截至2017年10月22日，旦波崩坡积体高程2435～2465 m段边坡及开口线以上后缘边坡在采取应急堆载反压和钢管桩护坡措施后，结合该部位监测数据，未发现有进一步变形迹象；高程2335～2420m段蠕变区顶部裂缝上缘、上游侧、下游侧及下缘监测位移小，处于稳定状态，蠕变区内出现持续性位移变形，后缘裂缝最大错距约1.8m。

5.1.2 现场监测数据分析

（1）雨量监测及数据分析。

根据施工区降雨情况，结合旦波崩坡积体边坡产生局部变形时间来看，2017年6月12日至6月30日，施工区出现连续降雨，且雨量多为中到大雨；7月1日旦波崩坡积体高程2435m上游侧框格梁基础下方覆盖层局部出现塌滑；7月1日至7月2日期间，施工区雨量为大雨；7月3日至7月10日期间，施工区以小雨为主；7月11日至7月14日，以多云天气为主。

2017年7月12日，旦波崩坡积体高程2435～2450m段上游侧土质边坡和框格梁出现变形；7月14日，旦波崩坡积体高程2340～2420m段土质边坡出现蠕滑变形，说明该范围边坡局部变形的启动时间明显滞后于降雨量大且集中的时段，具有明显滞后的特性。

（2）变形监测及数据分析。

根据2017年10月19日至22日三日变化量统计得到表面变形监测成果：蠕变区域内各断面临时测点日水平位移变化量在3.3～6.1mm，垂直位移变化量在2.2～4.9mm；近三日水平位移变化量在5.2～15.6mm，垂直位移变化量在6.1～12.5mm。

5.1.3 高程2335～2420m变形体稳定分析

（1）变形原因分析。

根据旦波崩坡积体高程2340～2420m段上游侧土质边坡局部变形情况，结合施工区近期降雨情况来看，该段边坡产生局部变形的主要原因包括以下几点：

①该段边坡浅表局部地段分布有开挖弃渣，松散，下覆土层为混合土碎石和碎石土层，土况为松散至稍密，厚度15～20m，位于旦波崩坡积体后缘，堆积时间相对较短，土层胶结程度及密实程度相对中部和前缘较差；边坡前缘高程

2340~2375 m段布置集渣平台和施工道路，其中集渣平台开挖宽度约16 m，施工道路开挖宽度约7 m，最大开挖坡高约20 m，坡脚开挖量大，开挖边坡切坡脚，改变了原边坡的受力状态。

②受施工道路开挖影响，破坏了原地表的相对密实层和植被，降雨入渗率较高，在持续降雨的条件下，土体力学强度降低，进而产生蠕滑开裂变形。

（2）变形体物理力学性质。

崩坡积混合土碎石强度指标主要影响坡体局部的稳定性，其强度参数的反演根据上覆混合土碎石层的局部稳定性进行。

旦波崩坡积体形成时间较长，在天然工况下稳定性较好，上覆的混合土碎石层内没有变形破坏现象，且至施工道路开始施工前旦波崩坡积体已经经历了包括暴雨（或连续降雨）在内的各种工况，状态依然保持稳定，没有发生整体或局部的变形破坏。在施工道路完成施工后，局部开挖切脚，部分区域存在翻渣堆积，开挖导致改变了原有坡形，且对原崩坡积体表层的胶结层造成一定破坏，同时近期连续降雨，混合土碎石层饱和度增加，力学参数减小，导致高程2420~2335 m出现裂缝。

变形体目前处于蠕动阶段至挤压阶段，滑面尚未形成，根据现场实际情况，结合原室内试验成果及变形区参数反演情况，对变形区混合土碎石层参数进行调整，其他岩土体参数取值不变，变形区混合土碎石层参数取值见表5-1。

表5-1　旦波崩坡积体变形区混合土碎石层参数综合取值表（施工图阶段）

参数 岩土体	天然状态			饱水状态		
	内聚力 （kPa）	内摩擦角 Φ（°）	容重 （kN/m³）	内聚力 （kPa）	内摩擦角 Φ（°）	容重 （kN/m³）
混合土碎石层	15	29	22.8	10	28	23.3

（3）稳定定性分析。

旦波崩坡积体高程2335~2420 m段土质边坡出现蠕滑开裂变形，变形体分布面积约1.4万 m²，方量约15万 m³。该段边坡浅表局部地段分布有开挖弃渣，松散，下覆土层为混合土碎石和碎石土层，松散至稍密，厚度约15~20 m，位于旦波崩坡积体后缘，土层胶结程度及密实程度相对中部和前缘较差。边坡前缘高程2340～2375 m段布置集渣平台和施工道路，其中集渣平台开挖宽度约16 m，施工道路开挖宽度约7 m，最大开挖坡高约20 m，坡脚开挖量大，边坡切脚明显，加之局部地段有堆渣加载现象，降低了边坡的稳定性。受施工道路开挖影响，破坏了原地表的相对密实层和植被，降雨入渗率较高，在持续降雨的条件下，土体的力学强度降低，进而产生蠕滑开裂变形。

（4）稳定定量分析。

①计算模型。

根据现场实际情况对变形区地形、裂缝位置进行了复测，明确了变形区范围。根据前期勘探成果及施工期现场查勘，取D1-1、D2-2两个代表性剖面进行计算，变形区范围及计算剖面位置见图5-7，计算地质剖面及模型见图5-8～图5-11。

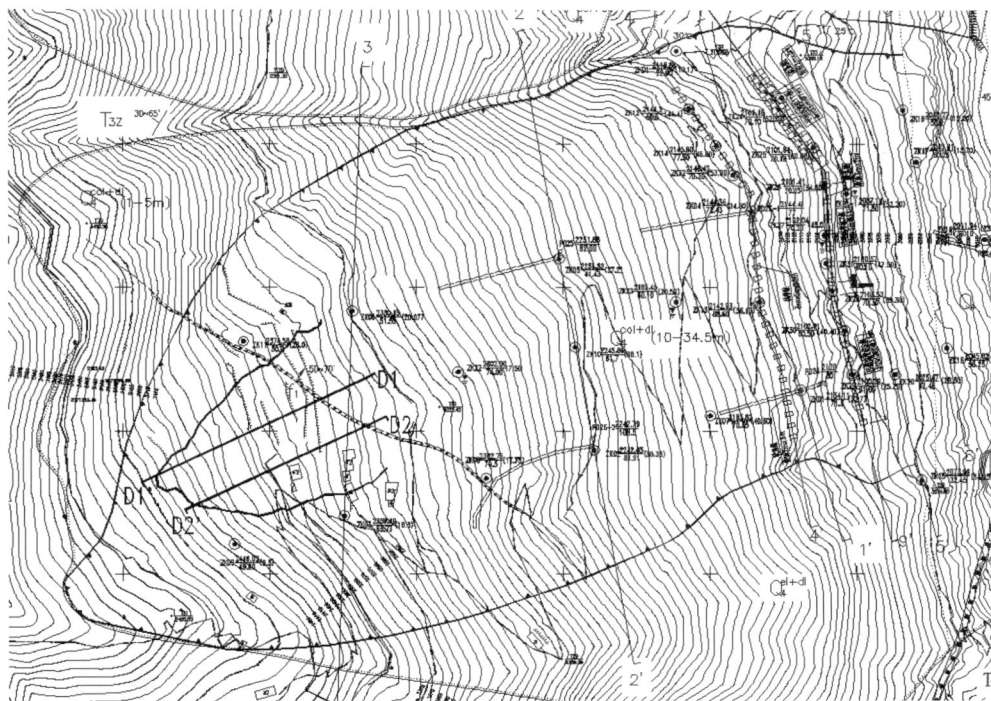

图5-7　变形区范围及计算剖面位置示意

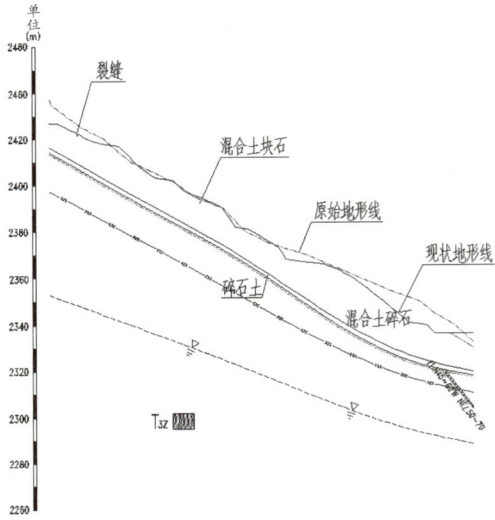

图5-8　D1-1剖面

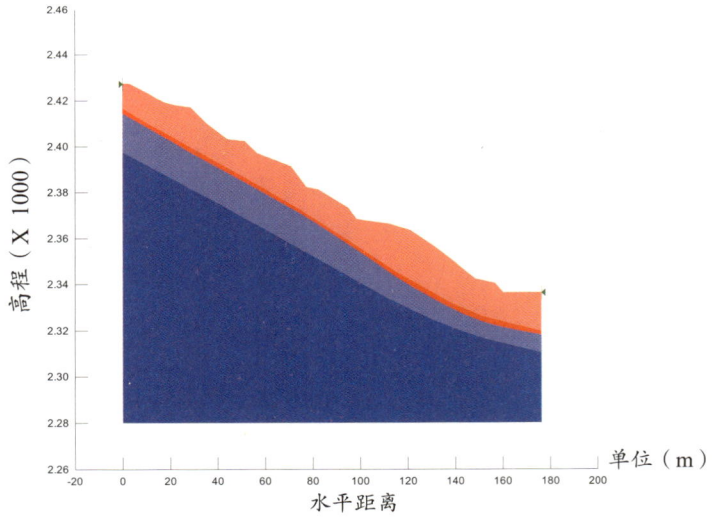

图5-9　D1-1剖面模型

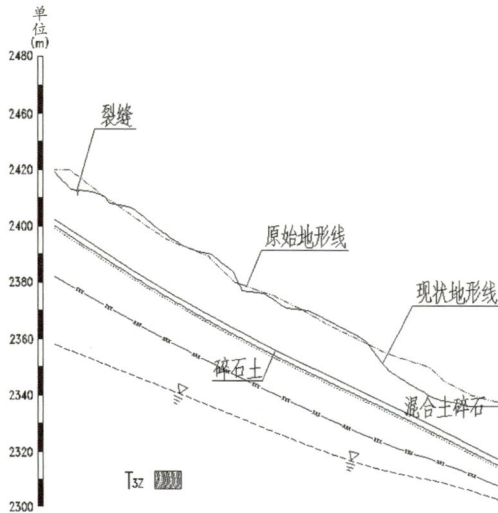

图5-10　D2-2剖面

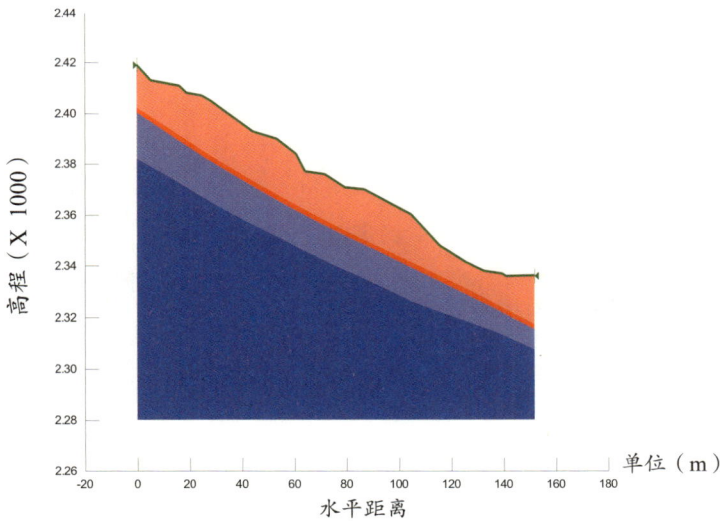

图5-11　D2-2剖面模型

②计算方法及工况。

a．计算方法和使用程序。

采用GEOSLOPE软件中SLOPE/W模块的毕肖普法（Bishop）和摩根斯坦－普莱斯法（M-P）作为稳定计算方法。

b. 计算工况、荷载及荷载组合

变形区位于旦波崩坡积体上部，靠近上游侧，分布高程2335~2420m，高差约85m，呈倒置"茶杯"形分布，上小下大，2335m高程宽度约113m。

根据旦波崩坡积体处理施工图，变形区均位于开挖减载区，基岩面以上的覆盖层均需进行挖除，挖除后即从根本上解决了变形区的稳定问题。这里主要研究变形区施工期稳定性并制定相应处理措施确保施工期稳定及施工安全。

根据边坡区自然地理、地质基本条件，在边坡稳定分析计算时分别考虑施工期天然状况、暴雨（或连续降雨）两种工况，具体工况组合详见表5-2。

表5-2　旦波崩坡积体变形区稳定性计算工况组合表

设计工况	状态	荷载	备注
短暂工况	天然状态	自重	计算取天然参数
	暴雨（或连续降雨）	自重	计算取饱和天然参数

③稳定性分析成果。

D1-1、D2-2剖面稳定性计算成果见表5-3。

表5-3　稳定安全系数成果表

剖面编号	工况	指定滑弧剪入口为裂缝处（不指定剪出口）	指定滑弧剪入口为裂缝处，剪出口为高程2335m平台附近	沿基覆界面线滑动	B类I级安全标准
D1-1	天然状态	1.10	1.13	1.63	1.05
	暴雨	0.99	1.04	1.45	
D2-2	天然状态	1.07	1.07	1.53	
	暴雨	0.98	0.99	1.37	

计算结果表明，天然工况下稳定性较好，稳定安全系数均大于1.05；暴雨（或连续降雨）工况下稳定系数除沿基覆界面线滑动面外，均在0.98~1.04之间，不满足稳定要求，需采取措施进行处理（由于该变形体在开挖减载范围内，

属于施工期临时边坡，天然状态按施工期安全系数1.05考虑）。

沿基覆界面线滑动的稳定安全系数较大，表明该滑面非最危险滑面，不起控制作用。

旦波崩坡积体高程2335～2420 m变形体在暴雨工况下，按照稳定安全系数1.05为控制标准，预计失稳方量约15万 m³。

5.1.4 高程2435～2450 m段上游侧土质边坡局部变形区稳定分析

（1）变形原因分析。

根据旦波崩坡积体高程2435～2450 m段上游侧土质边坡局部变形情况，结合施工区近期降雨情况来看，该段边坡产生局部变形的主要原因为该段边坡浅部主要分布碎石土层，较松散，厚度4～8 m；边坡上游侧山体也有6～8 m的覆盖层分布；其下的第三级2420～2435 m边坡开挖较陡。在这样的条件下，再加上持续的降雨，导致土体软化而出现蠕滑变形。

（2）变形区物理力学性质。

开挖导致改变了原有坡形，且对原崩坡积体表层的胶结层造成一定破坏，同时近期连续降雨，碎石土层饱和度增加，力学参数减小，导致高程2450～2435 m出现局部变形、脱空现象。变形体目前处于蠕动阶段至挤压阶段，未完成挤压阶段而进入滑动阶段，稳定系数取1.01～1.05，此处按偏保守取值为0.95～1.05。按此稳定系数来反演变形区碎石土层、混合土碎石层的强度指标。

根据目前现场实际情况，结合原室内试验成果及变形区参数反演情况，对高程2420～2450 m段上游侧变形区碎石土层参数进行调整，其他岩土体参数取值不变，变形区碎石土层参数取值见表5-4。

表5-4 高程2435～2450 m段上游侧变形区参数综合取值表（施工图阶段）

参数 岩土体	天然状态			饱水状态		
	内聚力 （kPa）	内摩擦角 Φ（°）	容重 （kN/m³）	内聚力 （kPa）	内摩擦角 Φ（°）	容重 （kN/m³）
碎石土层	15	27	22.8	10	26	23.3
混合土碎石层	40	35	22.8	38	34	23.3

（3）稳定定性分析。

旦波崩坡积体高程2435～2465 m段开挖边坡支护基本完成，高程2420～2435 m段边坡基本开挖完成。已开挖边坡下游侧出露强风化变质粉砂岩，上游侧浅部多分布碎石土层，较松散，厚度4～8 m，开挖边坡整体稳定。设计对高程2435～2465 m段下游侧岩质边坡和上游侧土质边坡分别采取系统喷锚和框格梁支护措施；对高程2420～2435 m段下游侧岩质边坡拟采取系统喷锚支护措施。

2017年7月12日，高程2435～2450 m段上游侧土质边坡出现局部蠕滑及塌滑变形，导致框格梁变形破碎。局部塌滑主要原因为该段边坡浅部多分布松散碎石土层；边坡上游侧山体也有6～8 m的覆盖层分布；其下的第三级2420～2435 m边坡开挖较陡；再加上持续的降雨导致土体软化而出现蠕滑变形。

（4）稳定定量分析。

①计算模型。

根据现场实际情况对变形区地形、裂缝位置进行了复测，根据前期勘探成果及施工期现场查勘，取B-B′、Ⅶ-Ⅶ′为代表性剖面（开挖之后的剖面）进行计算，计算地质剖面及模型见图5-12、图5-13。

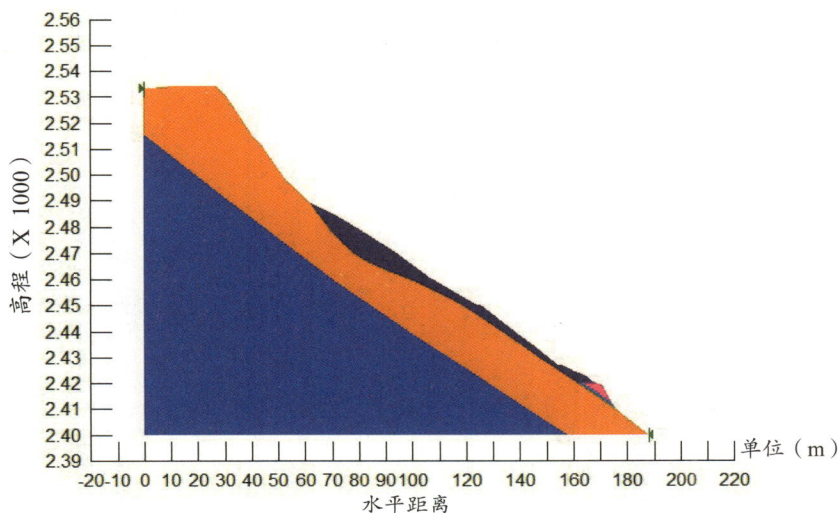

图5-12　B-B'剖面

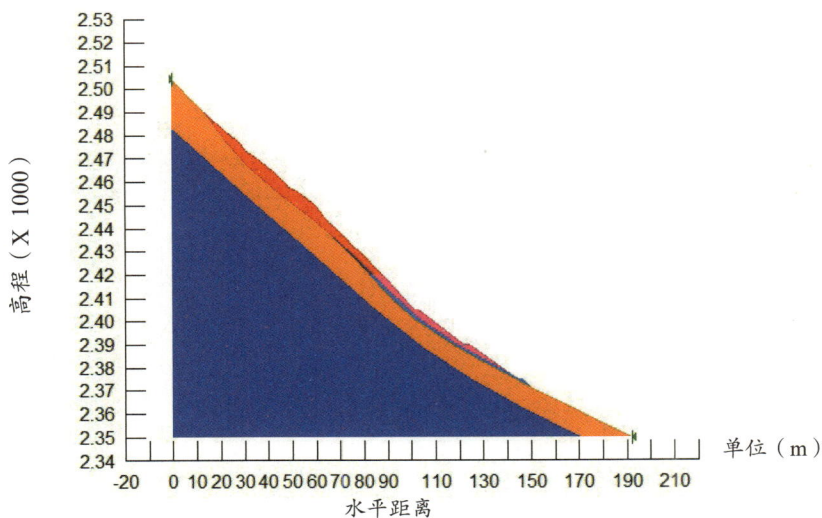

图5-13　Ⅶ-Ⅶ'剖面

②计算方法及工况。

a. 计算方法和使用程序。

采用GEOSLOPE软件中SLOPE/W模块的毕肖普法（Bishop）和摩根斯坦－普莱斯法（M-P）作为稳定计算方法。

b. 计算工况、荷载及荷载组合。

此变形区位于旦波崩坡积体后缘，开挖支护基本完成，为永久边坡，在边坡稳定分析计算时分别考虑天然状态、暴雨、地震三种工况，具体工况组合详见表5-5。

表5-5　旦波崩坡积体变形区稳定性计算工况组合表

设计工况	状态	荷载	备注
持久工况	天然状态	自重	计算取天然参数
短暂工况	暴雨状态	自重	计算取饱和天然参数
偶然工况	地震状态	自重+地震力	计算取天然参数

③稳定性分析成果。

B-B′、Ⅶ-Ⅶ′剖面稳定性计算成果见表5-6。

表5-6　稳定安全系数成果表

剖面编号	工况	最危险滑面稳定安全系数	B类Ⅰ级安全标准
B-B′剖面	天然状态	1.19	1.15
	暴雨状态	0.99	1.05
	地震状态	1.12	1.05
Ⅶ-Ⅶ′剖面	天然状态	1.10	1.15
	暴雨状态	0.95	1.05
	地震状态	0.99	1.05

计算结果表明，两剖面稳定性不满足标准要求，需采取措施进行处理。

5.1.5 变形体处理方案

（1）高程2335～2420 m变形体处理方案。

根据旦波崩坡积体处理施工图，变形区均位于开挖减载区，基岩面以上的覆盖层均需进行挖除，挖除后即从根本上解决了变形区稳定的问题。为确保施工期稳定及施工安全，拟在预警解除后，对变形区2400 m高程以上覆盖层优先快速进行开挖减载。

变形区开挖减载至2400 m高程后，变形体暴雨工况稳定安全系数为1.06，满足施工期稳定要求，暴雨工况最危险滑面位置示意图见图5-14。

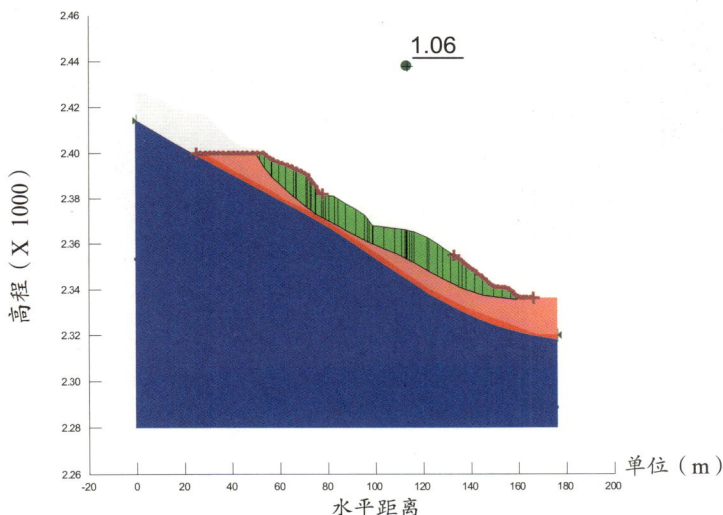

图5-14 变形体2400 m高程以上开挖减载后暴雨工况最危险滑面位置示意图

（2）高程2420～2450 m段上游侧土质边坡变形体处理方案（见图5-15）。

①拆除变形区高程2435～2450 m土体已脱空部位框格梁，并将高程2420 m陡缓交界处坡面修整平顺。

②在每级边坡马道布置2排微型钢管桩，间排距0.6 m，排距0.5 m，向坡内倾斜30°（与竖直方向夹角）。钢管桩长度12 m，钢管桩顶部沿马道方向布置压顶梁（C30混凝土），梁宽1 m、高0.8 m，每隔12 m设一道结构缝，缝宽2 cm，缝内填充沥青木板。

③压顶梁上部布置锚拉板，高度4 m、厚度40 cm，每隔12 m设一道结构缝，缝宽2 cm，缝内填充沥青杉木板，锚拉板与微型钢管桩压顶梁浇筑形成整体。在锚拉板中部布置一排1000kN无粘结预应力锚索，$L=25$ m/35 m，长短间隔布置，

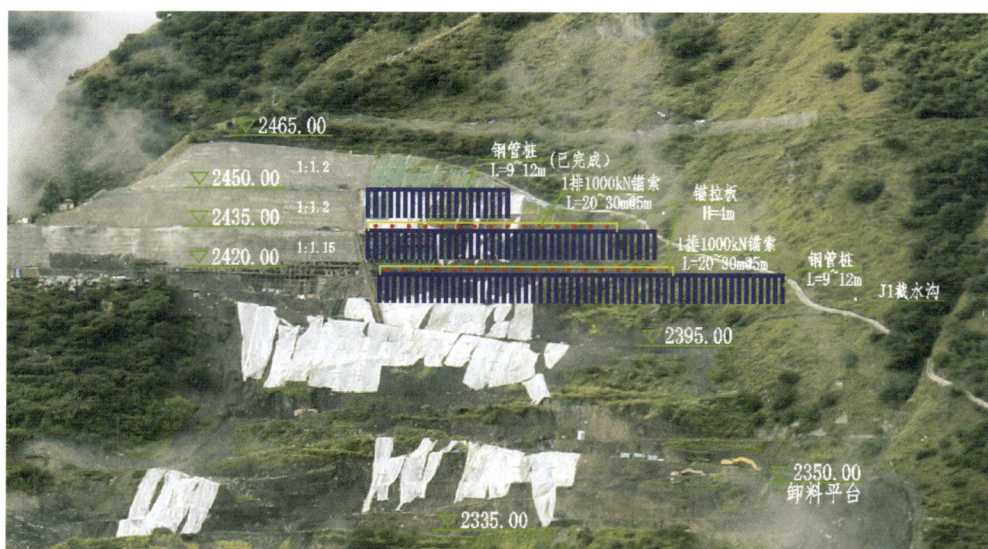

图5-15　高程2420～2450m段上游侧土质边坡变形体处理方案示意

锚索锚固段长度8m、间距4m，锚索按设计张拉力的50%锁定。

④在马道上方1m处布置一排系统排水孔，排水孔Φ100mm，$L=10m@5m×5m$，上仰10°，内插Φ75排水花管，设反滤。

⑤锚拉板以上开挖边坡布置系统框格梁（C25混凝土），断面30cm×40cm，间距4m×4m（水平距离×坡面距离），锚拉板作为框格梁底梁与框格梁浇筑形成整体；框格梁每隔12m设一道结构缝，缝内填充沥青木板；框格梁节点处系统布置砂浆锚杆，砂浆锚杆Φ28（$L=9m/6m$），锚杆方向垂直坡面，为避免锚杆与马道处钢管桩交叉，可局部调整下倾角度；框格梁坡面系统布置排水孔：排水孔A100，$L=10m@4m×4m$，上仰10°，内插A75排水花管，设反滤。

⑥微型钢管桩结构及注浆要求。

a. 微型钢管桩桩身结构：微型钢管桩外径Φ108mm，壁厚4.5mm；沿管长方向50cm×50cm钻4个灌浆孔，孔径Φ20mm，梅花形布置，离开钢管底部0.5m位置开始布孔；钢管内部放置1束3C28，$L=12m$锚筋束及1根Φ20mm灌浆管。

b. 注浆要求：注M30水泥砂浆（灰砂比1∶1），水灰比为0.38～0.45，注浆压力0.3～0.5MPa，屏浆压力0.5MPa，稳压5～10 min。

5.1.6　变形区处理后稳定性计算分析

对变形区进行处理后，稳定安全系数计算成果详见表5-7，边坡稳定计算时按不利情况计算，锚索支护力主要作用为增加钢管桩刚度、锚固锚拉板及框格梁，作为安全余度未考虑锚索锚固力。计算结果表明，变形体处理后各工况均满足稳定要求。

表5-7　稳定安全系数成果表

剖面编号	工况	最危险滑面稳定安全系数	B类Ⅰ级安全标准
B-B′剖面	天然状态	1.31	1.15
	暴雨状态	1.06	1.05
	地震状态	1.23	1.05
Ⅶ-Ⅶ′剖面	天然状态	1.39	1.15
	暴雨状态	1.22	1.05
	地震状态	1.28	1.05

5.2　高陡崩坡积体出渣方式

且波崩坡积体边坡土石方开挖总量约320万 m^3，其中石方15万 m^3，孤石12万 m^3，其余为土方开挖。崩坡积体边坡最大高差达415 m，受陡峭地形和复杂地质的约束，布置满足大规模出渣条件的道路相当困难，并且面临弯道多、转弯半径小、道路地基不稳等安全风险。如何在保证出渣安全的同时又满足开挖强度的需要，是施工期需要解决的关键技术问题。

5.2.1　出渣方式分析

根据国内外大多工程成功案例，边坡出渣方式主要有以下几种：

（1）道路出渣法。

根据国内外工程实践经验，自然坡比小于45°的边坡一般沿边坡修建施工道路作为出渣通道。

道路出渣法可直接从开挖面装车，从下方的出渣道路出渣。出渣道路一般沿设计边坡的坡面呈"Z"字型布置，转弯处设置停靠平台，平台长度10~12 m，有利于设置转弯空间，便于挖掘机装渣，有效缩短前后两辆运渣车的过渡时间，提高装车效率。为保证出渣运输安全，道路宽度不小于4.5 m，坡度不大于10%。

分析：旦波崩坡积体"之"字道路从出渣道路终点处修建4.5 m宽爬坡至旦波崩坡积体顶部高程2465 m，道路总长约3.2 km。受崩坡积体陡峭地形和复杂地质影响，"之"字道路开挖后坡比12%~15%，局部坡比达到了18%。如果在"之"字道路上出渣，自卸汽车满载石渣下坡时安全风险极大，易刹不住车滚落下江，故仅作为设备、材料运输通道。

（2）隧洞出渣法。

根据国内外工程实践经验，在边坡坡比大于60°时，一般修建隧洞作为出渣通道。开挖施工前修建隧洞延伸至边坡的不同高程段，各开挖平台高程以上边坡均利用此隧洞作为主要人员、车辆、施工材料的通道，同时兼作出渣通道。

分析：在崩坡积体特殊的强至弱风化岩体及覆盖层中进行隧洞开挖施工的难度较大，而且作为出渣通道，安全风险太高。

（3）河床推渣法。

该方法应用较多，但河床截流前一般不允许抛渣，只能在截流后使用，坝肩开挖与导流隧洞施工关系较为密切。

工程实例：拉西瓦水电站、锦屏一级水电站由于坡高壁陡，出渣道路布置困难，两工程均采取截流后开始坝肩大规模开挖，开挖石渣由开挖工作面直接推至基坑，转自卸汽车出渣。

分析：旦波崩坡积体在坝前500 m处且位于上游围堰之前，不具备操作条件。

（4）平台集渣法。

利用与出渣道路相连的转渣平台翻渣出渣，是高边坡开挖出渣方式的首选。

工程实例：溪洛渡工程左右坝肩开挖出渣均采用平台集渣法，在低高程设置宽约40.0 m集渣平台，坝肩开挖料用推土机和反铲从开挖工作面推至集渣平台，利用集渣平台进行二次转渣。

分析：旦波崩坡积体由于"之"字道路作为出渣道路安全风险太大，采用平台集渣法较为适合，但集渣平台的布置必须解决开挖期边坡稳定性问题。

（5）综合出渣法。

施工过程中，大型工程由于工程量大、工作面多，往往需要结合施工部位、地形地貌、开挖强度等因素因地制宜，采用合适的出渣方式多管齐下。

工程实例：白鹤滩水电站右岸边坡开挖出渣方案采用分区作业、集渣翻渣和渣料分流的快速出渣方案，将整个施工区分为三部分：上游进水口开挖区利用大寨沟780 m集渣平台集渣实施翻渣作业，下游水垫塘开挖区利用F17沟底集渣平台集渣实施翻渣作业，而中部坝顶边坡开挖区采用在工作面直接出渣和转运渣料相结合的方式运输渣料，渣料分流，减轻单条施工道路的出渣强度。

分析：高程2030～2070 m出渣道路路基稳定，可以作为出渣通道，并且道路端头连接一大型冲沟沟底，可以作为集渣平台的二次转运通道。综合考虑，旦波崩坡积体适合采用平台出渣和道路出渣的综合出渣方式。

5.2.2 高陡崩坡积体出渣方式

为保证施工人员和车辆的安全，同时为保证施工进度，必须选择一种既能保证安全又能满足高峰期出渣强度的出渣通道。

通过现场多次踏勘地形地貌和协商讨论后，工程决定利用旦波崩坡积体上游侧一天然大型冲沟作为出渣通道（见图5-16），冲沟底部高程2070 m左右地形较为平坦宽阔，可以改造为堆渣平台（见图5-17）。边坡开挖出渣集中运输至冲沟上部，水平推至冲沟内，形成中转渣场，然后同步边坡开挖高程从渣场平台上逐级翻渣

图5-16　出渣通道

图5-17　边坡出渣转运至堆渣平台

图5-18　高程2360m堆渣平台

至冲沟底部，最后在冲沟底部集中二次出渣。

（1）出渣方案。

旦波崩坡积体高程2135m以上边坡开挖利用上游侧高程2070m平台作为中转渣场，边坡开挖土石方采用反铲挖装、25t自卸汽车运往上游侧冲沟进行堆积。高程2135m以下边坡开挖出渣，由反铲装运至25t自卸汽车，直接从出渣道路运送至上铺子沟弃渣场。旦波崩坡积体开挖出渣措施具体如下：

①上部平台转运，增加设置冲沟中转渣场。

a.开挖转运方式。

高程2465~2450m为15m一个开挖梯段，由反铲运至高程2435m，再装运至25t自卸汽车，转运至高程2360m冲沟堆渣平台（见图5-18）。

高程2450~2375m为15m一个开挖梯段，由反铲直接装运至25t自卸汽车，转运至高程2360m冲沟堆渣平台；

高程2375~2135m为15m一个开挖梯段，冲沟堆渣平台随边坡开挖高程同步降低。开挖工作面渣体由反铲直接装运至25t自卸汽车，转运至冲沟堆渣平台。

b.推渣方式。

旦波崩坡积体高程2135~2465m开挖渣料全部由开挖工作面25t自卸车转运至冲沟堆渣平台（堆渣平台随边坡开挖高程同步降低），再用推土机平整场地，待冲沟底部堆渣平台集渣清运完成，再由冲沟堆渣区顶部配置1~3台推土机逐层推运至渣体中心外边缘下渣区，溜渣至高程2070m堆渣平台。

②增加冲沟底部平台二次挖运（见图5-19）。

图5-19　集渣平台底部开挖出渣

冲沟上游侧底部高程2070 m附近布置堆渣平台，临江侧采取设置钢筋石笼等防护措施，上下游侧安排专人负责安全警戒，开挖渣料进行二次挖装，运输至指定渣场。

（2）出渣技术模型。

①堆渣体的形成过程。

各级边坡出渣通过自卸汽车转运至冲沟进行堆积，其中一部分渣料顺冲沟滑落到集渣平台上，一部分堆积在冲沟内形成堆渣体。

为便于各级边坡出渣，堆渣体顶部高程也需随着边坡开挖高程的下降同步下降，这就需要利用挖机和推土机联合翻渣。推渣初期，由于冲沟内渣料较少和堆渣体坡度较缓，一部分渣料附着在堆渣体边坡上，一部分由于坡度较陡滑落至集渣平台。

随着堆渣体高度的下降，堆渣体坡度越来越陡，坡面挂渣越来越少，直至最后堆渣体坡度到达极限，顶部翻渣全部顺坡面滑落至集渣平台。

施工过程中形成的堆渣体形象见图5-20。

图5-20　施工过程中堆渣体形象

根据现场堆渣体的形成过程，建立出渣技术模型见图5-21。

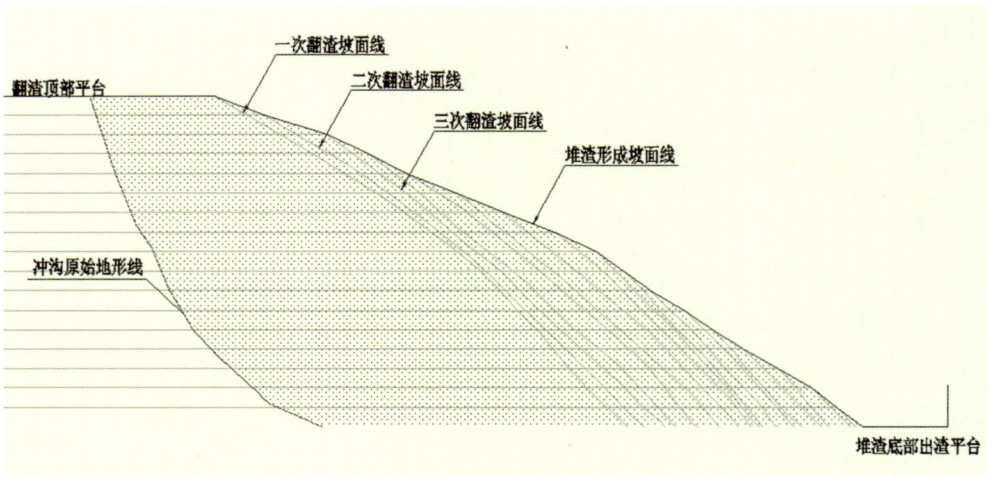

图5-21　高陡崩坡积体出渣模型

②翻渣工程量计算。

由于翻渣频繁且翻渣过程极为复杂，实际施工过程中若对每一次翻渣地形进行测量计量，工作量太大，且不易实施。

当建立好出渣技术模型后，计量工作就简单了很多。具体操作为：

a. 顶部集渣平台形成时，对平台边界线进行一次测量。

b. 每次大规模翻渣后，对高程下降后新的平台边界线进行一次测量（为保证计量精度，平台高差一般控制在10 m左右就进行一次测量）。

c. 利用各级平台边界线和冲沟原始地形形成平切图，计算平切面的截面面积，最后通过平均断面法汇总翻渣工程量。

5.2.3 结论

通过旦波崩坡积体施工阶段研究出的高陡崩坡积体出渣技术，明显提升了在地质条件复杂的崩坡积体上开挖出渣的安全系数和出渣效率，使得在开挖支护工程量成倍增加的情况下还能相较于同工期提前完成，为电站提前发电提供了工期保障。

5.3 跟管钻孔工艺

旦波崩坡积体边坡支护主要采用锚杆和喷射混凝土等措施，根据施工过程动态设计方案，边坡支护由随机支护变为系统支护，支护工程量成倍增加。如何在工期不变的情况下保证快速支护，不影响开挖进度，是施工阶段需要解决的又一难题。

根据开挖初期揭露的地质情况，旦波崩坡积体主要土层为混合土碎石层和碎石混合土层。钻孔过程中主要表现为钻孔速度慢、漏失、易塌孔、易弯曲等钻进特性，给钻孔工作造成了极大的困难，直接影响钻孔施工的效率、成本和质量。采用常规的钻进工艺方法难以保证钻孔的质量和施工效率，甚至使工程施工难于实施。如何改进钻孔工艺，提高钻孔效率，确保支护及时跟进，是保证工程进度的关键。

5.3.1 钻孔工艺分析

在锚孔钻进中合理选择工艺方法是极其重要的，有很多因素影响工艺方法的选择，比如地层条件、现场环境、原有设备的利用、孔深、孔径等。

（1）常规锚孔钻进工艺。

锚孔钻进工艺按地层条件可分为土层钻进、岩层钻进、复杂地层钻进等。

①土层钻进。

土层钻进工艺多采用螺旋回转钻进方法，配用三翼钻头，必要时钻进中可注入清水，以防止类似黏土的土层在钻杆四周形成泥塞而造成钻杆的卡塞。另外，适当使用清水还可保持孔壁的稳定。螺旋钻进可分为长螺旋钻进与短螺旋钻进两种，长螺旋钻进一般适用孔深20 m以内，边钻进边排渣；对于孔深较深的孔，若采用长螺旋钻进则很容易埋钻，要采用短螺旋钻进，钻进一定深度后必须提钻，将孔内泥渣提出后，再下钻继续钻进。该工艺对钻进机械设备的动力要求较高，必须有较大的扭矩。

对于非固结性土层钻进时，可使用一次性锥形钻头，其特点是钻头端部呈锥形，在钻入土层前置于套管的末端，孔钻成后留在孔内。将冲击器与套管相连，套管采用外平套管，以减少套管在跟进或起拔时的摩阻力。当套管跟进到设计深度时，需将套管提离孔底0.3 m，以便端头从套管上脱落。此时卸下冲击器，将锚杆与注浆管下入孔内，边注浆边起拔套管。

②岩层钻进。

岩层钻进是锚索钻进中最常用的工艺，对于绝大多数锚索，设计均要求锚索锚固段进入稳定的岩层10 m以上。因此，提高岩石的钻进效率是非常重要的。

对于岩层钻进方法，以前常采用硬质合金钻进、金刚石钻进与钢粒钻进三类冲洗液湿式回转钻进，现基本均采用气动冲击回转钻进。

a. 硬质合金钻进：利用镶焊在钻头体上的硬质合金切削具以破碎岩石的钻进方法。该钻进方法适用于软或中硬岩层的钻进，具有操作工艺简单、成本低、事故率低等优点，缺点是不能钻进硬地层、钻头寿命短。

b. 金刚石钻进：利用表镶在钻头体上的金刚石颗粒切削与研磨岩石的钻进方法。该钻进方法适用于中硬岩层或硬岩层钻进，在硬岩层中钻进效率高，但是操作工艺复杂，成本高，钻孔口径小。

c. 钢粒钻进：用未镶焊切削具的钻头压住钢粒，并带动它们在孔底翻滚而破碎岩石的钻进方法。该钻进方法适用于硬岩钻进，并具有成本低、钻孔口径大的优点；缺点是相对于金刚石钻进效率较低、孔径不规则、孔斜较大。

以上三种岩层钻进方法，在锚索施工初期曾广泛采用，但三种方法均采用液体作为冲洗循环介质起排渣和冷却作用。由于冲洗液对边坡稳定不利，同时钻进硬岩效率偏低，现在锚索钻孔很少采用。目前普遍采用气动冲击回转钻进方法。

d. 气动冲击回转钻进：气动冲击回转钻进是在回转钻具上增加一个冲击器，产生冲击，作用在钻头上，钻进中，钻头在受到一定的钻压和回转力矩的同时受到冲击器一定频率的冲击能量，钻头在孔底则以冲击和回转共同作用下破碎岩石。气动冲击器是以空气作为循环介质来排渣与冷却，属干式钻进，无液体对边坡造成破坏，有利于边坡的稳定；同时，该方法大大提高了成孔效率，是目前应用最广泛的钻进岩层的方法。

（2）复杂地层的钻进工艺。

地层的构造及其物理化学特性是地层固有的，第四系地层中土层的破碎、松散脆性，层理、片理、节理、裂隙及断层，遇水膨胀或溶解、遇水发生风化剥落或崩解现象，地层中洞隙、孔隙和溶洞及含水性，长期风化剥落或滑移、崩塌形成的填方堆积体等是构成复杂地层的基本因素。但是我们在进行具体的岩土锚固工程施工时，不能简单地将复杂地层与造成钻孔孔内复杂现象画等号。地层复杂并不是产生钻孔孔内复杂现象的唯一因素，相同的地层在不同的钻孔孔深、孔径、裸眼时间、洗孔介质及钻孔工艺等工程措施下，稳定程度是不相同的。如果工程措施不当，往往会造成钻孔坍塌或漏失等，钻孔复杂情况严重时会造成埋钻，使钻孔作业无法进行。反之，如果工程措施得当，采用了正确的护壁、堵漏措施及配套的钻孔机具，即使在复杂地层中钻孔，孔内的复杂情况也会得到有效的抑制，甚至使钻孔变得不复杂。

目前能有效解决在复杂地层中顺利成孔并在工程中应用较多的钻孔工艺有自进式锚杆施工、锚孔固壁灌浆、跟管钻进工艺等。

①自进式锚杆工艺。

自进式锚杆具有钻、注、锚一体化的功能，是一种先进的锚固体系，有效解决了在松散破碎地层施工时的塌孔问题，能够保证复杂地质条件下的注浆效果。在抗弯、抗剪强度和表面粘结等方面明显优于截面相同的常规砂浆锚杆，可以任意切割、连接、施加预应力和荷载释放，并可作为注浆管使用，所需的机具设备、材料没有特殊要求，工艺简单，具有很大的应用价值。

自进式锚杆由杆体（空中全螺纹杆件）、连接套、一次性钻头、拱形垫板、螺母组成。注浆时锚杆尾部可加设橡胶止水浆塞。钻进时，锚杆尾部通过连接套加设钎尾。

自进式锚杆具有以下性能及特点：

a. 自带钻头，可自行钻进。自进式锚杆兼有钻杆和锚杆两种功能，取消了退钻杆插锚杆的工序，可避免因坍孔而导致返工的现象。

b. 锚杆杆体可接长，具有多种规格，使用方便。

c. 与相同截面积的实心杆相比，中空杆有更大的抗弯及表面粘结力。

d. 锚杆中空，可通过锚杆对地层注浆。

e. 锚杆配有拱形垫板及螺母，可对地层施加预应力。

f. 可利用一般的钻孔机械钻进，如手持风钻。

缺点：

a. 在碎石层、卵石层等复杂地层中，自进式锚杆很难钻入预定位置，锚杆长度很难满足施工要求。

b. 锚杆施工到设计深度后再注浆，浆液大部分集中到锚杆端部，很难完全扩散到锚杆全孔段，造成锚杆锚固力不足。

自进式锚杆施工工艺流程如图5-22所示。

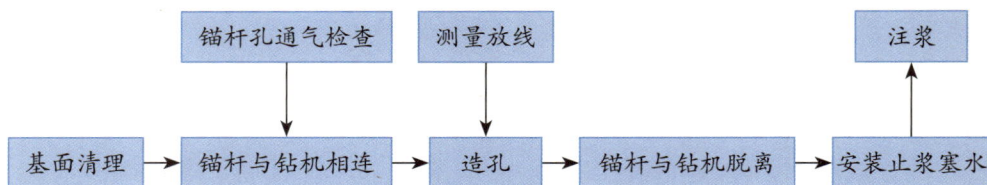

图5-22 自进式锚杆施工工艺流程

a. 将合金钻头与锚杆一端连接，自进式锚杆另一端连接上钎套、钎尾后再与台车或手持式钻机连接好。

b. 测量放出钻孔位置，调整钻机角度。自进式锚杆按设计的深度开始钻进，锚杆如需加长，可用连接套进行连接。

c. 卸下钻机，将止水浆塞套进杆体，并将其塞入孔内，准备注浆。

d. 将快速注浆接头与锚杆尾端连接，注浆接头另一端与注浆机连接，开始注浆，注浆至设计压力。

②锚孔固壁施工工艺。

在开挖坡面支护时，锚杆或锚索凿孔过程中经常会遇到因岩层松散、软弱、破碎或岩层中存在架空的情况导致凿孔无法成型，目前多数工程选择锚孔固壁灌浆的方式保证成孔。

锚孔固壁施工工艺流程见图5-23。

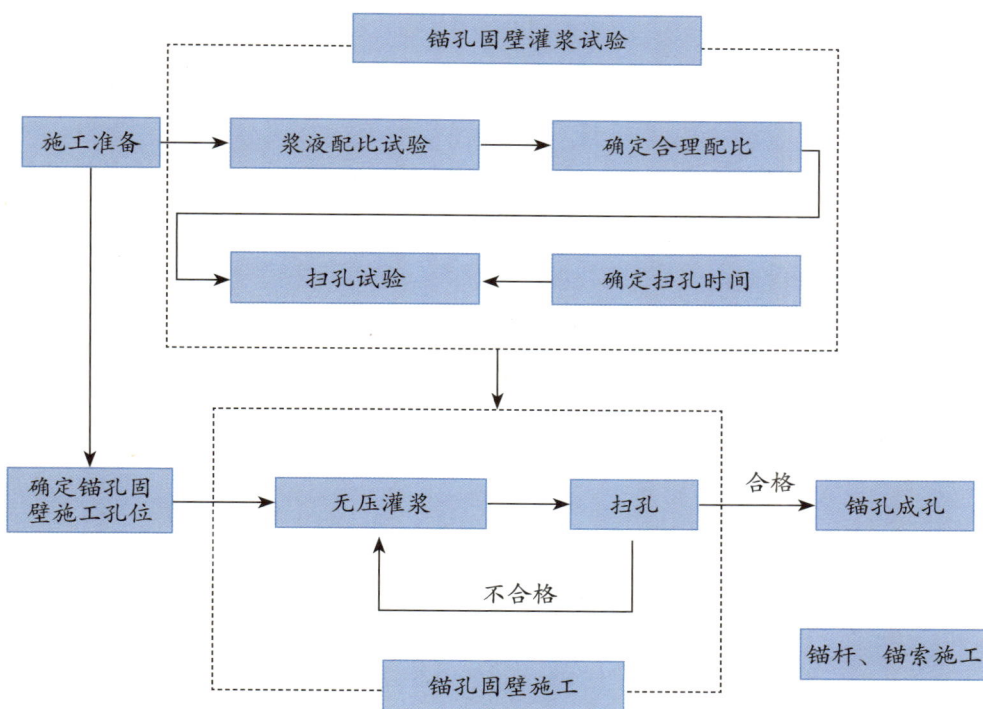

图5-23 锚孔固壁施工工艺流程

a. 施工准备。

第一，风水电布置以及施工人员、设备和材料准备到位。

第二，对施工图和施工方案进行技术和安全交底。

第三，提前确定需进行锚孔固壁施工的具体位置及孔位。

b. 锚孔固壁灌浆试验。

锚孔固壁灌浆试验分为浆液配比试验和扫孔试验，以确定合理的锚孔固壁灌浆浆液配比及扫孔时间。

c. 锚孔固壁施工。

第一，采用钻孔设备在已放线的孔位施钻，当钻到一定深度无法成孔，出现塌孔、掉钻或卡钻的情况时，对该孔进行固壁灌浆施工。

第二，按照最优配合比采用搅拌机进行浆液拌制，然后注浆泵经提前布置好的送浆管路对无法成孔的孔位进行无压灌浆，当浆液溢出，不再吸浆时结束灌浆，并记录结束时间及注浆量。

第三，当灌浆孔位的时间达到最优扫孔时间后，采用钻机进行扫孔并继续钻孔，直到孔深达到设计孔深后，结束钻孔。

第四，若第1次扫孔后没有达到成孔效果，仍然出现塌孔、掉钻或卡钻的情况时，继续对该孔位进行灌浆，达到最优扫孔时间后进行扫孔，直到该孔位达到设计孔深后结束钻孔。

③跟管钻进工艺。

目前潜孔锤跟管钻进方法是钻进复杂不稳定地层最有效的方法之一。它在含有漂砾的卵砾石层与松散破碎的覆盖层中比用其他钻进方法效率更高，主要优点是防止孔壁坍塌、掉块和循环液的漏失。

跟管钻进为在复杂地层钻进过程中的破岩、护壁和堵漏问题提供了较为全面的解决方案。跟管钻进在钻孔的同时对已钻出的钻孔用护壁套管保护起来，护壁套管有足够的强度和刚度，可有效地阻隔钻孔壁的变形、坍塌和掉块，阻隔钻孔机具对孔壁的冲击扰动，从而有效地保证了孔壁的完整性。套管护壁后完全避免了洗孔介质对孔壁的冲刷和在洞隙地层中的漏失，使洗孔介质保持较高的上返速度，从而迅速地将孔底破碎下来的岩渣排出。由于套管的刚性比较好，套管对钻具提供了较好的扶正和导正，从而使钻孔弯曲度小，保证了钻孔的精度满足一定要求。跟管钻进结束后，可把套管迟留在孔内，把中心钻孔钻具提出后，从套管内孔中下入锚杆或锚索，然后边注浆边拔出套管，有效地保证了注浆质量，并可节约注浆材料。

根据套管的跟进方法不同，跟管钻进设备机具组合可有如下几种方式：

a. 单动力头偏心扩孔跟管钻进。

偏心扩孔跟管钻进的特点是钻进过程中套管不回转，依靠套管内的中心偏心钻具在孔底钻出直径大于套管外径的钻孔，中心钻具在钻孔延伸的同时，通过套管靴上的内台阶带动套管一起向前延伸，实现边钻进边护壁。

用冲击破碎卵砾石与松散层较容易，而在孔底的偏心扩孔钻头又能扩出大于套管外径的通道，保持孔壁稳定的套管在底部不受阻，在套管外壁受地层摩擦力较大时还可用针压及冲击力克服这些阻力。当按钻进方向旋转时，该偏心钻头会甩出来进行扩孔，套管同步跟进，而当反向转动时钻头收回，加接钻杆时也同时加接套管。钻到设计深度时反转将钻头收回，并与内钻杆一起提出钻孔，留下一个有套管的钻孔（见图5-24）。

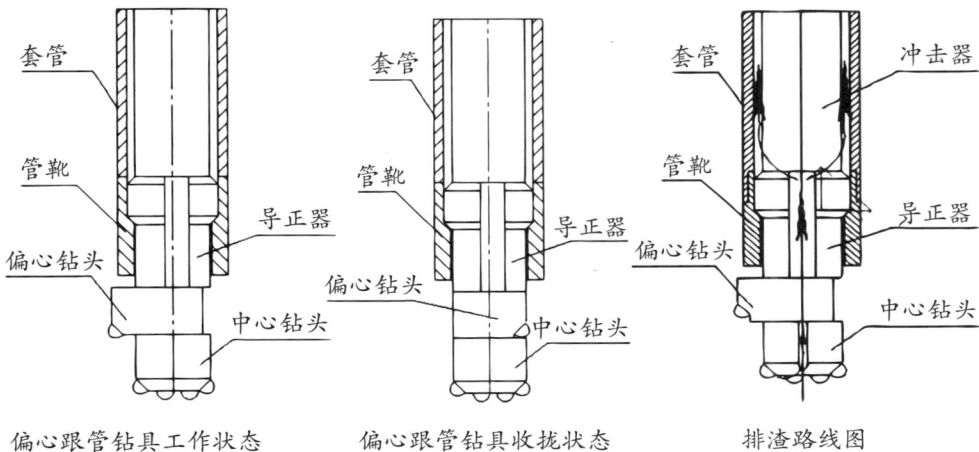

偏心跟管钻具工作状态　　　偏心跟管钻具收拢状态　　　排渣路线图

图5-24　偏心跟管钻进示意图

b. 单动力头同心扩孔跟管钻进。

单动力头同心扩孔跟管钻进与偏心式跟管钻进相同的是套管也不回转，孔底钻扩孔则是由中心钻具和套管钻头联合完成的，使孔底钻孔同样大于套管外径，中心钻具钻进延伸时通过套管钻头和套管靴带动套管向前延伸，实现边钻孔边护壁。

c. 双动力头顶驱跟管钻进。

其特点是套管在钻进过程中以与中心钻具回转方向相反的方向回转，以与中心钻具相同的给进速度跟进。在套管的顶部回转运动和给进驱动力的作用下，加快套管的跟进速度，从而使钻进速度和钻孔深度得到大幅度的提高。

综上所述，在第四系松散破碎地层及各种堆积体地层中施工锚固钻孔时，主要要解决孔壁的稳定和地层的漏失问题。因此，所制定的钻进工艺要从维护钻孔孔壁的稳定和维持正常钻进循环出发，洗孔介质应首选空气介质，并且尽量采用套管护壁，套管跟进钻孔方法要配备具有较大扭矩和提升能力并具备较强的瞬时超负荷能力的高效专用锚固钻机。

施工工艺操作要点：

a. 锚固钻机的定位、安装以及钻孔开孔时的导向非常重要，钻机的定位、安装要准确、稳固，开孔时除导向器准确对准方位之外，应采用轻压、慢转控制钻进速度。

b. 钻进过程中遇破碎、松散及断层时，要放慢转速、给进压力和给进速度。降低转速能有效抑制钻孔超径，维持孔壁的稳定，对防止钻孔弯曲非常有利；给进压力大时，孔底钻具的倾斜角加大，造斜力增大，极易造成钻孔上浮，若钻压过小，在钻具重力作用下，钻头克服孔内下部底缘的时间和作用力相对上部边缘要大，会导致钻孔"下垂"，在钻进过程中应结合测斜情况及时加大或减小给进压力。

c. 应尽量使用空气作为洗孔循环介质，少用或不用水冲洗钻孔，这样可以避免水对地层及钻孔孔壁的稳定性产生破坏性影响。

（3）复杂地层钻进工艺实际应用。

了解和研究地层的复杂情况以及产生锚固钻孔孔内复杂现象的影响因素，可以帮助我们制定正确的钻孔工艺方法，采用适宜的钻孔设备和机具，从而以最经济的手段达到高效成孔的目的。实际施工中针对复杂地层时采用常规单一的钻进方法往往很难成孔，必须联合采用多种工艺。下面根据类似工程实践经验总结以下两种地质条件下钻孔工艺的应用。

①碎石土及全–强弱风化泥岩段。

对于碎石土地层，由于碎石土层很厚，土质松散、破碎，采用常规冲击回转钻进，很容易塌孔。曾采用护壁固浆，再二次钻进，但由于碎石土松散，注浆量很大，而且孔内根本注不满（浆液到处渗透）。后采用偏心锤跟管钻进技术，偏心潜孔锤钻头钻进时，冲击力作用在套管底部的套管靴上，带动套管与内部的小径冲击回转钻具同步前进，套管不回转，冲击器边冲击边回转，在破碎孔底岩土层的同时，用冲击力带动套管一起进入孔内；套管下入稳定地层时，反转提出偏心钻具，换用普通潜孔锤钻头继续钻进，直至到达设计孔深为止。提出钻具，安装锚杆或锚索，最后边注浆边起拔套管。由于碎石土层普遍存在，60%钻孔均采用该方法，并顺利完成了钻孔。

②强弱风化泥岩、砂岩段。

采用常规气动冲击回转钻进，钻孔基本还比较顺利，但由于该段地层破裂，提完钻后容易掉石块，锚索很难下入孔底；采用偏心锤跟管，但因为砂岩很硬，偏心锤钻进时很困难，套管难以跟进，锚索也很难下到位。经过反复考虑与试验，采用以下两种方法：

a. 锚孔固壁灌浆。

砂浆流动性差，渗透性差，很容易充填岩石中的小裂隙与破碎段，采用水：灰：砂 = 0.6：1：1 的比例灌注，待浆体凝固后，再进行扫孔，对于绝大多数孔都能顺利下入锚索。

b. 跟管钻进。

对于裂隙较大的地层，灌普通水泥砂浆是不现实的，有时根本灌不满。此时采用大一级的潜孔锤钻头（155 mm）钻孔，穿过破碎与裂隙段，进入稳定岩层后，提钻，用顶驱法将146 mm套管打入孔内，下至稳定地层后，换用125 mm潜孔锤钻头继续钻进，钻至设计孔深，提钻，下入锚索，然后边注浆边起拔套管。顶驱法跟管与偏心锤跟管技术不同，顶驱法跟管是将冲击器放于孔外，直接作用于套管上，靠冲击器的冲击振动作用，将套管打入孔内，整个下管过程中，冲击器都在孔外，不像偏心锤跟管时冲击器（潜孔锤）下入孔内同步钻进。

5.3.2 钻孔工艺选择

（1）钻孔工艺试验。

2017年，旦波崩坡积体边坡开始支护，因地质条件差，岩层极为破碎，采用自进式锚杆钻孔施工难度大、成孔率低，为解决锚孔施工难题，保证工程进度，2017年2—3月，进行了钻孔工艺试验。试验情况如下：

①采用泥浆护壁，钻孔4 m左右出现塌孔现象，无法钻进。

②采用潜孔钻QZJ-100B型钻机钻进，少部分能够成孔，但钻头拔出后发生塌孔，导致无法成孔。

③采用Φ28 mm自进式中空锚杆施工，最多能够钻进1.8 m后再无法继续钻进。

④先采用潜孔钻QZJ-100B型钻机施工，出现塌孔、卡钻后拔出钻头，再采用自进式中空锚杆钻进，最多能够钻进4.5 m后无法再继续钻进。

⑤采用跟管钻进施工能顺利成孔，一次达到设计孔深。

（2）钻孔工艺比选。

针对试验结果，比较可行的施工方法有以下几种：

①采用固壁灌浆方式，每钻进2 m左右进行一次固壁灌浆，待强度达到后再进行钻孔施工，如此循环，直至孔深达到设计要求。

②采用跟管钻进方法进行锚杆造孔施工。

③在保证锚固力及锚固效果基本不变的前提下，采用锚索+锚杆方式进行支护，在每级马道增加一排预应力锚索，减少一定数量的锚杆，在减少施工难度的同时加快施工进度。

对以上三种解决方式进行综合对比，形成对比情况见表5-8：

表5-8 钻孔施工方法对比表

序号	项目名称	单位	方案一 跟管造孔			方案二 固壁灌浆			方案三 减少跟管普通锚杆+增加锚索		
			工程量	单价（元）	合价（元）	工程量	单价（元）	合价（元）	工程量	单价（元）	合价（元）
1	Φ28mm普通砂浆锚杆L=4.5m	根	726	1481.81	1075790	726	1438.56	1044394.5	484	1481.81	717193.62
2	Φ28mm普通砂浆锚杆L=6.0m	根	10617	1975.74	20976431	10617	1918.08	20364255	7078	1975.74	13984287.72
3	Φ28mm普通砂浆锚杆L=9.0m	根	10987	2963.61	32561183	10987	2877.12	31610917.	7325	2963.61	21708443.25
4	Φ28mm普通砂浆锚杆L=12.0m	根	48	3951.48	189671.0	48	3836.16	184135.68	32	3951.48	126447.36
5	Φ100mm排水孔L=2.0m	根	691	625.72	432372.5	691	577.96	399370.36	691	625.72	432372.52
6	Φ100mm排水孔L=5.0m	根	1145	1564.30	1791123.5	1145	1444.90	1654410.5	1145	1564.30	1791123.50
7	Φ100mm排水孔L=10.0m	根	5954	3128.60	18627684.4	5954	2889.80	17205869	5954	3128.60	18627684.40
8	Φ100mm排水孔L=15.0m	根	169	4692.90	793100.1	169	4334.70	732564.30	169	4692.90	793100.10
9	Φ100mm排水孔L=30.0m	根	272	9486.84	2580421	272	8669.40	2358076.8	272	9486.84	2580421.05
10	1000kN预应力锚索L=20~30m	束	61	25379.46	154814.	61	25379.4	1548147.0	61	25379.46	1548147.06
11	1000kN预应力锚索L=30~40m	束	116	35709.85	4142342	116	35709.8	4142342.6	1344	35709.85	47994038.40
	合计				84718267			81244483			110303259

根据表5-8分析，经济效益最好的方式是采用固壁灌浆的方式施工，其次是跟管造孔施工，最次为增加锚索减少锚杆的支护方式。但采用固壁灌浆方式进行施工，虽能保证成孔率，但循环次数较多，耗时长，无法满足施工进度要求；若采用锚索＋锚杆方式进行支护施工，既不能保证成孔率，又不满足施工进度要求，且成本较高。而采用跟管施工，不仅能顺利成孔，而且一次达到设计孔深，满足工程设计要求的技术可行性和经济合理性。

最终确定对钻孔工艺做如下调整：

①旦波崩坡积体锚杆钻孔施工由原中空注浆自进式锚杆调整为砂浆锚杆。

②根据施工现场边坡地质情况，确定采用跟管钻进工艺。

a. 对混合土碎石、混合碎石土部位全部采用跟管钻进工艺。

b. 对岩层破碎、较破碎（全至强风化）的部位全部采用跟管钻进工艺。

c. 对岩层完整性较好的部位不需采用跟管钻进工艺。

跟管参数：锚杆和排水孔均采用QZJ-100B潜孔钻机钻孔，套管为高强无缝钢管，壁厚7.5 mm，外直径108 mm，长度为1 m的标准节；连接头长度为0.2 m，壁厚7.5 mm，外直径为108 mm，正反丝扣连结；管靴壁厚11 mm，外直径为108 mm，长度为0.12 m。

5.3.3 结论

钻孔工艺在岩土锚固工程施工中具有十分重要的作用，关系到整个工程施工的质量和效益，地层的复杂性给锚固钻孔施工造成了一定的影响，但是只要钻进工艺方法正确，钻孔设备和机具应用得当，再复杂的地层也可以用相对经济的手段加以应对。

通过对多种复杂地层钻孔工艺的对比试验，最终选择采用跟管钻进＋常规冲击回旋钻进结合的方法。事实证明，跟管钻进＋常规冲击回旋钻进的方法有效解决了崩坡积体难以成孔的问题，保证了施工进度，是一种适合崩坡积体的技术可行、经济合理的造孔方案。

5.4 边坡温泉处理

前期地质勘探时，已发现在崩坡积体内有4处温泉点，1处为地表露头，3处为钻孔和平洞揭露。在旦波崩坡积体开挖至高程2100 m时，发现一处温泉有持续涌水现象，但水量不大。如何采取合理的施工措施处理温泉，关系到后期边坡的稳定性。

经参建各方现场查看协商，确认温泉对边坡稳定影响不大，决定采取先在温泉处安插临时水管，将涌水引排至江中，待涌水排尽再快速组织开挖支护施工，同时增加排水孔深度。

具体施工措施如下：

（1）将温泉所在边坡排水孔深度调整为30 m。由于孔深较大，排水孔采用三台ZY980M多功能深孔钻机钻孔，跟管钻进工艺。跟管为高强无缝钢管，壁厚4.5 mm，外直径为127 mm，长度为1.5 m的标准节。为满足ZY980M多功能深孔钻机造孔施工需求，每开挖3～4 m预留一个宽度不小于5 m的作业平台，同时为保证旦波崩坡积体整体开挖进度，平台外部边坡进行削坡，待造孔施工完成后对预留平台进行二次开挖。

（2）排水孔施工完成后，安装DN300波纹管将孔内涌出的泉水统一引排至开挖区域外冲沟内。

（3）为防止温泉涌水冲刷下方永久边坡，在温泉下方边坡设置一个利于排水的平顺坡面，自上而下呈凹槽状，系统挂钢筋网，并喷护C25混凝土，厚15 cm。

5.5 边坡绿化技术

杨房沟水电站施工区域属南亚热带干旱河谷植被区，由于焚风效应的影响，河谷气候干燥少雨、土层薄、有机质少、缺乏养分，植被分布呈块状或核块状结构。施工区群落结构简单，有的地段全是草坡，有时伴以零星乔木或者灌木，绿化覆盖效果不明显。根据施工过程动态设计方案，旦波崩坡积体开挖边坡大面积采用了锚喷支护，同时边坡较为高陡，立地条件差，绿化实施难度大。

根据国内现有的技术并结合其他类似工程经验，目前常用的边坡绿化技术有厚层基材植被护坡（TBS）、植被混凝土生态护坡、客土喷播植草护坡、三维网喷播植草、CBS抗滑缓释营养棒绿化等。本工程在对常规边坡绿化技术进行逐一分析筛选后，再通过现场试验确定其可行性和适应性，最终确定最适宜旦波崩坡积体锚喷支护边坡的绿化技术。

5.5.1 边坡绿化技术分析

（1）厚层基材植被护坡（TBS）。

厚层基材植被护坡（TBS）是一种通过在岩石坡面上按设计要求喷射适合于植物生长的绿化基质和适合本地区生长的植物种子，以恢复植被生态的新型护坡技术。该技术适用于风化岩、土壤较少的软岩及土壤硬度较大的边坡，尤其适于不宜植生的恶劣地质环境，在解决边坡防护与生态治理问题方面，效果非常明显。缺点是保水保肥效果较差，植物演替及隔热性能较低。

①厚层基材植被护坡工艺流程。

厚层基材植被护坡工艺流程见图5-25。

②施工程序及要求。

a. 施工准备。

绿化基材的选择：基材混合物由绿化基材、纤维、种植土等按一定比例混合而成，绿化基材由有机质、土壤改良剂等材料组成。种植土选用上铺子沟渣场筛分的表土，种植土经过筛分后，保证最大粒径不超过10 mm，纤维可就地取秸秆、树枝等粉碎。根据本地区地质、气候条件，确定绿化基材配合比见表5-9。

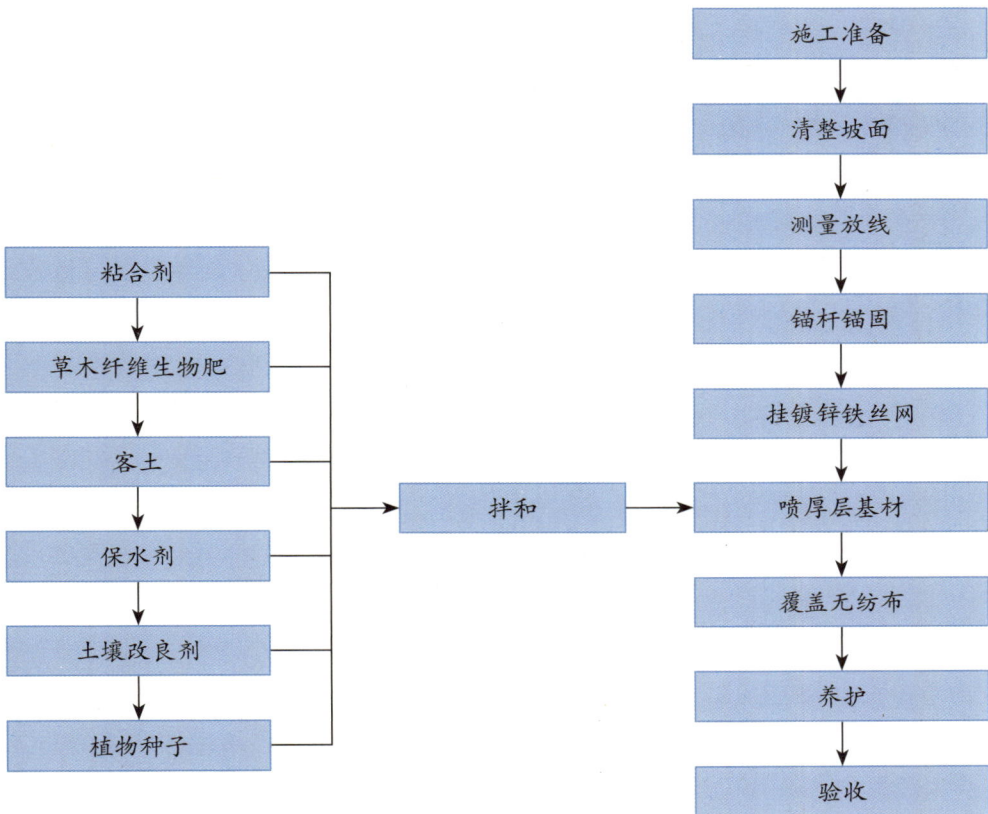

图5-25　厚层基材植被护坡工艺流程

表5-9　厚层基材混合物配合比表

种植土 （kg）	速效肥 （kg）	长效肥 （kg）	保水剂 （kg）	粘结剂 （kg）	土壤改良剂 （kg）	草、木纤维 （m³）
90	0.1	0.15	0.15	0.3	2.7	5

　　植物措施及参数：灌草种选用黄花槐、紫穗槐（灌）、格桑花（花）、黄茅、狗牙根（草），具体可根据现场实际情况进行适当调整，要求种子饱满优质。厚层基材混合植物种子的选择及用量见表5-10。

表5-10　厚层基材植物措施及参数表

植物措施类型	选择植物种类	植物规格	基材厚度（m）	种植方法	混合密度（kg/hm²）
灌花草混合	黄花槐、紫穗槐（灌）、格桑花（花）、黄茅、狗牙根（草）	优质种籽	0.1	1∶1∶1∶1	120

b. 清整坡面。

施工前对坡面进行清理、平整，拆除障碍物，对边坡局部不稳定处进行清刷或支补加固，确保坡面稳定。然后清除坡面不稳定的石块和杂物，尽可能使坡面平整，有利于基材混合物与坡面紧密连接，禁止出现反坡。

c. 测量放线。

锚杆间距为100×100 cm，采用Φ14 mm钢筋，长度76 cm，上下交叉布置，具体布置方式见图5-26。

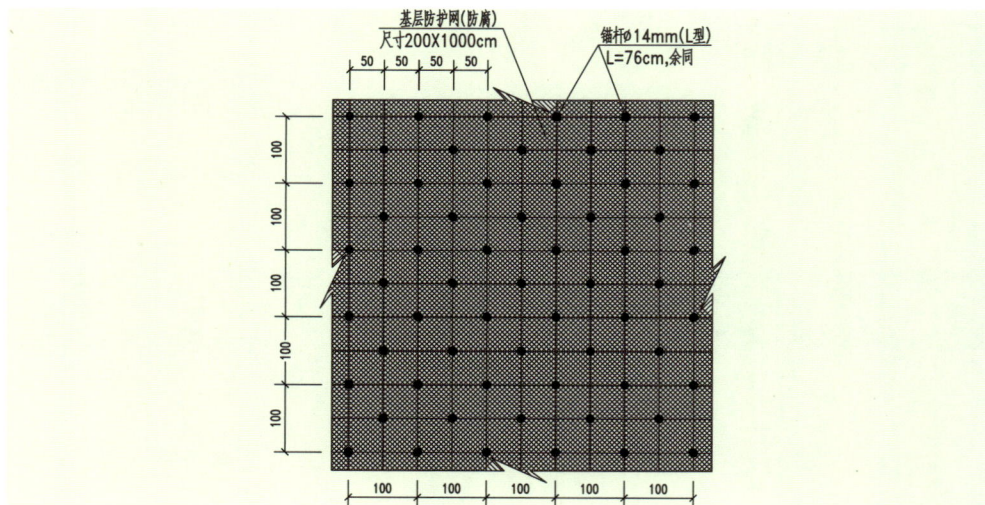

图5-26　铁丝网及锚杆平面结构图

布点放样后采用手风钻进行打孔，孔位偏差不大于5 cm，孔径要大于锚杆直径一倍以上，孔深不小于锚杆长度，钻孔方向要与坡面垂直。

d. 锚杆锚固、挂铁丝网。

钻孔完成后用风管将孔吹洗干净，按垂直坡面方向将锚杆安装到孔内，并采用M30水泥砂浆固定锚杆（见图5-27）。

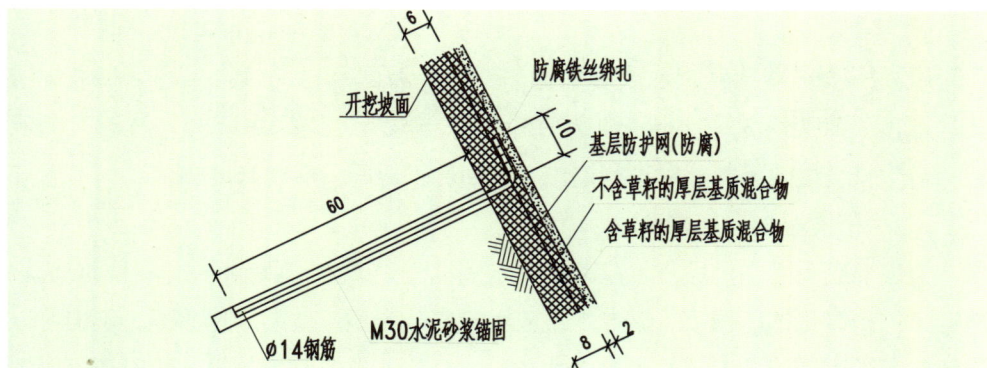

图5-27　锚杆锚固大样

锚杆施工完成后在整个坡面铺设镀锌铁丝网，网体与预留的锚杆头相接，并用锚杆或插筋固定在坡面上，使之与原始开挖坡面稳定连接，形成一层具有一定抗剪抗张强度的整体网状构造。网间搭接宽度不小于10 cm，每隔30 cm用铁丝扎紧。网距坡面要保证5～7 cm的喷射厚度的距离，安装水泥垫块。对铺设好的网材及固定件作进一步防腐处理，使整体土工网具有良好的抗蚀性和耐久性。

e. 喷厚层基材。

第一，喷射前必须对机械设备、排水管路和电线等进行全面检查和试运行。

第二，喷射基材混合物之前，将坡面冲刷干净，以确保喷射基材混合物和坡面之间具有良好的粘结性。

第三，将绿化基材、纤维、种植土及混合种子按设计比例依次倒入混凝土搅拌机搅拌；采用人工上料的方式把基材混合物倒入混凝土喷射机。

第四，采用客土吹附工艺将混合材料经过专用喷射机吹附在边坡网体上，先喷射基材混合物，再喷射种子层。

第五，物种选择根系发达、生根性强、适应干热河谷气候、抗病虫害的乡土灌草种，如黄花槐、紫穗槐、黄茅、狗牙根等，按"少量多次"的原则均匀喷洒在工作面上。

f. 覆盖无纺布。

在面层喷射完成后，覆盖14～15 g/m²无纺布进行保护，营造有助于种子快速发芽的环境。

g. 养护。

用高压喷雾器使养护水成雾状均匀喷射于坡面基材混合物上，保持坡面湿润，厚度发芽期为3～5 cm，幼苗期5～15 cm。当发生病虫害时，及时喷洒农药；当生长缓慢缺乏养分时进行追肥；前期养护时间一般为45d左右。

（2）植被混凝土生态护坡。

植被混凝土生态护坡技术是采用特定的混凝土配方和种子配方，对岩石边坡进行防护和绿化的新技术。该技术常应用于高陡岩质边坡的绿化治理，不但可以降低施工难度，保证工程的可操作性及边坡绿化治理的整体效果，同时还可以解决岩石边坡的浅层防护问题。

植被混凝土生态护坡适用于45°～75°的非光滑岩坡面。

①工艺流程。

植被混凝土生态护坡工艺流程见图5-28。

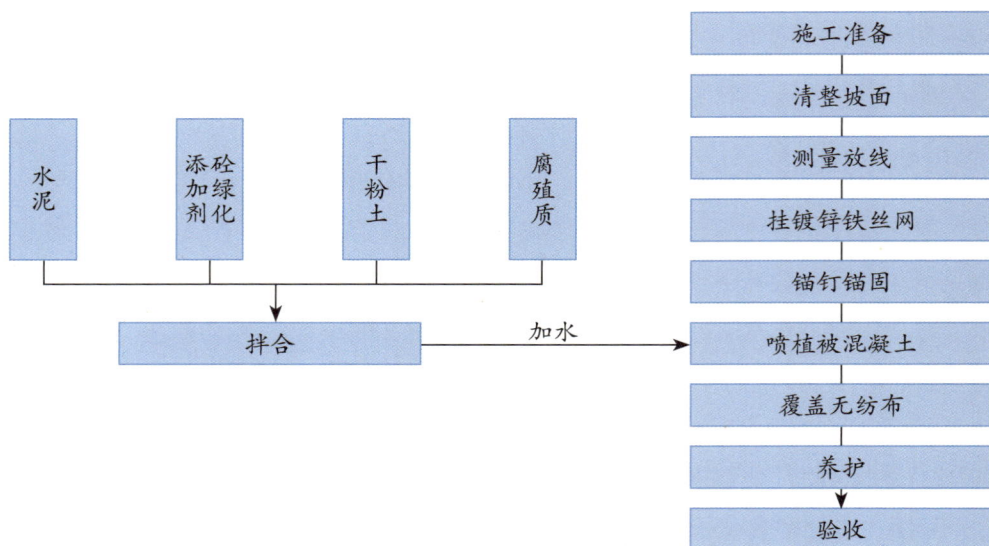

图5-28　植被混凝土生态护坡工艺流程

②施工程序及要求。

a. 施工准备。

植被混凝土基材由生植土、水泥、腐殖质、植被混凝土绿化添加剂混合组成。

生植土：选择上铺子沟渣场筛分的表土，经晒干、粉碎、过筛后粒径小于10 mm，湿度小于30%。

水泥：采用P.O 42.5普通硅酸盐水泥。

腐殖质：一般采用酒糟、醋渣或新鲜有机质（稻壳、秸秆树枝）的粉碎物，其中新鲜有机质的粉碎物在基材配置前应进行自然发酵处理。

植被混凝土绿化添加剂：添加剂能中和因水泥添加带来的严重碱性，调节基材pH值，降低水化热；增加基材空隙率，提高透气性；改变基材变形特性，使其不产生龟裂；提供土壤微生物和有机菌，有利于加速基材的活化；含有缓释肥和保水剂。

植被混凝土基材的配制分基层和表层分别按不同配方配制，利用搅拌机充分搅拌后待用，配方见表5-11。

表5-11　植被混凝土基材配方

配比	生植土（m³）	水泥（kg）	腐殖质（m³）	植被混凝土添加剂（kg）
基材基层	0.8~0.9	90~120	0.2	40
基材表层	0.8~0.9	65~80	0.2	30

表层基材搅拌时应加入按设计要求的植物种子，投料时，应先投放生植土，再投放水泥、腐殖质、植被混凝土添加剂等，最后投放植物种子，拌和均匀后方可进行喷播。植物种子采取草灌混合，多草种、多灌种混合的原则选择混合植物种子。灌草种选用黄花槐、紫穗槐、黄茅和狗牙根（具体可根据现场实际情况进行适当调整），要求种子质量饱满优质。

b. 清整坡面。

清除坡面不稳定的浮石、淤积物，对坡面转角处及坡顶部的棱角进行修整、凿除，使坡面尽可能平整。

c. 测量放线。

按设计标准测量放线，用白灰做标记或插钎以便准确布孔。钻孔时应垂直坡面或成10°～15°上倾角钻入，一次成孔，孔间距允许偏差±50 mm。

d. 锚杆锚固、挂铁丝网。

采用电钻或冲击钻垂直于坡面钻孔，击入锚钉。锚钉采用Φ14 mm螺纹钢，长度300～500 mm，坡顶、坡面较破碎及风化程度较严重锚钉应加粗加大到Φ22 mm，加长到800～1000 mm。锚钉采用梅花型布置，间距1000 mm×1000 mm。锚钉外露长度80 mm，在离坡面50～70 mm处与镀锌丝网绑扎。

按设计的锚钉规格、入岩深度、间距垂直于坡面配置好锚钉后，将14#镀锌铁丝网按从上到下顺序铺设并张紧，包上坡顶长度不小于500 mm，网片的搭接长度为横向100 mm。网与坡面间距不小于50 mm且不大于70 mm。

e. 喷植被混凝土。

喷植被混凝土之前先进行坡面浸润，保持坡体湿润，浸润时间应不小于48 h，植被混凝土喷植应在坡面浸润完成后3 h内进行。

基层喷植：在喷浆之前再次检查坡面上的浮土、草皮、树根及其他杂物是否清理干净，确认后用水进行坡面喷淋，以促使喷射植被混凝土基材与基面连接紧密，然后进行试喷试验，以调节水灰比，再进行喷浆施工；基层的喷护厚度为7～8 cm；喷射作业开始时，应先送风后开机再给料，喷射结束时应待喷射料喷完后，再关风。

表层喷护：基层施工结束8 h以内进行表层喷护，一般控制在3～4 h；表层的喷护厚度为2～3 cm；表层喷护之前在坡面上喷一次透水，保证基层和表层的粘结；近距离实施喷播，以保证草籽播撒的均匀性；喷播采用自上而下的方式进行，单块宽度按3～15 m进行控制。

f. 覆盖无纺布。

在表层喷植完成后，覆盖14～15 g/m²无纺布保湿及防止雨水冲刷，营造有助于种子快速发芽的环境。

g. 养护。

种子发芽及幼苗期，养护以浇水喷灌为主，保持植被混凝土湿润状态，养护期限视坡面植物生长状况而定，不少于45d。

（3）客土喷播植草护坡。

客土喷播绿化是一种先进的新型绿化技术，借助于外来客土材料，为植物生长提供基质，适用于各种性质的岩土体坡面，能在短期内形成植物群落，是一种行之有效的生态防护手段。该技术遵从自然规律，将草种、肥料、保水剂、土壤、有机肥、稳定剂等物质按一定比例充分混合后，通过喷播机按设计厚度均匀喷到挂有丝网的边坡上。

该法适用于坡度较小的岩基坡面、风化岩及硬质土砂地、道路边坡、矿山、库区以及贫瘠土地。缺点是要求边坡稳定、坡面冲刷轻微，边坡坡度大的地方不适合。

施工工艺有平整坡面、液力喷播施工、盖无纺布、前期养护。

平整坡面：采用人工修坡，清除坡面浮石、危石、松土、填补坑凹。

喷播施工：喷播前浇水湿润坡面，一般喷射厚度为12 cm，岩性越强的坡面，客土喷播厚度越厚。按设计比例配合草种、纤维、保水剂、粘合剂、肥料及水的混合物料，并通过液力喷播机均匀喷射于坡面。喷播作业自上而下进行，尽可能保证喷口与坡面垂直，喷播距离保持在0.8～1.0 m，一次喷播宽度为5～6 m。

盖无纺布：喷播完成后，为避免受雨水冲刷，需加盖无纺布，也可用稻草或秸秆编织席覆盖。

前期养护：喷播完成后需及时、定期洒水，每天均需洒水，直至成坪为止；当发生病虫害时，及时喷洒农药；当草皮生长缓慢缺乏养分时需追肥。

（4）三维网喷播植草绿化。

三维植被网，亦称土工网垫，是以热塑性树脂为原料制成的三维结构，其底层为具有高模量的基础层，一般由1～2层平网组成，上覆起泡膨松网包，包内填种植土和草籽，具有防冲刷和有利于植物生长两大功能。在草皮未形成之前，可保护坡面免受雨水侵蚀；草皮长成后，草根与网垫、泥土一起形成一个牢固的复合力学嵌锁体系，还可起到坡面表层加筋的作用，有效防止坡面冲刷，达到加固边坡、美化环境的目的。三维网喷播植草适用于基岩段边坡区域。

①材料要求。

a. 三维植被网。

生产厂家具有ISO 9001质量认证，具有大规模生产的能力，三维网必须符合国家环保标准；选用EM3型三维网，此种三维网共三层，底部两层为双向拉伸网，上部一层为非拉伸挤出网，厚度>12 mm，单位面积质量>260 g/m²；纵、横向拉伸强度≥1.4kN/m，幅宽不窄于1.5 m，要求焊点牢固，颜色为绿色。

b. 喷播材料。

喷播绿化的喷浆混合物中需加入草种、有机复合肥（N、P、K）、土壤改良剂、纤维（或纸浆）、着色剂、保水剂、粘合剂、水等，粘合剂用量不宜过多，否则会影响种子发芽。

种子：喷播应选用适应区域气候条件的、抗干旱、耐贫瘠草种，一般用量30 g/m²，草种中要求加入适量的草花种子和灌木种子，草种选择及配合比由施工单位自行决定。

材料加入顺序：先加入纤维、种子、肥料、水，待水加到2/3开始搅拌，边搅拌边缓慢加入粘合剂，充分搅拌，形成均匀溶液后再喷播。切忌先加入粘合剂和土壤改良剂再加水。

c. 种植土。

三维网网包内回填种植土（泥），细粒土土壤粒径小于三维网网孔，喷射或人工铺设泥浆由细粒土调制，其稠度由现场试验确定，以便于铺设为宜。

②三维网喷播植草施工工艺。

a. 人工清除坡面至平整，并辅以喷药，以减少植物病虫害，提高植物成活率，并抑制野草生长。

b. 对于直接挂三维网的边坡，要求覆3～5 cm厚的土壤于平整好的坡面上，覆土厚度视土壤类型和坡面平整度而定，根据坡面的干湿情况，用水将坡面浇湿，浇水量以土壤不出现浮土和粉尘土为宜（或喷播泥浆），坡面起伏小于5 cm。

c. 三维网垫沿坡面从上而下铺挂，整平，用U形钉固定网垫，U形钉交错排列，竖向间距50 cm，横向间距70 cm，要确保网垫紧贴于坡面，要求固定牢靠，不鼓包、不翘起，三维网平顺。

d. 坡脚三维网埋于填土内，坡顶必须采用埋压沟固定三维网，并确保地表水不会沿坡顶浸入坡体填土内造成三维网和填土剥离、失稳。

e. 铺设第二幅三维网时，与已铺好的第一幅三维网搭接10~15 cm，搭接处用U形钉固定。

f. 三维网范围周边应将三维网卷边5~15 cm，用U形钉压边，使三维网与周边构造物接触密合。

g. 网垫全部铺通、固定平整后，三维网上必须覆泥，厚度不小于3 cm，以覆盖网包并确保覆土和网下填土形成一整体，防止表面形成空壳；覆泥方式为采用泥浆泵喷射（或人工倾倒）种植土添加营养泥调制成的泥浆，边喷射（倾倒）边人工按压，使泥浆完全覆盖三维网；施工中应严格控制营养泥的稠度，过稀喷后则易流失，且会造成失水收缩开裂，过干则不易填入网包内。

h. 采用液压喷播机将混有种子、肥料、土壤改良剂、种子粘结剂、保水剂和水的混合物均匀喷洒在坡面上，喷播完后，视情况撒少许土，以覆盖网包为宜。

i. 覆盖无纺布（要求单位面积质量≥14 g/m²）并及时洒水养护，直至植草成坪。

j. 养护分前、后期，前期养护60天，以喷灌水为主，经常保持土壤湿润，以促进种子发芽和快速生长覆盖；后期养护要求每月喷水2次（可根据降雨情况适当进行调整），并追施氮肥，促苗转青；发现病虫害时应及时喷药，防止虫害蔓延。

（5）马道种植槽绿化。

这种绿化方式优点在于实施方便、造价便宜，缺点在于攀援植物生长周期过长，无法短时间见效。

施工工艺有种植槽施工、回填客土、植物栽植、前期养护。

种植槽施工：采用砖砌。

回填客土：种植槽内回填耕植土，选择疏松肥沃的壤土，pH值宜控制在5.3~6.7之间，且不得含有不利于植物生长的有害物质。

植物栽植：采用人工方式栽植攀缘植物、灌木和撒播草籽。

前期养护：植物栽植完成后需及时、定期洒水，每天均需洒水，每次洒水量以保持土壤湿润为原则，直至植物正常生长；当发生病虫害时，及时喷洒农药，农药喷洒根据具体情况确定；当植物生长缓慢缺乏养分时需追肥，追肥根据具体情况定。

（6）CBS抗滑缓释营养棒绿化。

CBS抗滑缓释营养系统紧贴坡面竖向铺挂并相互连接，通过U型钉固定在坡面，提升植物生长营养基材稳定性和附着力，增大抗滑阻力，达到稳定边坡、保持水土的生态防护目的；还具有缓释营养的功能，补给植被混凝土基材中的植物后期所需营养，适用于高陡岩石边坡、混凝土锚喷边坡等各类大型工程边坡景观复绿与植被重建工程。该技术自身还具有缓释营养的功能，补给植物后期所需营养，保证边坡绿化治理的持续效果。

①CBS抗滑缓释营养棒绿化工艺流程。

施工准备→清整坡面→测量放样→锚钉施工→营养棒施工→挂网施工→生态基材种子层施工→覆盖无纺布→养护管理（见图5-29）。

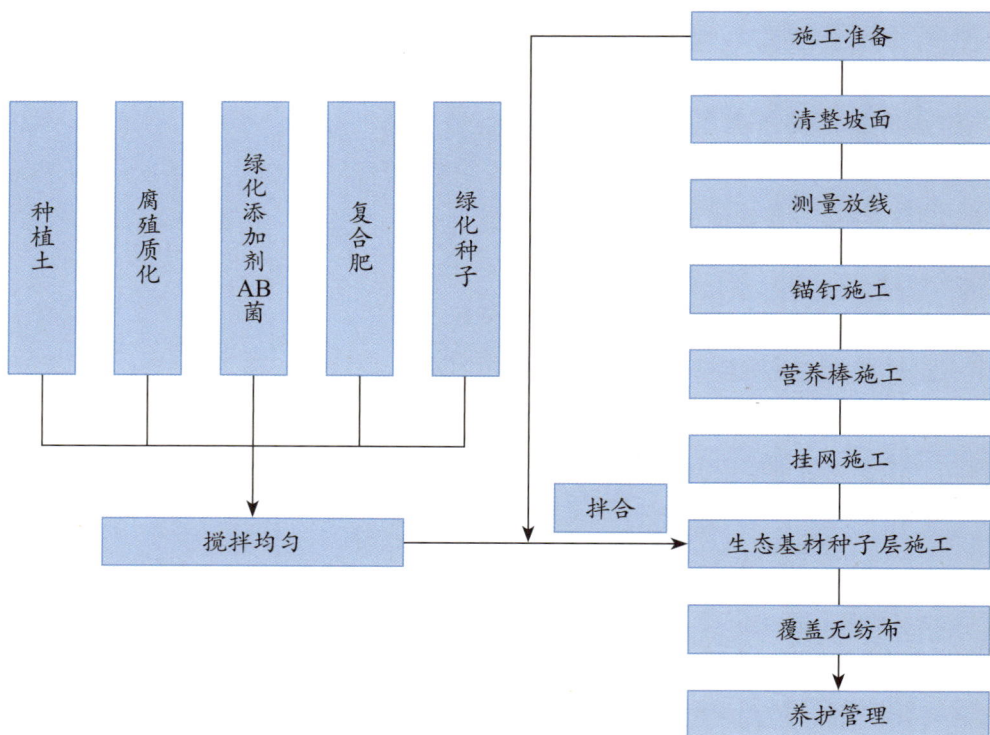

图5-29　CBS抗滑缓释营养棒绿化工艺流程

②施工程序及要求。

a. 施工准备。

绿化基材：CBS抗滑缓释营养棒基材由绿化添加剂AB菌、种植土、腐殖质、绿化种子、复合肥等混合组成，主要材料的选择要求如下：

绿化添加剂AB菌（α-中度嗜盐菌、β-新型耐碱细菌孢子）料注入CBS抗滑缓释营养棒中，通过抗滑棒引导孔内水分达到缓释营养物质和弥补基质层养分流失的目的。

种植土经晒干、粉碎、过筛后粒径小于10 mm，湿度小于30%。

腐殖质一般采用酒糟、泥炭土、锯木屑和新鲜有机质（稻壳、秸秆）的粉碎物，其中新鲜有机质的粉碎物在基材配置前应进行自然发酵处理。

基材搅拌时应加入按设计要求的植物种子，投料时，首先打开一个抗滑棒，掺入绿化添加剂AB菌，再掺入种植土和腐殖质，然后撒入植物种子，最后加入适量复合肥，基材配置完成后搅拌均匀。

植物种子采取草灌混合，多草种、多灌种混合的原则选择混合植物种子。灌草种选用格桑花、黑麦草、黄茅、戟叶酸模和狗牙根等（具体可根据现场实际情况进行适当调整），种子要求为饱满优质。

抗滑棒：抗滑棒材质为聚丙烯PP长纤，是一种高强抗紫外线、抗冻融、耐酸碱的高分子合成聚合物材料，是高新技术特种材料，具有透水透气、抗强高温等特点，使用寿命可达到50年以上。抗滑棒有以下四大作用：第一，引导流动：通过物质引导孔内以及基质层内水分的流动，缓释营养棒内的物质及生物分解的养分缓慢释放并补充到基质层中。第二，弥补养分：弥补基质层养分流失得不到补充等缺点，解决绿化持续效果不佳及降低养护管理成本的问题。第三，抗生物降解：抗滑棒采用特殊配方材料，不支持、不吸收、不帮助菌类生长，不腐烂、不发霉、不变质。第四，抗紫外线：抗滑棒可以承受一定高温而不融化，承受最低气温-40℃，不会成为老鼠、白蚁、蛀虫、蛾等的食物。

b. 清整坡面。

清除坡面不稳定的浮石、淤积物，对坡面转角处及坡顶部的棱角进行修整、凿除，使坡面尽可能平整。

c. 测量放样。

按设计标准测量放线，用喷漆做标记或插钎以便准确布孔。钻孔时应垂直坡面钻入，一次成孔，孔间距允许偏差 ±50 mm。

d. 锚钉施工。

锚钉采用Φ10 mm或Φ8 mm圆钢，长度200 mm。锚钉施工采用蜘蛛人或25 t吊车辅助，蜘蛛人作业绳和安全绳分别固定在上级马道平台。施工人员用电钻或冲击钻垂直于坡面钻孔，再用锤子击入锚钉，并顺势敲击成L型，锚钉入岩100 mm、外露100 mm，间距1000 mm（长）×200 mm（高）。

e. 营养棒施工。

抗滑缓释营养棒内填充绿化添加剂AB菌、种植土、腐殖质、绿化种子、复合肥、生根粉、芸苔素内脂等营养物质后，将营养棒平铺卡在锚钉上，营养棒搭接在锚钉处进行，搭接长度不小于50 mm。

f. 挂网施工。

挂网可使营养棒在边坡表面形成一个持久的整体板块，挂网选用包塑防腐铁丝网，铁丝网规格50 mm×50 mm，Φ3.2 mm。挂网施工采用蜘蛛人或25 t汽车吊辅助作业。吊车作业前在周围设置醒目的安全警戒标识，拉设安全警戒带，防止过往车辆通行时发生意外。

挂网施工时采用自上而下放卷，铁丝网与营养棒紧密贴合，网间搭接宽度不小于50 mm，所有网片之间用包塑防腐铁丝绑扎牢固，在锚钉接触处也一并用包塑防腐铁丝与锚钉绑扎牢固。

g. 生态基材种子层施工。

完成营养棒铺设和挂网，并做好生态基材组分备料并配制后，即可进行生态基材层施工。生态基材种子层厚度为20 mm，施工之前在营养棒面上喷一次透水，保证营养棒和表层的粘结。生态基材种子层采用自上而下的方式均匀涂刷，保证草籽播撒的均匀性，单块宽度按2~3 m进行控制；平铺的营养棒之间间隙填充密实，以保证后续植物生长效果。

h. 覆盖无纺布。

在生态基材种子层施工完成后，为保证基材的温度和湿度满足植物生长要求，覆盖14~15 g/m^{2}无纺布保湿及防止雨水冲刷，营造种子快速发芽环境。

i. 养护管理

植物种子发芽期间，需进行供水养护，保持基材湿润。每天养护两次，早晚各一次，浇水时将水滴雾化，随后根据植物的生长情况可逐渐减少浇水次数，并根据降雨情况调整。30～45d后待草种长到一定高度时，揭掉无纺布，适时对其进行"多次少量"施肥和病虫害防治。

5.5.2 绿化试验

在确定一处边坡的绿化施工工艺时，首先要对该边坡的地质条件、当地气候、水文条件及周围原有植被的情况等诸多因素进行全面的调查。在此基础上，提出模拟原有植被类型的边坡绿化植物选择方案。方案中不仅要考虑本地植物的使用，更为重要的是要合理搭配当地原有的乔木及灌木植物种子，以恢复原有的植被类型，依照这种设计方案施工形成的边坡植被能够较快地与原有植被融合。

施工区旱季气候干燥少雨，土层薄、有机质少、缺乏养分，雨季多暴雨，突发性明显，降雨量大，而且极不均一，考虑到旦波崩坡积体开挖边坡已大面积喷混凝土，喷播绿化效果较差，且容易被雨水冲刷，不适合采用客土喷播植草和三维网喷播植草。

因此，首先在施工区进行厚层基材和植被混凝土生态护坡种植试验，以确定两种生态护坡措施在施工区的适应性。

（1）绿化试验。

厚层基材生态护坡试验区设置在卡杨公路K85＋950处靠山侧边坡，该边坡土质与旦波崩坡积体边坡类似，均为混合碎石土，边坡坡比为1：1，面积约为200 m²。为营造与旦波崩坡积体边坡现状类似条件，该部位试验前先进行喷混凝土支护。

植被混凝土生态护坡试验区设置在高线混凝土系统场地下游侧边坡（已锚喷支护），边坡坡比为1：0.1，面积为800 m²。

CBS抗滑缓释营养棒绿化试验布置在右岸坝肩高程2102～2130 m边坡上游侧。

（2）试验结果。

①厚层基材生态护坡。

厚层基材生态护坡试验结果见表5–12。

表5-12　厚层基材生态护坡种植试验结果表

项目 ＼ 时间（月）	1	2	3	4	5	6
种植试验植物生长情况	发芽，但数量很少	出苗率高	长势良好	受雨水冲刷，土壤局部流失	暴雨冲刷，土壤大面积流失	试验区裸露面积较大，覆盖率差
养护情况	洒水养护	洒水养护	洒水养护	洒水养护	洒水养护	洒水养护

厚层基材生态护坡种植植物经6个月正常洒水养护后，整体绿化效果较差，分析原因如下：

a. 厚层基材实施初期，植物出苗正常，长势良好。

b. 4—6月之间进入汛期，由于施工区汛期降雨频繁，边坡受雨水冲刷现场严重，再加上厚层基材是附着在已喷混凝土的边坡上，即使有铁丝网防护，仍承受不了暴雨的冲刷力，造成试验区大面积水土流失。

c. 试验证明，在施工区气候和喷混边坡的环境下，厚层基材绿化效果较差，难以满足设计要求。

②植被混凝土生态护坡。

植被混凝土生态护坡试验结果见表5-13。

表5-13　植被混凝土生态护坡种植试验结果表

项目 ＼ 时间（月）	1	2	3	4	5	6
种植试验植物生长情况	未见植物生长	未见植物生长	零星植物生长	零星植物生长	零星植物生长	零星植物生长
养护情况	洒水养护	洒水养护	洒水养护	洒水养护	洒水养护	洒水养护

植被混凝土生态护坡植物经6个月正常洒水养护后只有零星植物生长，分析原因如下：

a. 由于施工区汛期降雨频繁，植被混凝土在高陡的岩质边坡附着力差，雨水冲刷后水土流失严重，携带走大量种子；

b. 雨过天晴后太阳照射升温迅速，不利于种子发芽及幼苗生长。

c. 试验证明，植被混凝土生态护坡出苗率低、效果差，在施工区的适应性较差。

③CBS抗滑缓释营养棒绿化。

35天后现场查看试验区出苗情况：试验区下部营养棒部位平均出苗率约60%，局部达80%，整体长势良好；试验区上部单根营养棒部位出苗率约30%，局部长势较好。

试验结论：

a. 绿化基材配合比基本合理，黑麦草、苜蓿出苗效果较好，爬藤植物出苗效果较差，后续应调整种子配比，提高种子出苗率。

b. 坝肩边坡CBS抗滑缓释营养棒绿化试验效果较好，适合在硬质边坡上实施，但对水的需求量太大，施工成本和后期养护成本过高。

5.5.3 坡面开孔绿化技术

根据现场试验结果，发现按照常规绿化工艺生长的植物长势不好，绿化效果较差，不适合在旦波崩坡积体边坡上实施。

经参建各方讨论，结合旦波崩坡积体边坡已喷混凝土层后大多为土夹石原始边坡，只要保证将植被与原始边坡相接触，就能够大大提高植被成活率。因此，将旦波崩坡积体高程2150～2210 m厚层基材植被护坡措施调整为坡面开孔绿化措施。具体措施如下：

（1）坡面采用开孔器开孔，孔径Φ100 mm，孔深不小于20 cm，梅花型布置，孔距3 m×2 m，孔内覆土，撒播灌草籽，栽植攀缘植物绿化。覆土土源为中铺子堆存场堆存的表土，耕植土要求为砂土至壤质黏土，砾石含量≤30%，有机质含量≥1.0%，土层容重不大于1.5 g/cm³，土壤pH值在5.5～8.0之间；灌草种选用黑麦草、戟叶酸模、黄茅和狗牙根，要求饱满优质，按1∶1∶1∶1混交，撒播密度120 kg/hm²；攀援植物选用葛藤，苗木长度不短于30 cm。

（2）坡脚具备条件的地方设置种植槽，在坡脚外侧砌筑一道砖墙，高30 cm，种植槽内覆土、栽植攀缘植物绿化。覆土要求同开孔绿化覆土要求；攀援植物选用葛藤、爬山虎，苗木长度不短于30 cm，等比例间植，间距0.5 m。

6/ 崩坡积体处理施工方案

6.1 施工布置

本工程规模大、工期长、场地非常有限，为充分利用现有施工场地，根据国内大型工程的施工经验，结合本工程的规模、特点、施工环境及施工条件，考虑以下原则：

（1）施工布置应该严格控制在征地红线之内，并对工程施工区进行封闭管理。

（2）所有的临时设施、施工道路及施工场地等尽量利用原有建筑物或构筑物，规模和容量满足施工总进度及施工强度的需要，施工道路路面宽度和最小转弯半径满足施工车辆的通行和运输强度需要。

（3）施工风、水、电在布置上综合考虑施工程序、施工强度、施工交通、施工安全、开挖影响、均衡施工强度等因素。

（4）考虑崩坡积体及泥石流等可能引起的不良影响。

6.1.1 施工道路

（1）出渣道路。

为避免受年公沟地质灾害影响，施工阶段将施工道路调整至高程2030 m，利用原通村公路已开挖成型边坡拓宽改造为施工道路，既消除了冲沟泥石流的安全隐患，又减少了开挖工程量，更便于施工（见图6-1）。

图6-1　崩坡积体原始地形地貌

　　且波崩坡积体出渣道路从右岸上游低线道路高程2032 m修建至崩坡积体上游侧高程2070 m附近，全长549.65 m，最大坡度12%，宽度8 m，边坡坡比1∶0.75～1∶1.3。同时，将出渣道路终点高程2070 m平台拓宽形成集渣平台，方便上部开挖边坡通过上游冲沟翻渣至集渣平台进行出渣。

　　（2）"之"字道路。

　　由于出渣道路改为从右岸上游低线道路高程2032 m处修建至崩坡积体上游侧高程2070 m，"之"字道路从出渣道路终点处顺接修建4.5 m宽爬坡至且波崩坡积体顶部高程2465 m，道路总长约3.2 km。受崩坡积体陡峭地形和复杂地质影响，"之"字道路开挖后坡比12%～15%，局部坡比达到了18%。如果在"之"字道路上出渣，自卸汽车满载石渣下坡时安全风险极大，易刹不住车滚落下江，故仅作为设备、材料运输通道（见图6-2）。

　　（3）人行便道及爬梯。

　　为避免出现与出渣车辆穿插行走以及崩坡积体垮塌的风险，保证施工人员安全，现场在崩坡积体下游侧开口线以外设置人员交通专用爬梯及便道至且波崩坡积体顶部，爬梯采用Φ48 mm架管搭接，步距、跨距均为1.5 m。人行便道采用人工开挖，使用Φ48 mm架管搭接护栏。

图6-2　出渣道路和"之"字道路实际布置图

6.1.2　渣场布置

将旦波崩坡积体上游侧高程2070 m较宽阔处改造为集渣平台，上部开挖利用反铲＋推土机＋自卸汽车的方式甩渣至集渣平台，然后在集渣平台装车经出渣道路运往上铺子沟渣场。

主要运渣路线：旦波崩坡积体出渣道路→右岸低线绕坝交通洞→杨房沟大桥→左岸坝后低线公路→卡杨公路→上铺子沟渣场。

6.1.3　施工风水电布置

（1）施工供电。

施工供电主要为空压机、施工机械机具及施工照明供电，为满足旦波崩坡积体高峰期用电负荷，在右岸低线绕坝交通洞洞口靠山侧平台及高程2150 m平台处各设置一台1250kVA的箱式变压器，同时接YJV22－3×35、YJV22－3×70高压电缆供变压器使用，接220V低压电缆（YJY－3×120＋2×70）至各工作面，同时在变压器处设置一台150kW的柴油发电机，作为施工用电的备用电源。施工完成后，对施工供电线路及供电设备进行拆除。

（2）施工供风。

旦波崩坡积体施工供风采用8台20 m³/min移动空压机供给，布置在高程2150 m平台，并随着边坡开挖进度进行移位。利用DN150钢管与软管相结合的方式将风接引至施工工作面，主要保证边坡支护施工用风。

（3）施工供水。

施工供水主要由旦波沟内敷设长约7.0 km的DN100钢管作为输水管至高程2465 m附近新建的90 m³取水池。为便于输水管的敷设，沿输水线路人工修建一条施工供水便道。取水池采用反铲进行开挖，M7.5浆砌石砌筑，M5砂浆抹面，并施作防水涂层。

采用DN150供水主管及DN100供水支管至各工作面形成施工供水系统，并在适当位置增设3台型号Y2-280M-2的增压泵。因高程2150 m以下部位施工用水需要，在右岸上坝交通洞内系统水管接引DN150钢管，沿年公沟布置至施工工作面。

施工风水电布置见图6-3。

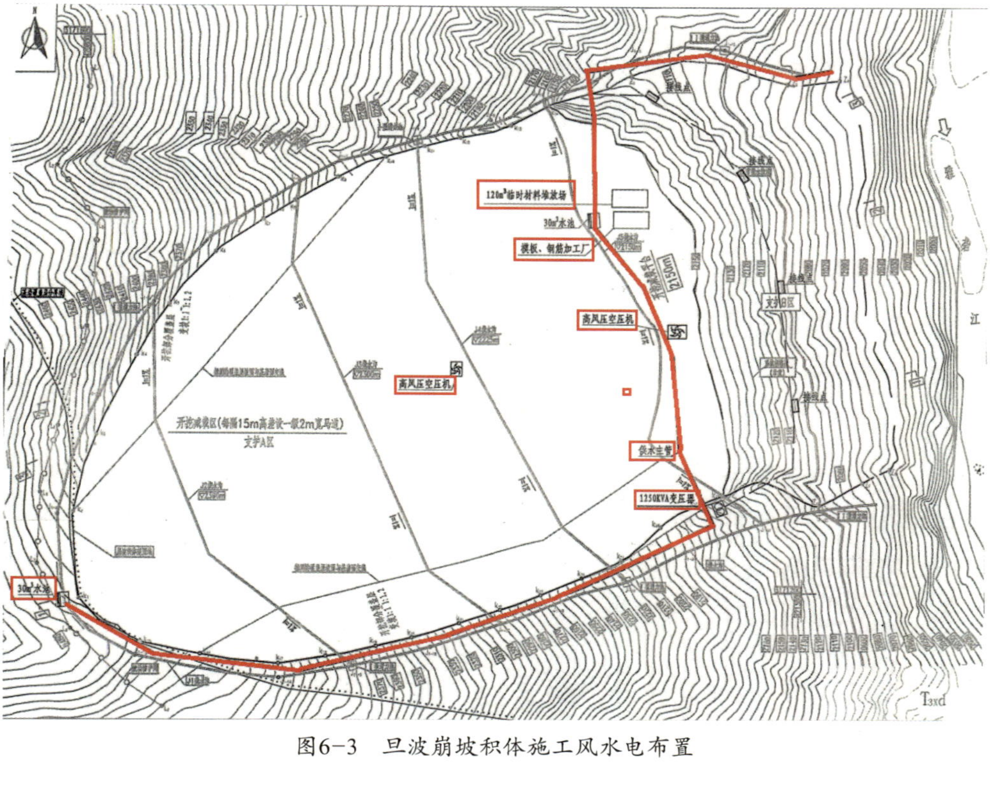

图6-3　旦波崩坡积体施工风水电布置

6.1.4 仓库及材料堆放

（1）临时材料堆放场。

旦波崩坡积体材料堆放场布置在年公沟沟口处，场地面积约500 m²。材料堆放场承担施工过程中所有物资、材料的堆放储存任务。采用反铲开挖及场地平整后，浇筑10 cm厚C20混凝土，道路浇筑20 cm厚C25混凝土。

水泥库房采用单层活动板房的形式，尺寸为30 m×10 m，容量为200 t。

其余材料设置移动式钢筋骨架支撑进行分类堆放，利用深蓝色铁皮盖顶并围设围栏进行防护。旦波崩坡积体施工完成后，对材料堆放场进行拆除。

（2）钢筋加工厂。

钢筋加工厂设置在年公沟沟口靠江侧场地，场地面积约600 m²。采用反铲开挖及场地平整后，浇筑15 cm厚C20混凝土，道路浇筑20 cm厚C25混凝土。

旦波崩坡积体施工完成后，对钢筋加工厂进行拆除。

（3）锚索加工厂。

旦波崩坡积体土质边坡设有多束预应力锚索，但考虑到开挖出的平台较宽阔，锚索加工厂设置在每级开挖工作面区域方便材料运输和施工。锚索加工厂采用钢架管搭设排架平台，钢管为Φ48 mm，壁厚3.5 mm。

（4）制浆系统布置。

本工程采用开挖一层、支护一层的方式进行施工，制浆系统布置在每级边坡开挖后形成的施工平台上，并随开挖进度进行调整。

（5）临时营地布置。

旦波崩坡积体管理人员和施工人员居住营地布置在17#施工场地，为满足高峰期人员居住生活要求，在承包商营地后方、旦波村、喇嘛庙新建单层活动板房80间、双层活动板房20间，并利用1#临时营地现有板房80间。新建营地总占地面积2500 m²，采用反铲开挖及场地平整后，浇筑10 cm厚C20混凝土，道路浇筑20 cm厚C25混凝土。临时营地使用期间，安排专人进行设施维护与管理。根据施工需求情况，逐步拆除临时营地相关设施。

6.1.5 施工交通运输

（1）场外交通。

①卡杨对外交通专用公路。

卡杨交通专用公路起点位于锦屏一级8#公路的通往左岸缆机平台的隧道进口附近，终点位于杨房沟水电站上游约1.2 km附近的金波石料场附近，全长91.3 km，道路等级为Ⅲ级，路面宽度为7.0 m，上行隧道最小建筑限界5.5 m×5.0 m（宽×高），沿途桥梁标准为公路Ⅰ级，荷载等级为汽−40，挂−200验算。

②西昌至卡杨公路起点段（绕行大河湾）现有道路。

从西昌至卡杨公路起点道路（绕行大河湾）可分为4段：

a. 西昌至漫水湾段。西昌至漫水湾全长约为37.5 km，从西昌出发，沿G5京昆高速泸黄段行至漫水湾出口；该路段设计时速为80 km，双向4车道，路面结构为混凝土路面。

b. 漫水湾至里庄段。漫水湾至里庄全长约为63.5 km，从漫水湾出发，沿锦屏对外专用公路，行至里庄隧道，在里庄隧道内通过交叉口往里庄乡方向出洞，继续前行7 km到达里庄乡；锦屏对外公路为三级公路，设计时速为30 km，双车道，宽度为8 m，路面结构为混凝土路面；里庄隧道出口至里庄乡路况较差，局部路段较窄，宽度仅有4 m左右，碎石路面。

c. 里庄至锦屏一级水电站。该段全长约为138.8 km，从里庄乡出发行驶10 km左右后，可沿S215公路行至江边电站，沿地方道路行至锦屏一级水电站。该路段宽度以7 m为主，局部路段宽度仅有4.5 m，最小转弯半径约为20 m，个别回头弯处转弯半径约为15 m。全线多处发生路基挡墙或边坡垮塌、路基沉陷、路面受损等情况，路况较差；且雨季期间，冲沟泥石流现象发育，对车辆通行有较大的影响。沿线桥梁约20座，个别桥梁受损较严重，限载仅15 t。

d. 锦屏一级水电站至卡杨公路起点。该段可利用现有锦屏水电站场内交通，全长约15.7 km，路况较好，但部分路段交通量较大。

③前期辅助对外交通公路。

工程区受自然地理条件限制，在卡杨对外交通专用公路贯通之前，仅有简易的林场道路、通乡道路和勘探道路可供通行。路线从西昌经盐源、木里、一碗水至田正，再从田正分岔后往北通往坝址，全长约410 km。

（2）场内交通。

①左岸交通。

左岸场内交通干线主要包括：卡杨对外交通专用公路和左岸低线道路（含进厂公路、左岸低线绕坝交通洞、左岸上游低线道路）两条贯通上下游的通道，作为过坝交通的重要通道，以及左岸上坝交通洞、左岸缆机平台交通洞、左岸围堰交通洞、前期辅助路等专用通道。

a. 卡杨对外交通专用公路（以下简称专用公路）：该公路位于雅砻江左岸，在左坝头附近通过，从下游至上游途经中铺子、上铺子、坝址，终点位于金波，该公路（中铺子至金波）段长约6.87 km，包括隧道3个、桥梁1座。卡杨对外交通专用公路为工程的对外交通公路，也是左岸高线主要交通干线。

b. 左岸低线道路，总长约4.35 km，主要包括进厂公路、左岸低线绕坝交通洞、左岸上游低线道路。其中，进厂公路为永久道路，从上铺子沟渣场接卡杨对外交通专用公路至进厂交通洞洞口，全长约1.36 km；左岸低线绕坝交通洞连接左岸低线道路，全长1.32 km，为坝肩施工期的左岸上下游连接道路；左岸上游低线道路从左岸低线绕坝交通洞经金波料场，与卡杨对外交通专用公路相接，全长约1.73 km。

c. 左岸上坝交通洞：该交通洞从卡杨对外交通专用公路杨房沟隧道接入，至大坝左岸坝头，全长0.15 km。该隧道施工期用于缆机供料平台交通，运行期为左岸上坝永久交通洞。

d. 左岸缆机平台交通洞：由卡杨对外交通专用公路采用隧道进入左岸缆机平台，全长1.57 km。该隧道作为缆机平台及其上部边坡的施工道路。

e. 左岸围堰交通洞：由围堰堰顶至左岸低线绕坝交通洞，全长0.11 km，作为围堰填筑的施工道路。

f. 前期辅助路：从中铺子渣场至杨房沟沟口，其中上铺子沟渣场至杨房沟沟口段在筹建期提前改建为场内交通主干道，在上铺子沟渣场和中铺子弃渣场处接卡杨对外交通专用公路。

②右岸交通。

右岸场内交通干线为至缆机平台的右岸高线道路和上下游连通的右岸低线道路。右岸高线道路由右岸上坝交通洞、右岸缆机平台交通洞、右岸缆机平台交通道路组成；右岸低线道路由右岸低线绕坝交通洞、右岸上游低线道路组成。

a. 右岸上坝交通洞：从下游永久交通桥至大坝右岸坝顶，采用隧道连接，全长1.607 km，该隧道用于右岸坝肩施工、缆机平台交通。

b. 右岸缆机平台交通道路：右岸上坝交通洞分岔至缆机平台交通道路，全长1.147 km。

c. 右岸低线绕坝交通洞：由右岸上坝交通洞至导流隧洞进口，隧道全长1.442 km。该道路为导流隧道施工及沟通右岸上下游的主要施工道路。

d. 右岸上游低线道路：从右岸低线绕坝交通洞往上游经旦波崩坡积体下方至上游临时交通桥右岸桥头，全长约0.204 km。

e. 右岸上游围堰交通洞：由右岸低线绕坝交通洞分岔至围堰堰顶，洞长0.18 km，为大坝基坑及导流隧洞进口闸门平台施工道路。

f. 右岸水垫塘施工道路：由右岸低线绕坝交通洞分岔至水垫塘边坡高程2000 m马道，洞长0.58 km，作为水垫塘边坡及底板混凝土浇筑施工通道。

③桥梁。

a. 上游临时桥位于坝址上游约0.4 km，为单线单向临时索桥，桥长250.0 m，为满足右岸导流隧洞施工及沟通上游左右岸交通需要而设，桥面宽度4.5 m，单线单车道，设计荷载为汽–60级。

b. 下游临时桥位于坝址下游约1.0 km，为单线单向临时索桥，桥长143.0 m，为满足右岸导流隧洞施工及沟通前期下游左右岸交通需要而设，桥面宽度4.5 m，单线单车道，设计荷载为汽–60级。

c. 杨房沟大桥位于坝址下游约1 km，桥长约161.0 m，在施工期主要为满足下游的跨江交通需求，运行期为工程沟通左右岸的永久交通桥。桥面宽度9.0 m，双车道，设计荷载汽–40级，挂–120。

d. 跨杨房沟高线桥为卡杨对外交通专用公路是跨越杨房沟的永久桥，桥长114.0 m。桥面宽度10.5 m，双车道。

e. 跨杨房沟低线临时桥为左岸低线道路，是跨越杨房沟的临时桥，桥长约40.5 m。桥面宽度8 m，双车道。

6.2 总体施工进度计划

6.2.1 施工进度计划目标

为确保旦波崩坡积体治理期间施工安全，汛期仅安排少量的施工作业，大部分施工作业均在枯水期完成。旦波崩坡积体总体施工进度控制见表6-1。

表6-1　旦波崩坡积体总体施工进度控制表

序号	节点目标	开工日期	完工日期	备注
1	人员、设备进场	2016年7月1日	2016年7月31日	
2	被动防护网完成	2016年11月1日	2017年3月31日	
3	临建设施和施工道路完成	2016年12月1日	2017年3月31日	
4	中上部边坡A区开挖支护完成	2017年3月1日	2019年12月31日	仅考虑枯水期施工，在三个枯水期完成开挖，施工月强度约12万 m^3
5	边坡B区支护完成	2019年5月1日	2020年4月30日	
6	安全监测工程	2017年3月1日	2020年12月31日	
7	水土保持措施施工完成	2018年11月1日	2020年12月31日	
8	工程完工	/	2020年12月31日	

6.2.2 主要关键线路分析

旦波崩坡积体施工程序如图6-4所示：

```
                        ┌─────────────────────┐
                        │   人员、设备进场      │
┌──────────────────────┐│                     │
│ 修建临建设施及施工道路 ├┤                     │
└──────────────────────┘└──────────┬──────────┘
                                    │
                        ┌───────────▼─────────────┐
                        │ 边坡截水沟、被动防护网施工 │
                        └───────────┬─────────────┘
                                    │
                        ┌───────────▼─────────────┐
                        │   中上部边坡A区开挖       │
                        └───────────┬─────────────┘
                    ┌───────────────┼───────────────┐
          ┌─────────▼──────┐              ┌──────────▼─────────┐
          │   安全监测      │              │  中上部边坡A区支护  │
          └─────────┬──────┘              └──────────┬─────────┘
                    └───────────────┬───────────────┘
                        ┌───────────▼─────────────┐
                        │   边坡B区开挖支护         │
                        └───────────┬─────────────┘
                        ┌───────────▼─────────────┐
                        │   水土保持措施            │
                        └───────────┬─────────────┘
                        ┌───────────▼─────────────┐
                        │   工程完工                │
                        └─────────────────────────┘
```

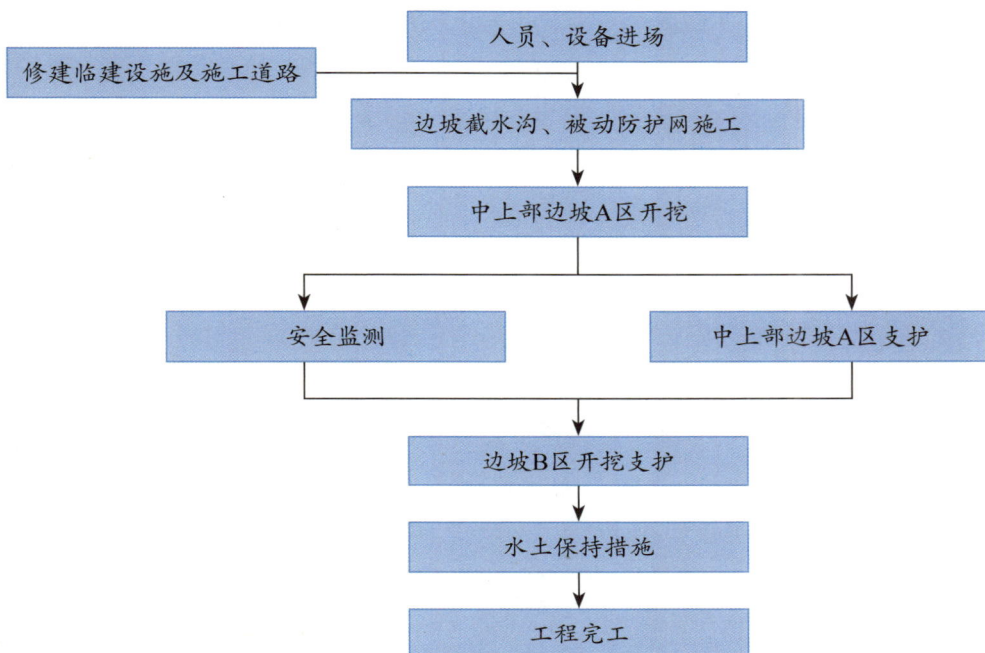

图6-4　旦波崩坡积体施工程序

工程处理区域位于坝址上游右岸，与其他枢纽施工区相对独立，基本不受其他施工项目的影响和干扰。通过分析，本工程关键线路为修建临建设施及施工道路→地表排水系统→边坡A区开挖支护（水土保持措施及时跟进）→边坡B区框格梁支护及排水→项目完工。

6.3 土石方开挖

土石方开挖工程包括崩坡积体边坡开挖、施工道路、坡面截排水沟，以及为完成本工程所需的临时工程及临时设施的开挖等。挖出的渣料除道路填筑以外，其余均装车运往上铺子沟弃渣场，表土运输至中铺子表土堆存场。

6.3.1 边坡开挖

（1）开挖原则。

旦波崩坡积体边坡开挖施工中按设计要求做成一定的坡势，以利排水，在开挖前完成崩坡积体外侧截水沟施工，排除坡面积水，同时避免边坡上形成积水。

（2）场地清理。

采用人工辅助反铲进行植被清理。地表植被清理范围延伸至崩坡积体外侧3 m的距离，须挖除树根的范围应延伸到离施工图所示最大开挖边线，并注意保护清理区域附近的天然植被。

（3）崩坡积体边坡开挖工艺流程。

崩坡积体边坡开挖工艺流程见图6-5、图6-6。

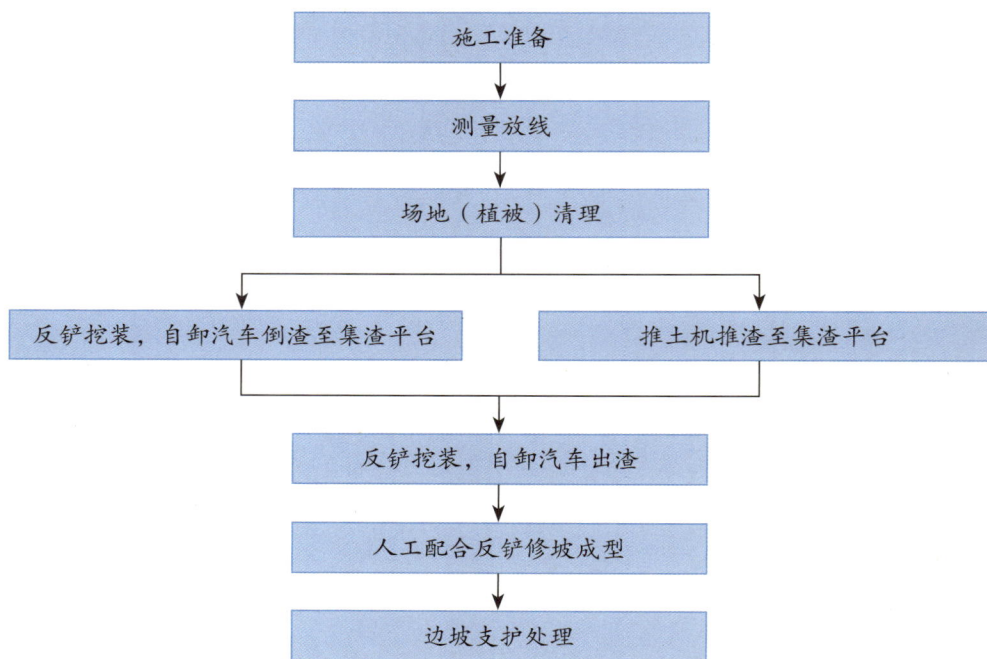

图6-5　高程2135 m以上边坡土石方开挖工艺流程

施工准备

↓

测量放线

↓

场地植被清理

↓

反铲挖装，自卸汽车出渣

↓

人工配合反铲修坡成型

↓

边坡支护处理

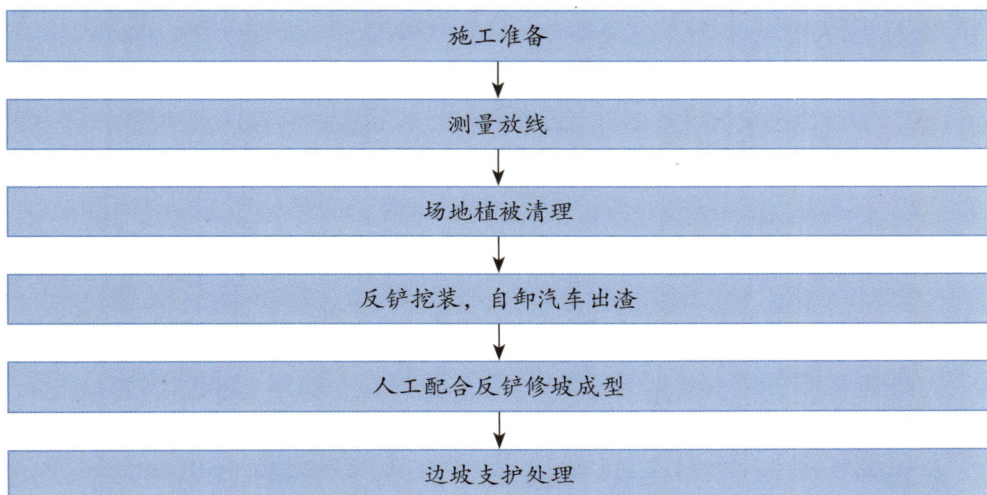

图6-6　高程2135 m以下边坡土石方开挖工艺流程

（4）土方明挖。

①场地清理包括植被清理、表土清挖和边坡清理。其范围包括永久和临时工程等施工用地需要清理的全部区域的地表。

②高程2135 m以上边坡土石方开挖采用反铲挖装、25 t自卸汽车倒渣至集渣平台或推土机推渣至集渣平台，集渣平台处反铲挖装25 t自卸汽车运输渣料到指定的渣场。

③机械开挖的梯段分层高度控制在5 m范围内，便于控制坡面坡度并及时修坡。

④采用机械削坡、开挖时，不能直接挖装，应先削后装。

⑤为保证开挖面坡度满足设计要求，开挖过程中，对开挖坡面采用坡度尺及时进行检查，每下降4～5 m检测一次，对于异形坡面增加检测频率，根据检测成果及时调整、改进施工工艺。

（5）石方开挖。

旦波崩坡积体边坡开挖过程中，遇石方导致反铲无法直接开挖成型，必须先用破碎锤破碎后，再利用反铲进行挖装，25 t自卸汽车运输至堆渣体顶部后由推土机翻渣。

（6）胶结体开挖。

　　旦波崩坡积体开挖过程中发现存在较大范围胶结现象，胶结体结构独特，孔隙率较大，若进行爆破作业成本较高且效率低、成型效果较差，而且旦波崩坡积体边坡基岩岩体以全至强风化为主，局部弱风化，坡面层理及裂隙发育，岩体破碎。如果采用松动爆破方式进行胶结体开挖，将影响边坡稳定性，故旦波崩坡积体胶结体开挖不适用于爆破方式。

　　经现场试验分析，旦波崩坡积体边坡开挖揭露的胶结体采用反铲无法直接开挖成型，必须先用破碎锤初步分解，再利用反铲缓慢开挖。通常情况下，需进行多次破碎分解及反铲开挖才能满足边坡成型要求。

　　（7）孤石处理。

　　旦波崩坡积体边坡开挖过程中，露出大量夹杂在崩坡积体中的孤石。孤石先用破碎锤破碎后，再利用反铲进行挖装，25 t自卸汽车运输至堆渣体顶部后由推土机翻渣。

6.3.2　施工道路开挖

　　（1）总体开挖方案。

　　出渣道路主要利用现有上游临时桥上方的通村公路，对其进行拓宽改造以满足出渣运输的要求，道路从右岸低线绕坝交通洞洞口10 m左右起点，沿旦波崩坡积体下游侧高程2032 m到崩坡积体上游侧高程2070 m展线，作为出渣道路。在集渣平台上游开口处接上游移民驿道，作为工程施工期右岸居民出行通道。

　　出渣道路宽度8.0 m，主要利用反铲＋破碎锤进行改造施工，局部可进行松动爆破。土方边坡利用反铲开挖，石方边坡利用破碎锤凿岩开挖，起坡路段约80 m需进行石渣回填。"之"字道路从出渣道路上游靠近集渣平台处再修建4.5 m宽施工道路爬坡至旦波崩坡积体顶部高程2465 m，此道路仅作为机械设备通行及材料运输通道。

　　（2）主要施工方法。

　　①场地清理。

　　开挖前施工范围内的既有房屋、道路、通信设施、电力设施及其他建筑物，均已拆迁或改造完毕。

　　对于直接挖弃路堑段的原地面，需清除地表主要杂物。对于利用土挖方路堑段，需全部清除地表附着物及杂物、杂草、垃圾等。

②测量放样。

在工程施工前已完成导线、水准点的复测和加密点的测量，成果已报批并使用。测量人员进行施工道路位置放样，用白灰撒出开挖线边线，放样过程中应有专人复核。

③开挖简易路基。

用反铲沿旦波崩坡积体下游高程2031 m到旦波崩坡积体上游高程2070 m展线开挖，再从集渣平台处修建4.5 m宽施工道路爬坡至旦波崩坡积体顶部高程2465 m，以可以通过为原则，开挖出简易路基作为反铲通过道路。

碎石层用反铲挖斗开挖，坚硬岩石用液压破碎锤破碎后用反铲挖斗铲挖，局部采用松动爆破。边坡开挖时注意开挖坡度不应过大，防止落石影响下面道路的通畅。

④简易路基的拓宽。

在挖掘出的简易路基基础上，另外一台反铲对简易路基进行拓宽，达到最小道路路基宽，道路的最大坡比约12%。在道路适当位置设置2处错车道，增加宽度3 m，长度不小于20 m，并不得有坡度。

⑤道路填筑。

a．在开挖完成的路基上，用30～80 mm粒径的石渣分层摊铺平整，分层填筑，厚度不大于60 cm。表层可以采用质地坚硬的粗砂、砾砂或碎石。

b．用反铲进行碾压密实。

c．对于部分路段的填料，平整面做成坡向外侧1.5%的横向排水坡。

6.3.3 截排水沟开挖

截排水沟一般采用CAT320反铲开挖，崩坡积体开口线外等机械难以到达的部位采用人工结合风镐开挖，如挖到难以处理的孤石，采用YT-28气腿式手风钻造孔，放小炮对孤石进行分解。最后用砂浆和块石砌筑沟底和两侧面。

6.4 边坡支护

支护工程包括旦波崩坡积体边坡范围内的预应力锚索、锚杆、排水孔、被动防护网、挂网喷混凝土等，以及为完成本工程所需的临时工程及临时设施等。

6.4.1 脚手架搭设

旦波崩坡积体脚手架搭设主要用于锚喷支护施工、预应力锚索以及排水孔等施工。

（1）排架搭设程序。

建立排架安全技术管理与保障体系→排架搭设申请→排架搭设（连墙件受力检查验收）→排架验收→排架巡视检查及维护。

（2）排架搭设。

排架搭设均采用 Φ48 mm×3.5 mm 钢架管搭设，搭建结构为双排脚手架，排架横向间距 1.5 m，纵向间距 1.5 m，步距 1.8 m，排架内侧立杆距岩面距离 1.0 m，施工过程中可根据现场实际情况适当调整。

排架基础放样（铺放木板）→填写脚手架搭设申请表→脚手架搭设→设置连墙杆→设置剪刀撑、卸荷支撑→铺装作业层跳板→爬梯搭设→设置脚手架安全防护设施（安全护栏、安全网）→排架验收。

（3）排架搭设要点。

①严格按照设计尺寸搭设，立杆和水平杆的接头尽量错开在不同的高程中设置。

②排架搭设前由施工技术员按搭设方案的要求，拟定书面操作要求，向班组进行安全技术交底，班组必须严格按操作要求和安全技术交底施工。搭设过程中由施工技术员与安全员共同实行现场监控，每次作业层锚索造孔开孔之前必须经过检查验收，方可开始作业施加施工荷载。架子未经检查、验收，除架子工外，严禁其他人员攀登。

③排架上不堆放成批材料，不得超载，不得将模板、混凝土材料等集中堆放在脚手架上，严禁任意悬挂起重设备，零星材料可适当堆放。雨后要检查排架的下沉情况，发现地基沉降或立杆悬空要马上用木板将立杆楔紧。

④作业所用材料要堆放平稳，高处作业地面环境要整洁，不能杂乱无章、乱摆乱放，所用工具要全部清点回收，防止遗留在作业现场掉落伤人。

⑤排架的材料使用、构造形式、尺寸要求、组架形式及与结构物连接点均必须符合施工图要求，钢管的尺寸、表面质量和外形应分别符合《建筑施工扣件式钢管脚手架安全技术规范》（JGJ130—2011）的规定。

（4）锚喷支护施工的脚手架搭设技术要求。

①脚手架采用Φ48 mm架管搭设，脚手架间排距1.5 m，步距1.8 m，施工过程中可根据现场实际情况适当调整。

②脚手架分层高度、纵距应结合锚杆的点位，间排距进行调整，施工时必须搭设牢固可靠。

③双排脚手架连墙件采用两步三跨，采用Φ10 mm盘圆钢筋与连墙件连接，单面焊长度不小于10 cm，双面焊长度不小于6 cm，连墙件主要采用Φ25 mm三级钢设置，长30 cm，入岩20 cm。

④施工作业面满铺5 cm厚竹跳板，竹跳板与架管采用10#铅丝绑扎固定牢固，脚手架外侧挂满安全密目网，并且作业层下部挂设安全网，确保施工安全。

用于预应力锚索支护施工的脚手架搭设技术要求与以上要求类似，在此不再累述。

6.4.2 锚杆施工

旦波崩坡积体边坡支护采用系统砂浆锚杆，锚杆方向垂直坡面，锚杆规格有C28@2 m×2 m（L=9 m/6 m）、C28@3 m×3 m（L=9 m/6 m）、C28@4 m×4 m（L=9 m/6 m）、C28@5 m×5 m（L=4.5 m）等。

普通砂浆锚杆施工程序如下：

（1）施工材料及设备。

①锚杆：锚杆的材料应按施工图纸的要求选用，其质量符合施工图纸和有关规程规范要求。

②水泥：注浆锚杆的水泥砂浆，采用强度等级不低于P.O42.5的普通硅酸盐水泥。

③砂：采用最大粒径小于2.5 mm的中细砂。

④水泥砂浆：注浆锚杆水泥砂浆的强度等级不低于M20。

⑤外加剂：按施工图纸要求，在注浆锚杆水泥砂浆中添加的速凝剂和其他外加剂，其品质不得含有对锚杆产生腐蚀作用的成分。

⑥施工设备：根据现场施工条件，使用QZJ-100B潜孔钻机或YT-28手风钻钻孔，注浆采用注浆机进行注浆。

（2）施工方法。

对岩层较破碎、易塌孔的部位，建议采用先插杆后注浆的方式进行施工；对岩层完整性较好的部位，采用先注浆后插杆的方式进行施工。

（3）工艺流程。

锚杆施工工艺流程见图6-7。

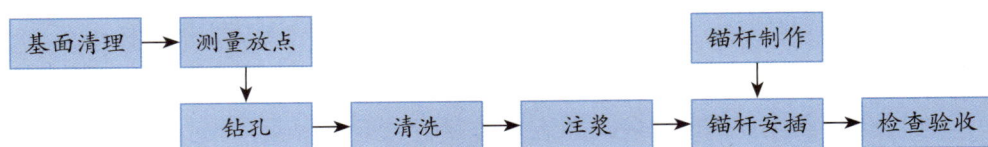

图6-7　锚杆施工工艺流程

（4）锚杆施工。

①施工准备。

锚杆钻孔前，先进行安全处理，及时清除松动石块和碎石，避免在施工过程中坠落伤人；同时准备施工材料和钻孔、注浆机具设备；敷设通风和供水管路；锚杆施工根据现场情况搭设移动脚手架，并铺设马道板，马道板两端用铅丝绑扎牢固，形成钻孔和灌浆施工平台。

②钻孔。

采用跟管钻孔，具体详见上文中"跟管钻孔工艺"。

③锚杆注浆与安装。

a. 注浆前，应将孔内的岩粉和水吹洗干净，并用水或稀水泥浆润滑管路。

b. 锚杆采用先注浆后插杆的方式施工。注浆管应插入孔底，在注浆过程中匀速逐步上提注浆管。切不可拔管过快，以免造成砂浆脱节，导致注浆不饱满。注浆时做好体积计量。

c. 砂浆应拌制均匀并防止石块或其他杂物混入，随拌随用，初凝前必须使用完毕。

d. 注浆后即刻插杆，二者要紧密配合。插入过程中，如遇阻碍，不得倒退，可轻微旋转锚杆，使之插入，不得硬性敲击入孔。插入完毕后，锚杆外露端头用重锤锤击3～4次，在孔口周边用小石子等垫塞，确保锚杆孔内浆体饱满、锚杆居中，此后在浆材凝固前不得碰撞和拉拔。

e. 对于岩石条件较差的易塌孔、掉块的部位，采用先安装锚杆后注浆进行施工。安装锚杆时，设置$\Phi 20\,mm$PVC注浆管，并绑扎在螺纹钢之上一起安装，距孔底不大于1.0 m。注浆时，从注浆管中进浆，直至孔口返浆为止。

f. 注重对注浆凝固收缩后的补灌工作，避免由此引起密实度不满足质量要求的情况。

6.4.3 预应力锚索施工

对于崩坡积体高程2150 m以上的开挖减载区边坡，坡比陡于1∶1.5的Ⅴ类岩体（炭质板岩断层带）及覆盖层边坡处局部采用预应力锚索支护。随机预应力锚索支护参数：1000kN级的预应力锚索，$L=30\sim50$ m。

（1）锚索施工设备选型。

锚索施工钻孔设备采用YXZ-70A型号的锚索钻机，灌浆主要采用3SNS高压灌浆泵，记录仪主要采用HT-Ⅱ型多通道灌浆自动记录仪，灌浆系统配置为大循环灌浆系统。

（2）工艺流程。

预应力锚索施工工艺见图6-8。

```
                    机械、设备、材料进场
        ┌──────────────┬──────────────────┐
        ▼              ▼
   锚索组装          钻机就位 ◄──── 钻孔位置、角度、孔径、
        │              ▼              倾角确认
 锚索尺寸及质量检查    钻孔 ◄──────────────┐
        │              ▼                   │
    钻孔质量合格   遇地质条件无法成孔或围岩   │
        │         质量不合格                │
        │              ▼                    │
        │        跟管钻进或固结灌浆 ◄────────┘
        │              ▼
        └──────►    安装锚索 ◄──── 终孔质量检查
                       ▼
                   锚索灌浆 ◄──── 注浆体强度确认
                       ▼
                浇筑混凝土锚墩 ◄──── 混凝土试件强度确认
   锚墩立模 ──────►   ▼      ◄──── 张拉系统标定
                   锚索张拉 ◄──── 锚索监测数据
                       ▼
                   补偿张拉
                       ▼
                  封孔回填灌浆
                       ▼
                 外锚头防护处理
```

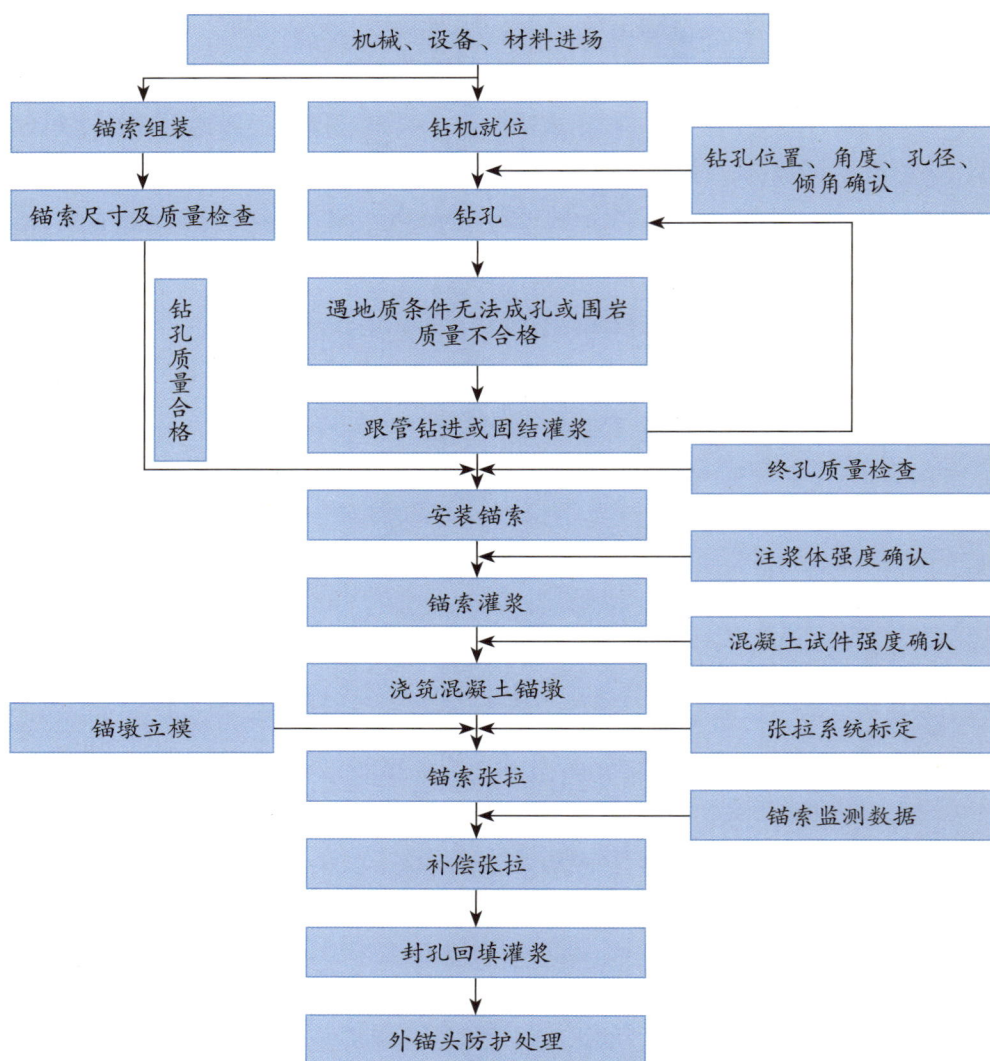

图6-8 预应力锚索施工工艺流程

（3）锚索施工。

①钻孔施工。

a. 钻孔的位置、方向、孔径及孔深，应符合施工图纸中对各种锚固吨位预应力锚索的各项标准。当边坡开挖揭示的地质条件较差时，锚索开孔需增设孔口管。

b. 采用全站仪测量定位，钢卷尺结合控制点坐标确定锚索孔孔位，钻机倾角、方位角采用全站仪控制，锚索钻孔过程中结合罗盘对钻机的方位角及倾角校核，确保在钻孔施工中方位角和倾角受控。

c. 锚索孔位通过测量确定好之后，钻机通过导链人工搬运到锚索高程附近的排架通道上。再通过导链人工在铺满木板的通道上移动钻机至锚索开孔位置。钻机就位之前，在锚索开孔位置利用架管扣件按照排架施工措施里的技术要求搭建锚索施工承重平台，验收之后才能使用。通过测量放点利用两根顺着锚索方位和倾角的架管与排架立杆锁定，再进行加固。钻机通过葫芦导链吊运到架管上，初步固定后，再次利用测量校核锚索方位角和倾角，满足要求后固定牢固，开始钻进。

d. 锚索孔采用风动冲击回转钻进工艺施工。钻进过程中孔斜控制采用粗径钻杆加设扶正器，开孔应严格控制钻具的倾角及方位角，当钻进20～30 cm后应校核角度，在钻进过程中及时测量孔斜及时纠偏。

e. 预应力锚索的锚固端应位于稳定的基岩中，若孔深已达到设计图纸要求的深度，而仍处于破碎带或断层等软弱岩层时，应报知监理工程师，并根据监理工程师的指示要求执行。

f. 钻孔过程中应进行分段测斜，及时纠偏，钻孔完毕再进行一次全孔测斜。

g. 当锚索孔造孔过程中因排渣（或岩粉屑）困难而影响进尺时，可采取空气潜孔锤泡沫钻进技术，增强排渣的效果，达到提高工作效率的目的。

h. 钻孔完毕时，连续不断地用风和水轮换冲洗钻孔，冲洗干净的钻孔内不得残留废渣和积水。在存在岩溶和断层泥质充填带的情况下，为防止岩层遇水恶化，宜采用高压风吹净钻孔中粉尘。必要时，下设专用反吹装置清孔，以排净孔内积渣，便于锚索安装到位和保证灌浆质量。

i. 在覆盖层中，锚索钻孔原则上采用套管跟进保护钻孔，跟管采用满足相应强度与刚度要求的钢管。在松散体中，跟管保护钻孔钻到设计孔深后，应用高压风彻底冲扫钻孔。

j. 终孔后下入探孔器进行钻孔探测，检验孔深、孔径，满足要求后将孔口堵塞保护，以防止异物掉入孔内。

②锚索编束。

a. 采用1860MPa级高强度低松弛无粘结钢绞线，其直径、强度、延伸率均满足设计规定要求。

b. 钢绞线用型材切割机按施工图纸所示尺寸下料。

c. 钢绞线两端与锚头嵌固端应牢固连接，两嵌固端之间的每根钢绞线长度应对齐一致。编束时，每根钢绞线均应平顺、自然，不得有扭曲、交叉的现象。

d. 锚束体编制完成后，应通体检查，符合编束要求的则按一定规律编排并用黑铁丝每隔1.5 m绑扎成束，绑扎必须牢靠、稳固，避免在运移的过程中散脱、解体，绑扎过程中避免挤伤PE套管。钢管导向帽与锚束体连接牢固。

e. 锚索制作完毕后应登记编号，并采取保护措施防止钢绞线污染或锈蚀，经检查验收合格后方可使用。

③锚束安装。

a. 准备工作。

安装前进行锚索孔道检查、锚束体检查、锚孔道深度与锚束体长度对应关系校对。

b. 穿束施工。

锚索水平运输采用平板车或人工方式进行，垂直运输采用卷扬机转移结合人工辅助的方式进行。首先把编好的锚索在安全通道上水平移动到需要安装锚索孔位的斜上方；在锚索两端和中间不同部位用绳索捆绑好，在预定锚索移动路线的各层通道上站好人员；最后通过人工或卷扬机缓慢在排架中间向孔口部位移动锚索，中间各层马道上的人员进行扶正和辅助搬运。

锚索安装前，需进行锚索孔孔道探测，用探孔器检查钻孔质量，符合设计要求的锚索孔方可下设锚索，否则应进行扫孔处理，合格后方能下锚。

锚索在搬运和装卸时应谨慎操作，严防与硬质物体摩擦，以免损伤PE套管；无粘结钢绞线若PE套管破损，必须修复合格后方能安装。

在锚索安装时，孔口固定简易脚手架，且将排架加宽至3~5 m，锚索就位曲率半径不小于3 m。

锚索入孔时，不得过多地来回抽动锚索体，且送入孔道的速度应均匀，防止损坏锚索体和使锚索体整体扭转。穿索中不得损坏锚索结构，否则应予更换。锚索安装完毕后，应对外露钢绞线进行临时防护。

④锚索孔道灌浆。

a. 灌浆施工说明。

首先距离需要灌浆锚索最近的灌浆站中的灌浆设备按照三参数大循环的方式连接好进回浆管和记录仪器；再通过制浆站，把制好的浆液通过送浆管送至灌浆站的储浆桶中。所有工作准备就绪可以开始灌浆。

b. 灌浆材料。

采用强度等级不低于P.O42.5R的普通硅酸盐水泥，并符合规定的质量标准。

c. 灌浆计量。

采用HT-Ⅱ型多通道灌浆自动仪记录计量。

d. 封孔方式。

带孔口管的锚索直接安装孔口封闭器即可进行孔道灌浆；未带孔口管的锚索采用高强水泥砂浆封孔。

e. 注浆水灰比。

预应力锚索采用纯水泥浆液进行灌注，根据现场施工要求需调整孔道灌浆配比时，按报经监理工程师批准后的浆液配比施工。

⑤锚墩浇筑。

a. 在孔口安装钢垫板、钢套管、结构钢筋等预埋件。锚墩钢筋制作前，清除岩面上松散岩层和浮动的岩石，并将基岩面凿毛，按设计图纸布置插筋，并安装钢筋、导向套管及锚垫板、砼垫墩钢筋笼。调整它们与钻孔的位置，使它们的中心线重合，并将钢筋笼、导向套管及锚垫板、螺旋钢筋焊为一体，以保证其强度与整体性。

b. 立模模板要平整、光滑，尺寸也要符合设计要求，模板要与钢筋笼绑扎牢靠。

c. 浇筑完24 h后方可拆除模板，对砼表面有蜂窝麻面的要进行修复处理，并注意对砼垫墩的养护。

⑥张拉施工。

a. 张拉准备。

对锚索孔口范围的脚手架进行加固形成锚索张拉操作平台，并在临空面加护栏保证操作人员安全，用导链辅助进行千斤顶和油泵等设备的转移和就位。

去除外露张拉端钢绞线的保护套，并将油脂清洗干净；对张拉机具进行检查和清理，依次安装工作锚具、工作夹片等（监测锚索在工作锚具下先安装监测仪器），连接液压系统，仔细检查各系统的运行情况，确保无误后再开始进行张拉。

b. 张拉施工。

锚固段的固结浆液、锚墩混凝土等达到设计规定的承载强度后进行张拉。

张拉方式：采用YDC240Q千斤顶对锚索钢绞线进行逐根预紧，然后再用YCW250B型千斤顶进行整体张拉。张拉力逐级增大，最大值为锚索设计荷载的1.05~1.1倍，稳压10~20 min后锁定。锚索张拉锁定后的48 h内，若锚索应力下降到设计值以下时，再进行补偿张拉，直至满足设计值为止。

⑦锚索封锚。

a. 锚索补偿张拉完毕，卸下工具锚及千斤顶后从工作锚具外端量起，留10 cm钢绞线，其余部分用砂轮切割机截去，锚头做永久的防锈处理。

b. 锚索防护除采用PE套管外，其张拉段必须采用水泥浆或水泥砂浆进行全孔封闭灌浆，浆液的强度和性能应满足设计要求。

c. 锚头浇筑之前，应将锚具、钢绞线外露头、钢垫板表面水泥浆及锈蚀等清理干净，并将一二期砼结合面凿毛，然后涂刷一道浓水泥素浆，最后再浇筑二期砼。

d. 锚索施工过程中和施工完毕7天内距锚索施工部位20 m范围内不进行爆破作业，后期亦不得在邻近地区进行大规模爆破作业。

6.4.4 排水孔施工

崩坡积体边坡设置系统排水孔，主要规格为A100@5 m×5 m或者A100@4 m×4 m，$L=10$ m，上仰10°，梅花形布置，内插A75排水花管，设反滤。

（1）排水孔施工设备选型。

根据现场施工条件，排水孔主要采用QZJ-100B潜孔钻机钻孔。

（2）钻孔。

①孔位确定。

依据施工图纸，由测量人员测设出范围点后，用皮尺确定具体孔位。

②钻孔施工。

排水孔钻孔方向、孔深、孔径严格按施工图纸要求或以监理人指示为准。排水孔钻进过程中，如遇有覆盖层等特殊情况，应及时通知监理人，并按监理人的指示进行处理。若钻进中排水孔遭堵塞，则应按监理人指示重钻。

③排水管安装。

排水孔钻设完成后，及时对排水孔进行清孔处理后，按设计要求进行排水管安装。

6.4.5 挂网喷混凝土施工

崩坡积体边坡设置系统挂网喷锚支护，挂 $\Phi 6.5\,mm@15\,cm \times 15\,cm$ 钢筋网＋喷12 cm厚C25混凝土。支护范围由参建各方现场共同指定。

（1）喷混凝土原材料。

①水泥：喷砼所用水泥应采用强度等级不低于P.O42.5的普通硅酸盐水泥。

②喷砼骨料：细骨料应采用坚硬耐久的粗砂和中砂，细度模数应大于2.5，使用时的含水率不应大于6%；粗骨料应采用耐久的卵石或碎石，粒径不应大于15 mm；喷射混凝土中不得使用含有活性二氧化硅的骨料。

③钢筋（丝）网：应采用屈服强度不低于240MPa的光面钢筋（丝）网。

④所有材料的质量及技术性能指标均应符合国家有关规程规范的要求。

（2）施工准备。

砼喷射前对开挖面认真检查，清除松动危石和坡脚堆积物，欠挖过多的先行局部处理；喷护时根据岩面潮湿程度，适当调整水灰比，埋设喷层厚度检查标志，一般是在石缝处打铁钉，并记录其外露长度，以便控制喷层厚度。

根据岩石情况，在喷射前用高压风或水清洗受喷面，将开挖面的粉尘和杂物清理干净，以有利于混凝土粘结。喷射前加密收方断面，并在坑洼处埋设厚度标志，作为计量依据。检查运转和调试好各机械设备工作状态。

（3）工艺流程。

喷射混凝土工艺流程见图6-9。

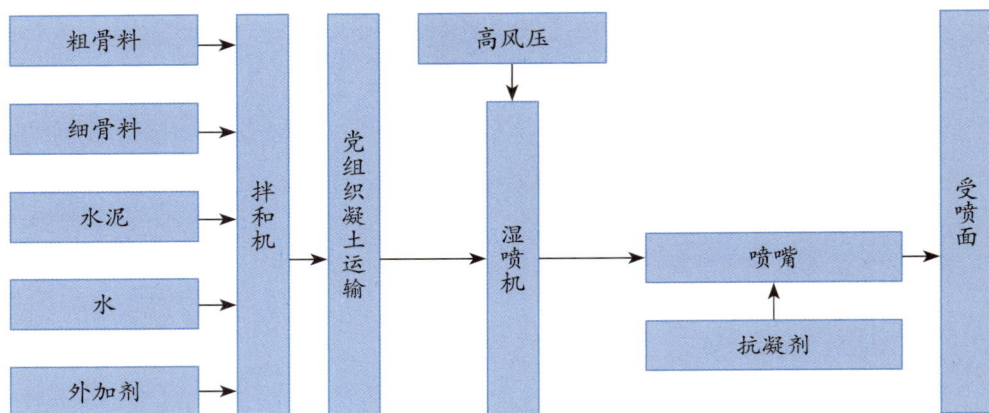

图6-9　喷混凝土工艺流程

（4）喷射混凝土。

①喷射混凝土前，应按施工图纸的要求和监理的指示，在指定部位布设钢筋网。

②钢筋网应根据被支护围岩面上的实际起伏形状铺设，钢筋使用前清除污锈。

③钢筋网应与锚杆或锚钉头连接牢固，并应尽可能多点连接，压网钢筋应与锚筋焊接牢固，以减少喷射混凝土时钢筋网的振动现象。

④钢筋网挂设完成后，用铁钉埋厚度控制标志。

⑤在开始喷射时，应适当缩短喷头至受喷面的距离，并适当调整喷射角度，使钢筋网背面混凝土密实。

⑥喷射混凝土作业应分段、分片依次进行，喷射顺序自下而上。

⑦喷射作业时严格执行喷射机的操作规程：连续向喷射机供料；保持喷射机工作风压稳定；完成或因故中断喷射作业时，先将喷射机和输料管内的积料清除干净。

⑧为保证喷射混凝土质量、减少回弹和降低粉尘，作业时还应注意以下事项：严格按自下而上的顺序进行喷射；掌握好喷嘴与受喷面的距离和角度；喷嘴

至岩面的距离为0.8～1.2 m，过小或过大都会增加回弹量；喷嘴与受喷面垂直，并稍微偏向喷射的部位（倾斜角不大于10°），则回弹量最小、喷射效果和质量最佳。对于岩面凹陷处应先喷和多喷，而凸出处应后喷和少喷。

6.4.6 被动防护网施工

在崩坡积体开口线顶部外围设置一道RXI-075型被动防护网。

（1）基础开挖。

采用人工使用风镐、铁锹撬除开挖，禁止爆破开挖。对覆盖层不厚的地方，当开挖至基岩而尚未达到设计深度时，则可在基础内的锚孔处钻凿锚杆孔，待锚杆插入基岩并注浆后才浇筑上部基础砼。

（2）基座锚杆。

被动防护网基座锚杆施工方法同随机锚杆一致，参照锚杆施工方法，不再累述。

（3）基座混凝土浇筑和安装。

当基础位置处地层为基岩裸露或覆盖层很薄时，直接钻凿锚杆孔。基座内安装4个地脚螺栓锚杆。

混凝土浇入基座后，人工采用铁锹等工具进行推铺。混凝土振捣采用Φ50 mm软轴振动棒，以砼面不再出现气泡、不再显著下沉、表面泛浆为准。

基础混凝土达到强度要求后，将基座套入地脚螺栓并用螺母拧紧，基座固定，再用扳手通过固定螺栓将钢柱固定于基座上。

（4）钢柱及上拉锚绳安装。

①将钢柱顺坡向上放置并使钢柱底部位于基座处。

②将上拉锚绳的挂环挂于钢柱柱顶挂座上，然后将拉锚绳的另一端与对应的上拉锚杆环套连接并用绳卡暂时固定（设置中间加固和下拉锚绳时，同上拉锚绳一起安装或待上拉锚绳安装好后再安装均可）。

③将钢柱缓慢抬起并对准基座，钢柱底部插入基座中，然后插入连接螺杆并拧紧。

④通过上拉锚绳按设计图纸调整好钢柱的方位，拉紧上拉锚绳并用绳卡固定。

（5）侧拉锚绳的安装。

安装方法同上拉锚绳，只是在上拉锚绳安装好后进行。

（6）钢柱调整。

通过上拉锚绳和侧拉锚绳调整钢柱的方位，拉紧拉锚绳并用绳卡固定。

（7）上支撑绳安装。

①将第一根上撑绳的挂环端暂时固定于端柱（分段安装时为每一段的起始钢柱）的底部，然后沿平行于系统走向的方向上调支撑绳并放置于基座的下侧，并将减压环调节就位（距钢柱50 cm，同一根支撑绳上每一跨的减压环相对于钢柱对称布置）。

②将该支撑绳挂环固定于端柱的顶部挂座上。

③在第二根钢柱处，用绳卡将支撑绳固定于挂座的外侧（仅用30%标准紧固力）；在第三根钢柱处，将支撑绳放在挂座的内侧，如此相间安装支撑绳在基座挂座的外侧和内侧，直到本段最后一根钢柱并向下绕至该钢柱基座的挂座上，再用绳卡暂时固定。

④调整减压环位置，当减压环全部正确就位后拉紧支撑绳并用绳卡固定。

⑤第二根上支撑绳和第一根的安装方法相同，只不过是从第一根支撑绳的最后一根钢柱向第一根钢柱的方向反向安装而已，且减压环位于同一跨的另侧。

⑥距减压环的40 cm处用一个绳卡将两根上部支撑绳相互连接（仅用30%标准紧固力）。

（8）下支撑绳安装。

①将第一根下支撑绳的挂环挂于端柱基座的挂座上，然后沿平行于系统走向的方向上调直支撑绳并放置于基座的外侧，并将减压环调节就位（距钢柱约50 cm，同一根支撑绳上每一跨的减压环相对于钢柱对称布置）。

②在第二个基座处，用绳卡将支撑绳固定于挂座的外侧（仅用30%标准紧固力）；在第三个基座处，将支撑绳放在挂座内下侧；如此相间安装支撑绳在基座挂座的内下侧，直到本段最后一个基座并将支撑绳缠绕在该基座的挂座上，再用绳卡暂时固定。

③检查确定减压环全部正确就位后拉紧支撑绳并用绳卡固定。

④按上述步骤安装第二根下支撑绳，但反向安装，且减压环位于同一跨的

另侧。

⑤在距减压环约40 cm处用一个绳卡将两根底部支撑绳相互连接（仅用30%标准紧固力），如此在同一挂座处形成内下侧和外侧两根交错的双支撑绳结构。

（9）钢绳网的安装。

①将钢绳网按组编号，并在钢柱之间按照对应的位置展开。

②用一根多余的起吊钢绳穿过钢绳网上缘网孔（同一跨内两张网同时起吊），一端固定在一根临近钢柱的顶端，另一端通过另一根钢柱挂座绕到其基座并暂时固定。

③用紧绳器将起吊绳拉紧，直到钢绳网上升到上支撑绳的水平为止，再用多余的绳卡将网与上支撑绳暂时进行松动连接，同时也可将网与下支撑绳暂时连接以确保缝合时的安全，此后起吊绳可以松开抽出。

④重复上述步骤直到全部钢绳网暂时挂到上支撑绳上为止，并侧向移动钢绳网使其位于正确位置。

⑤将缝合绳按单张网周边长的1.3倍截断，并在其中点作上标记。

⑥钢绳网的缝合：从系统的一端开始，先将缝合绳中点固定在每一张网的上缘中点处支撑绳上，从中点开始用一半缝合绳向左逐步将网与两根支撑绳缠绕在一起，直到用绳卡将两根支撑绳连接在一起后，用缝合绳将网与不带减压环的一根支撑绳缠绕在一起，当到达柱顶挂座时，将缝合绳从挂座的前侧穿过（不能缠绕到挂座）上，转向下继续重复上述步骤直到基座挂座。同样从挂座的前侧穿过，并继续转向右缠绕不带减压环的一根下支撑绳直到联结两根支撑绳的绳卡之外，从这里开始又用缝合绳将网与两根下支撑绳缠绕在一起，直到跨越钢绳网下缘中点1 m为止，最后用绳卡将缝合绳与钢绳网固定在一起，绳卡应放在离缝合绳末端约0.5 m的地方。缝合绳的另一半从网上缘中点开始向右缝合，直到与另一张网交界的地方转向下将两张网缝合在一起。当到达下支撑绳时转向该张网并与两根支撑绳缠绕在一起，最后使左右侧的缝合绳端头重叠1.0 m。

（10）格栅安装。

①格栅铺挂在钢绳网的内侧，并应叠盖钢绳网上缘并折到网的外侧5 cm，用扎丝固定到网上。

②格栅底部应沿斜坡向上敷设0.5 m左右，为使下支撑绳与地面间不留缝

隙，用一些石块将格栅底部压住。

③每张格栅间隔约5 cm。

④用扎丝将格栅固定到网上，扎结间距不大于1 m。

6.5 混凝土工程

6.5.1 混凝土施工总体方案

混凝土工程包括框格梁以及为完成本工程所需的临时工程及临时设施等。

根据旦波崩坡积体施工期间各级边坡的设计通知，高程2465～2315 m边坡上游侧、高程2225～2150 m边坡下游侧、高程2100～2042 m边坡采取框格梁护坡。

高程2465～2315 m边坡上游侧和高程2225～2150 m边坡下游侧框格梁具体措施为：钢管桩顶部沿马道方向布置压顶梁（C30混凝土），梁宽1.2 m，高0.8 m；钢管桩压顶梁上部布置锚拉板，高度4 m，厚度40 cm，锚拉板与微型钢管桩压顶梁浇筑形成整体；锚拉板以上开挖边坡布置系统框格梁（C25混凝土），断面30 cm×40 cm，间距4 m×4 m（水平距离×坡面距离），锚拉板作为框格梁底梁与框格梁浇筑形成整体。

高程2100～2042 m边坡框格梁具体措施为：高程2085～2100 m采用系统框格梁，断面30 cm×40 cm、间距4 m×4 m（平距×坡面距离）；高程2042～2085 m采用系统框格梁，底梁基本置于角砾岩层，断面60 cm×80 cm，其余断面30 cm×40 cm，间距4 m×4 m（平距×坡面距离）（见图6-10、图6-11）。

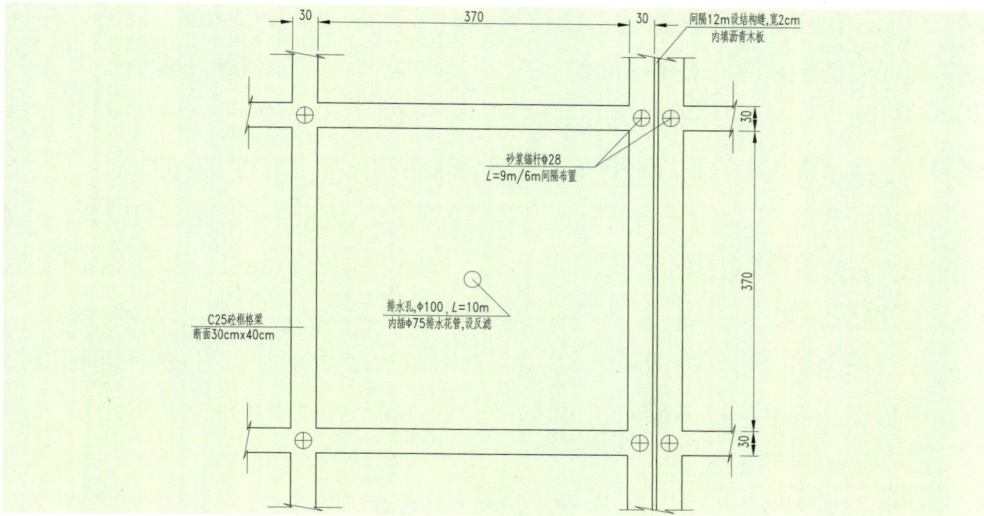

图6-10 典型框格梁混凝土结构

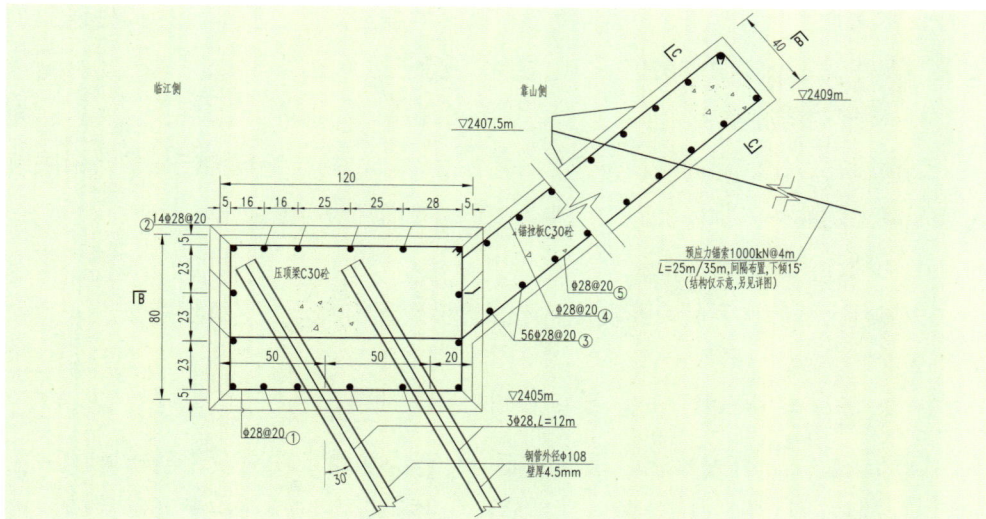

图6-11 典型锚拉板和压顶梁混凝土结构

6.5.2 施工工艺

（1）施工材料。

①模板。

a. 材料要求。

　　模板的设计、制作和安装保证模板结构有足够的强度和刚度，防止产生移位，确保混凝土结构外形尺寸准确，并有足够的密封性，以避免漏浆。

　　模板和支架材料，选用钢材、成型模板、钢筋混凝土模板等材料，只有在特殊部位才使用木模板。模板材料的质量符合现行国家标准或行业标准。

　　钢模板厚度不小于3 mm，钢板面尽可能光滑，施工中不能使用有凹坑、皱折或其他表面有缺陷的模板。模板的金属支撑件材料符合行业标准。

　　b. 模板选型。

　　模板采用组合小钢模板形式，包括钢模P3015、P6015等。连接采用标准扣件。模板支撑采用Φ48 mm脚手管和拉筋固定。局部补缝采用现立木模。

　　c. 模板的安装。

　　模板安装严格按设计图纸进行测量放样，重要结构设置必要的控制点以便检查校正。在模板安装过程中，经常保持足够的临时固定设施，以防倾覆；模板的钢拉条不弯曲。直径大于8 mm，拉条与锚环的连接牢固，且方便振捣砼作业。安装的允许偏差遵守GB 50204—2015的有关规定。

　　d. 模板的清洗和涂料。

　　钢模板在每次使用前清洗干净，并用矿物油类的防锈涂料加以保护，不采用污染混凝土的油剂。木模板面采用烤涂石蜡或其他保护涂料。

　　e. 模板拆除。

　　在混凝土强度达到其表面及棱角不因拆模而损伤时，方可拆除模板。

　　②钢筋。

　　a. 钢筋材质。

　　钢筋品质满足有关要求。每批钢筋均有产品质量证明书及出厂检验单，在使用前按规定要求抽取试件做力学性能检验并分批进行钢筋机械性能试验。根据厂家提供的钢筋质量证明书，检查每批钢筋的外表质量，并测量每批钢筋的外表直径。

　　b. 钢筋加工。

　　钢筋在现场钢筋加工厂进行加工，采用汽车结合人工方式运至工作面。钢筋的表面洁净无损伤，油漆污染和铁锈等在使用前清除干净。不使用带有颗粒或片状老锈的钢筋。钢筋平直，无局部弯折。钢筋加工的尺寸符合施工图纸的要求。

（2）混凝土施工。

①工艺流程。

混凝土施工工艺流程见图6-12：

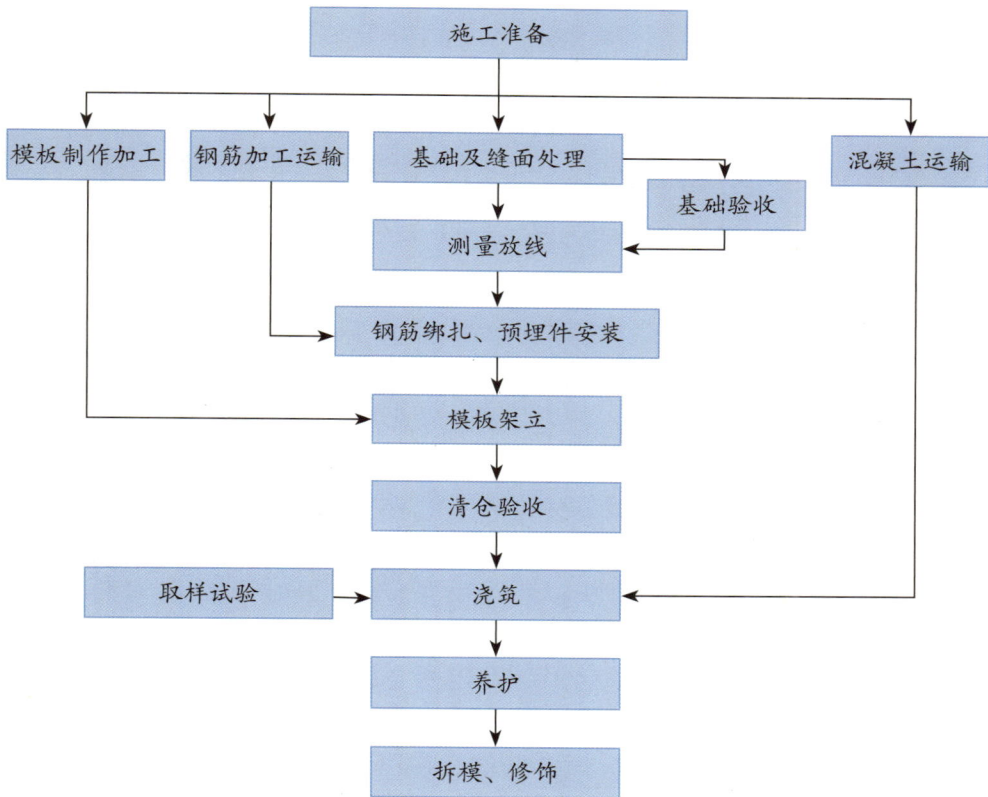

图6-12　混凝土施工工艺流程

②清基和施工缝处理、冲洗。

混凝土浇筑前，清除岩面松动的岩石及混凝土表面的杂物，高压水冲洗干净，保持清洁、湿润。

③测量放线及岩面处理。

基面处理合格后，用全站仪、水准仪等进行测量放线检查规格，将建筑物体型的控制点线放在明显地方，并在方便度量的地方给出高程点，确定钢筋绑扎和立模边线，并做好标记，焊钢筋架立筋。对测量放线中发现砼浇筑基面局部的欠挖采用风镐或冲击破碎锤进行岩面处理，直至合格。

为保证框格梁施工的安全稳定性，先在框格梁位置进行人工刻槽施工，具体刻槽深度根据揭露出的地质情况确定；再满铺土工布及钢筋网，并将钢筋网及框格梁钢筋进行有效连接，钢筋网与节点锚杆有效连接；最后再浇筑框格梁，确保框格梁切入土体一定深度。

④混凝土浇筑方法。

锚拉板混凝土采用组合钢模板，框格梁混凝土和压顶梁混凝土采用木模板拼装，混凝土主要从低线拌合站→右岸低线绕坝交通洞→出渣道路→"之"字道路，由12 m³混凝土搅拌车运至工作面，采用25 t吊车＋0.2 m³吊罐的方式跨级浇筑，人工辅助入仓。为保证混凝土在"之"字道路上的运输安全，罐车运输不能满载，12 m³罐车每次只运输6 m³料。

⑤浇筑施工。

a. 施工准备。

组织施工班组进行技术交底，班组必须熟悉图纸，明确施工部位的各种技术要求。组织班组对钢筋、模板进行交接检验，如果不具备砼施工条件则不能进行砼施工。浇筑前应对模板浇水湿润，墙、柱模板的清扫口应在清除杂物及积水后再封闭。

b. 混凝土的拌制和运输。

混凝土主要由低线混凝土生产系统供应。混凝土运输注意事项：

一是混凝土应连续、均匀、快速、及时从拌和系统运至浇筑面，运输过程中混凝土不允许有骨料分离、漏浆、严重泌水、干燥及混凝土坍落度出现过大变化等情况发生，并应尽量缩短运输时间，减少转运次数。

二是因故停歇过久，已经初凝的混凝土应作废料处理。在任何情况下，严禁在已拌和好的混凝土料中加水。

三是运输过程中转料或卸料时，混凝土最大自由下落高度应控制在2 m以内，否则应采取缓降措施，运输工具投入使用前须经全面检修及清洗。

c. 混凝土浇筑基本要求。

混凝土自吊斗口下落的自由倾落高度不得超过2 m，如超过2 m时必须采取措施。例如：采用串筒、导管、溜槽等措施。

浇筑混凝土时应分段分层进行，每层3~4 m，浇筑高度应根据结构特点、钢筋疏密决定。一般分层高度为插入式振动器作用部分长度的1.25倍，最大不超过500 mm。

开动振动棒，握住振捣棒上端的软轴胶管，快速插入砼内部，振捣时，振动棒上下略微抽动，振捣时间为20~30s，以砼面不再出现气泡、不再显著下沉、表面泛浆和表面形成水平面为准。使用插入式振动器应做到快插慢拔，插点要均匀排列，逐点移动，按顺序进行，不得遗漏，做到均匀振实。移动间距不大于振动棒作用半径的1.5倍（一般为300~400 mm），靠近模板距离不应小于200 mm。振捣上一层时应插入下层混凝土面50~100 mm，以消除两层间的接缝。

浇筑混凝土应连续进行。如必须间歇，其间歇时间应尽量缩短，并应在前层混凝土初凝之前，将次层混凝土浇筑完毕。间歇的最长时间应按所有水泥品种及混凝土初凝条件确定，一般超过2 h应按施工缝处理。浇筑混凝土时应派专人观察模板钢筋、预埋件、插筋等有无位移变形或堵塞情况，发现问题应立即浇灌并应在已浇筑的混凝土初凝前修整完毕。

混凝土浇筑时严格按图纸要求设置伸缩缝。入仓混凝土必须振捣密实，混凝土振捣必须保证内实外光，振捣上层混凝土时应将振捣器插入下层混凝土5~10 cm，以加强混凝土结合。振捣时间以混凝土不再显著下沉、不出现气泡开始泛浆时为准，同时应避免过振。振捣器前后两次插入混凝土中的间距，应不超过振捣器有效半径的1.5倍，不漏振。振捣器距模板的垂直距离不应短于振捣有效半径的1/2。不得振捣钢模板，以免模板发生变形。

d. 混凝土养护。

混凝土浇筑完毕后，应在12 h以内加以覆盖，并浇水养护。每日浇水保持混凝土处于足够的润湿状态，常温下每日浇水不少于两次。

e. 混凝土模板拆除。

模板拆除时应小心谨慎，以免损坏混凝土表面。拆除过程中造成的损坏应在监理工程师检查后立即进行修复；拆除模板的期限，应征得监理工程师的同意或满足《水工混凝土施工规范》规定的强度要求。

6.6 排水工程

6.6.1 排水工程总体方案

旦波崩坡积体边坡排水工程主要包含DN200钢管敷设、截排水沟及消力池施工等（见图6-13）。

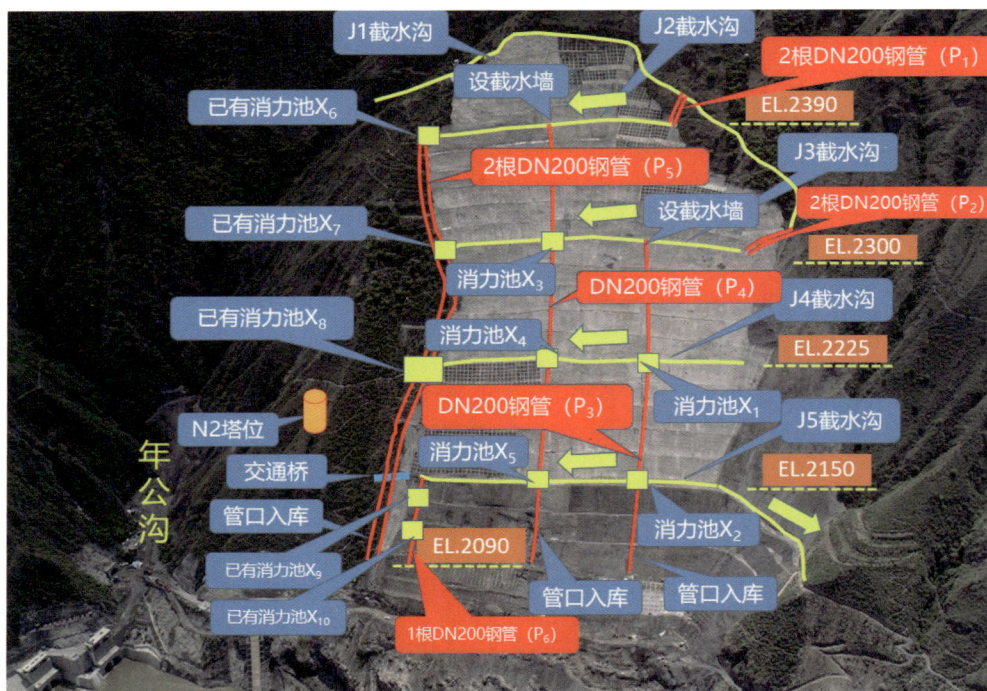

图6-13　旦波崩坡积体边坡排水布置

钢管沿边坡采用明敷方式，钢管两侧布置插筋Φ28 mm固定，在马道或边坡坡度较小位置设镇墩。钢管之间采用法兰连接。

截排水沟及消力池施工采用人工开挖，开挖出的石渣由人工装袋后搬运至拖拉机，最后运至上铺子沟渣场。消力池采用块石料砌筑，内侧用M7.5砂浆抹面，厚度3 cm。

6.6.2 管道敷设

管道敷设主要工艺流程：施工准备→管道运输→管道敷设→管道防腐。

（1）施工准备。

①编制施工方案，对现场管理人员和作业人员进行技术交底。

②混凝土施工前应对钢筋、水泥、细骨料、粗骨料、拌制和养护用水、外加剂、掺合料等原材料进行检验，各项技术指标应符合规定。

③检查、检修施工所需的机械设备，确保施工期间能够正常运行。

④完成施工用风、水、电线路安装。

（2）材料运输。

①运输准备。

a. 配备足够的施工人员和管理人员，设置总指挥和专职安全员，使运输管理系统化规范化，确保运输安全。

b. 运输前仔细研究工程实地条件，选择最优运输方式，确定合理、安全、通畅、经济的运输线路，选择可靠的运输设备。

c. 严格控制各个环节，从吊装运输直至安装完成，制定详细、科学的安全保障措施。

d. 为所有施工人员购买适当的保险。

e. 服从发包人和监理工程师关于运输的安排和调度。

②运输方式。

a. 水平运输。

由于旦波崩坡积体至下游连接便道狭窄，钢管、钢筋等材料采用农用三轮车运输至年公沟，再采用拖拉机运输到交通桥附近，最后由人工搬运或搭设简易索道运输至旦波高程2150 m平台。钢管在运输过程中，应防止震动、碰撞、滑移。每次运输时，都配备1名司机和1名安全员，安全员负责提醒司机路面状况及排除障碍物，倒车、转弯时密切配合司机。

b. 垂直运输。

钢管向高边坡运输采用绞磨机钢丝绳牵引。操作员必须按规定的程序操作，钢管牵引之前清退附近影响区域内的人员。

绞磨机必须摆放在平稳的地点，避开沟、洞或松软土质，调整好方位、设好地锚，将绞磨机的两个锚固点用钢绳连接后锚在地锚上，连接钢绳的长度必须大于两倍连接点间的距离，且连接应牢固可靠，并有防止串动的措施。

机组安装完毕检查无异常后，应进行4 min空载试车，检查离合器、变速箱、制动器、减速器和各拨挡手柄是否灵活、准确可靠，无卡塞等现象。绞磨机操作人员必须熟悉其性能和安全操作规程，按出厂说明的规定使用，严禁超载且每次牵引不应超过10 kN。

c. 工作面内转移。

工作面内钢管、钢筋转移采用人工搬运。

（3）管道敷设。

钢管沿边坡采用明敷方式，沿管线两侧布置插筋C28@1.5 m进行固定牢靠，锚入2 m；在马道或边坡坡度较小位置设镇墩，镇墩位置和数量可根据现场实际情况适当调整，做法参照10S505国标图集。

①管道连接。

管道采用DN200钢管，钢管之间采用法兰连接。

②钢筋制安。

插筋采用C28@1.5 m，$L = 4.6$ m，相关施工要求如下：

a. 钢筋的检验和存储。

进场钢筋应该具有出厂质量证明书或检验报告单，标牌上应注有生产厂家、生产日期、牌号、产品批号、规格、尺寸等项目，待进场验收合格后方可进行使用。

验收合格后的钢筋，应按进场时间、不同等级、牌号、规格进行分类堆放。钢筋存放时应将钢筋垫高，离地高度应高于地面200 mm，堆放高度以最下层钢筋不变形为宜。

钢筋表面应洁净，使用前应将表面油渍、漆污、锈皮等清除干净。带有颗粒状或片状老锈的钢筋不得使用。

b. 钢筋的加工。

钢筋加工制作统一在钢筋加工厂进行，应按照设计图纸及规范要求编制的《钢筋下料表》进行加工制作。批量加工前应进行试加工，待检验合格后方可进行批量加工，加工完成的钢筋应按照编号分类堆放。钢筋出厂前应进行三检制验收，加工班组进行初检、加工厂负责人员进行复检、质量部进行终检，经检验合格的钢筋方可出厂使用。

钢筋加工的尺寸应符合施工图纸、规范的要求，加工后钢筋的允许偏差不得超过表6-2规定的数值。

表6-2　加工后钢筋的允许偏差表

项次	偏差名称	允许偏差值
1	受力钢筋及锚筋全长净尺寸的误差	±10 mm
2	钢筋弯起点位置的误差（大体积）	±30 mm
	钢筋弯起点位置的误差（一般构件）	±20 mm
3	钢筋转角的误差	±3°

c. 钢筋安装焊接。

插筋安装前用风钻或电钻进行钻孔，安装时施加一定的压力，使钢筋与钢管贴合紧密，再进行焊接。焊接剖面见图6-14。

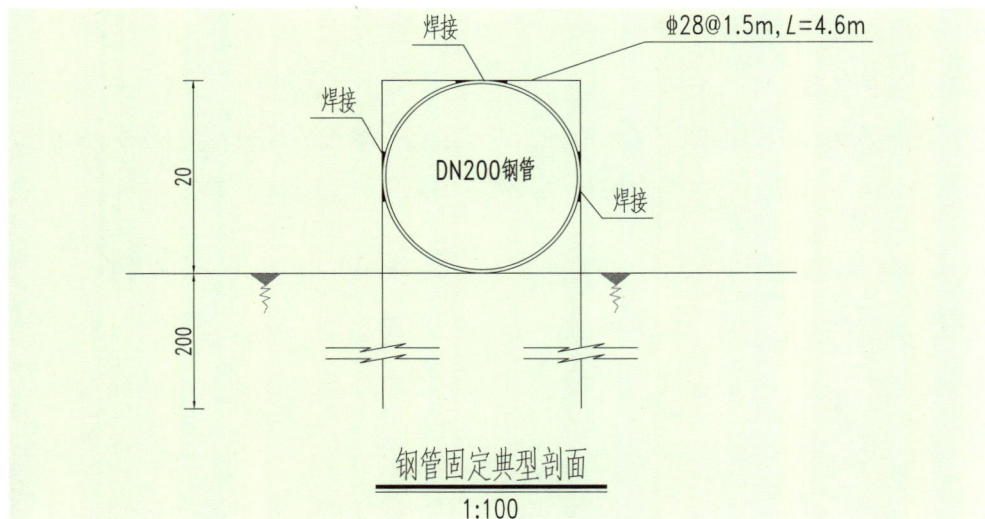

图6-14　钢管固定典型剖面

③镇墩。

a. 镇墩采用C25混凝土。混凝土所需砂、石子、水泥等材料现场集中搅拌，混凝土搅拌前应测定砂石含水量，调整配合比。砂、石子、水泥、外加剂应严格按配合比用量分别过磅。

b. 在管道两端支设模板，高度比管顶高200 mm进行设置，模板加固采用外抵钢管内设拉接杆进行施工，模板底部要进入基础面以下20 cm、外用Φ12 mm插筋加固底模，以保证足够抵抗混凝土下部侧压力；模板搭设完成后，清除垃圾、泥土等杂物，并浇水润湿木模板，堵塞板缝和孔洞。

c. 浇筑混凝土时，应注意观察模板、支架、管道等有无走动情况，当发现有变形、位移时，应立即停止浇筑，并及时处理好，再继续浇筑。

d. 混凝土人工用斗车运至浇筑工作面后进行人工入仓、浇筑、振捣密实，然后表面应用木抹子搓平。

e. 混凝土浇筑完毕后，应在12 h内加以覆盖和浇水，浇水保持混凝土有足够的润湿状态。养护期一般不少于7昼夜，养护完成后可拆除模板。

（4）管道防腐。

钢管、插筋及拦污网表面需打磨除锈，刷丙苯乳胶金属底漆两遍，厚25～35μm，面刷三遍醇酸磁漆，颜色为银灰色，漆面必须光洁美观。

6.6.3 截排水沟及消力池施工

截排水沟及消力池施工工艺流程：施工准备→测量放样→基坑开挖→浆砌石砌筑→勾缝。截排水沟及消力池平面及剖面图见图6-15、图6-16。

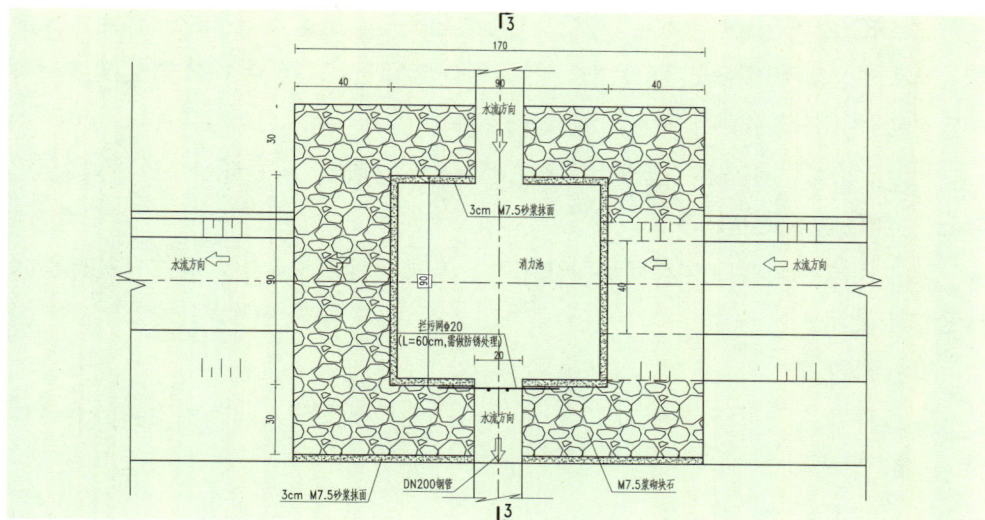

图6-15　截排水沟、消力池、排水管典型平面布置图

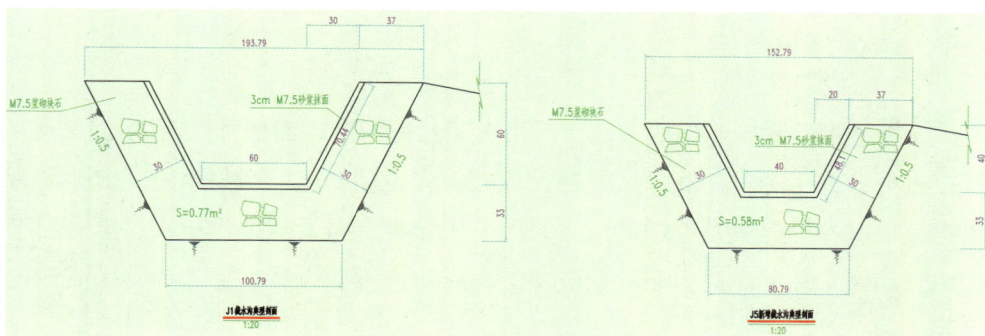

图6-16　截排水沟典型剖面图

（1）施工准备。

①材料准备。

浆砌石施工前所需石块、水泥、砂、水等均采用农用车和人工倒运至施工工作面。上述材料需满足如下要求：

石料：浆砌块片石挡土墙石料应经过挑选，质地均匀、无裂缝、不易风化，石料极限抗压强度不得低于30MPa，片石应具有两个大致平行的面，其厚度不宜小于15 cm，体积不小于0.01 m³。

水泥：水泥进场应有产品合格证和出厂检验报告，进场后对强度、安定性及其他必要的性能指标进行取样复试，其质量必须符合国家现行标准。当对水泥质量有怀疑或水泥出厂超过3个月时，在使用前必须进行复试，并根据复试结果再决定是否使用。不同种水泥不得混合使用。

砂：砂的质量应符合混凝土工程相应的质量标准。砂的最大粒径不宜超过5 mm，含泥量不大于3%。

水：砌筑砂浆所用的水宜采用饮用水，当采用其他水源时，应按有关标准确认合格后使用。

②技术准备。

组织作业人员进行技术交底，作业人员必须熟悉图纸，明确施工部位的各种技术参数要求。

（2）测量放样。

测量工程师按照设计图纸要求，放设横、纵轴线及标高，并采用石灰撒开挖线。

（3）基坑开挖。

使用风镐破除排水沟底板，然后用人工开挖沟槽，沟槽开挖深度为1.2 m，打夯机配合人工夯实沟底，做到断面尺寸符合设计要求，避免超挖。破除的排水沟底板混凝土碎块及挖槽的弃土采用人工装袋后搬运至拖拉机，运至上铺子沟渣场。施工完成后对由于开挖破坏的裸露边坡按原设计恢复喷锚支护或铺设水泥毯。

（4）浆砌石砌筑。

①砌筑前，首先将片石中的风化石、杂质等清理干净。挡墙采用"坐浆法"砌筑，砌筑基础根据厚度的不同分两层或三层砌筑，每层砌筑的厚度为30～35 cm，但分层不找平，使基础上下交错连成一体。

②砌块石基础应双面拉线，采用"坐浆法"砌筑砌第一坯层最底层块石基础时，按所放的基础边线砌筑，先在基坑底铺设砂浆，再将有较大平面的石块面向下铺砌在砂浆上；第二坯层以上各坯层则按准线砌筑。

③较大的片石用于下层且大面朝下，安砌时选取形状及尺寸较为合适的片石，敲除尖锐凸出部分。竖缝较宽时，在砂浆中塞以小石块，砌缝宽度不大于2 cm。砌筑过程中要注意选用较大、较平整的石块为外露面和坡顶、边口，石块

使用时应洒水湿润，若表面有泥土、水锈应先冲洗干净。下层砌及角隅石不能偏小，砂浆要饱满，石缝以砂浆和小碎石充填。片石不能竖立使用，石料挤浆需要符合标准，不能紧贴无砂浆，宽度要一致，不能有假缝、空洞和砂浆不饱满现象出现。

（5）勾缝。

勾缝应保持砌合的自然缝，一般采用平缝或凸缝。勾缝前应先剔缝，将灰浆刮深20～30 mm，墙面用水湿润，再用1∶1.5～1∶3.0水泥砂浆勾缝。缝条应均匀一致、深浅相同，十字形、丁字形搭接处应平整通顺。

（6）养护。

在砌筑后12～18 h之间应及时养护，保持外露面的湿润。水泥砂浆砌体养护时间一般为14天。

6.7 绿化工程

6.7.1 绿化工程总体布置

旦波崩坡积体绿化工程主要分为以下几个部分：高程2150 m以上各级马道绿化、高程2150 m以上框格梁内绿化、上游侧冲沟边坡绿化、高程2150～2210 m锚喷支护边坡绿化、高程2150 m平台绿化、高程2100～2150 m边坡绿化。各区域绿化措施如下：

（1）高程2150 m以上各级马道绿化。

在宽度大于1 m的马道内侧40 cm范围铺设型号为TGLG-PE-300-200-1.0的土工格室。土工格室焊接处均布置一根Φ25 mm插筋，长50 cm、入岩20 cm。土工格室内覆15 cm厚的耕植土，栽植爬山虎（植物种类可根据现场实际情况调整），每丛3～5株，每个格室栽一丛，苗木长度不小于20 cm。

（2）高程2150 m以上框格梁内绿化。

框格梁内覆土绿化，覆土厚度满足植被生长要求，草籽选用适宜本地生长的植被。

（3）上游侧冲沟边坡绿化。

播撒草籽施工，草籽选用适宜本地生长的植被。

（4）高程2150～2210m锚喷支护边坡绿化。

根据现场厚层基材植被护坡试验结果，发现试验区内植物长势不好，绿化效果较差，不适合在旦波崩坡积体边坡上实施。

经参建各方讨论，将旦波崩坡积体高程2150～2210m厚层基材植被护坡措施调整为"坡面开孔绿化，坡脚种植槽绿化"。

（5）高程2150m平台绿化。

高程2150m平台内覆土20cm，再播撒灌草籽绿化施工。

（6）高程2100～2150m边坡绿化。

旦波崩坡积体高程2100～2150m边坡开挖后，在坡面上布置土工格室，规格采用TGLG-PE-100-1000-1.0，土工格室内覆耕植土8cm，撒播灌草籽绿化。

旦波崩坡积体绿化平面布置见图6-17：

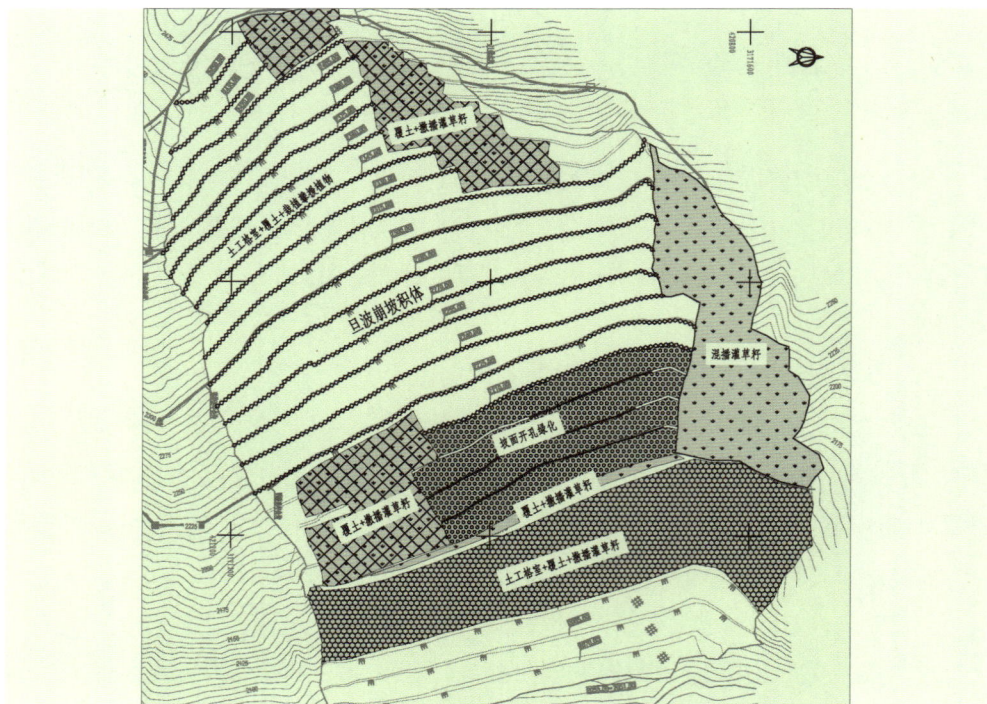

图6-17 旦波崩坡积体绿化平面布置

6.7.2 高程2150 m以上各级马道绿化

（1）施工流程。

高程2150 m以上各级马道绿化施工流程见图6-18。

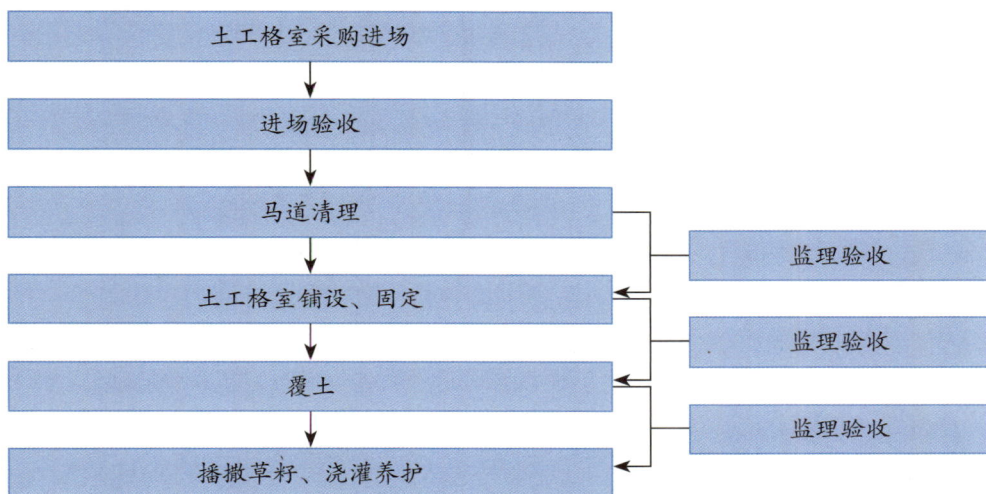

图6-18　高程2150 m以上各级马道绿化施工工艺流程

（2）材料运输。

①土工格室由具备相关资质的厂家提供，进场后，由25 t自卸汽车运输至旦波崩坡积体出渣道路，再由人工搬运至各级马道施工工作面。

②耕植土选取旦波崩坡积体开挖表土，经过人工筛选并满足相关设计要求后，装袋由人工搬运至各级马道施工工作面。

（3）马道清理。

土工格室铺设前，由人工进行马道浮渣及石块清理，确保马道处土工格室安装平顺，清理完成后，由监理工程师进行验收后及时铺设土工格室。

（4）土工格室铺设、固定。

根据设计要求，该部位土工格室焊接处布置一根C25插筋，长度75 cm、入岩30 cm，插筋示意图见图6-19。

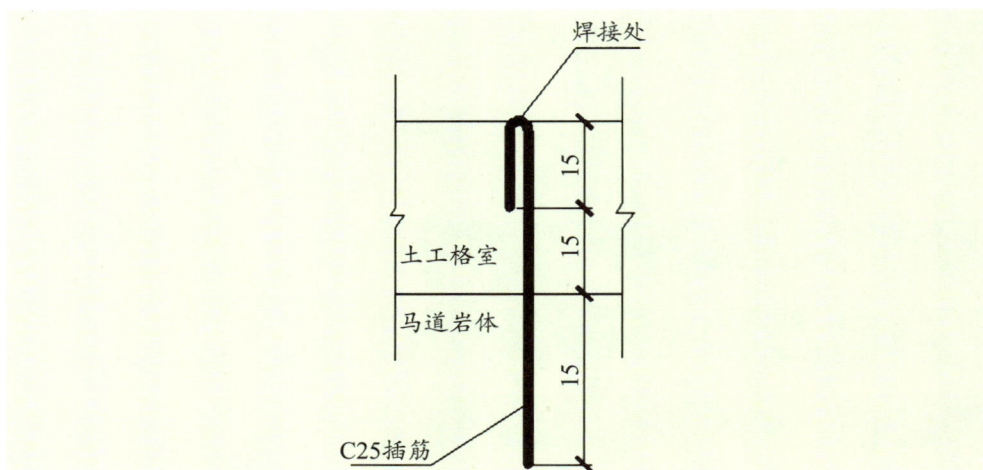

图6-19　马道土工格室插筋示意图

插筋按设计要求加工后，人工搬运至各施工马道，人工用铁锤将插筋固定到设计位置，确保土工格室安装牢固。

（5）覆土及播撒草籽。

耕植土的选用应符合设计要求，不含石块及树根等杂质，待土工格室安装完成并经现场监理工程师验收合格后，进行覆土作业。本工程覆土采用人工搬运的方式进行，覆土厚度不小于25 cm。覆土过程中，尽量避免器具触碰土工格室，以免损坏土工格室，覆土后及时人工播撒草籽。

6.7.3 高程2150 m以上框格梁内绿化

（1）施工流程。

高程2150 m以上框格梁内绿化施工流程见图6-20。

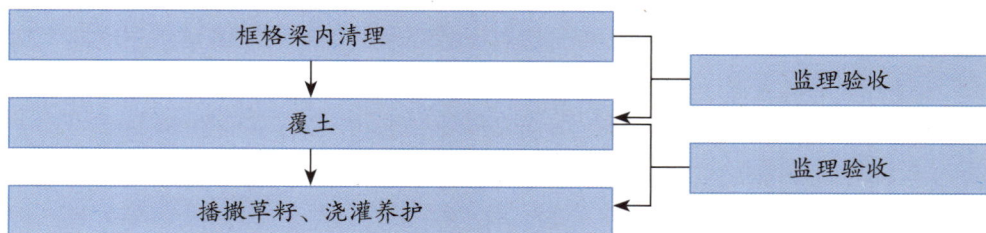

图6-20　高程2150 m以上框格梁内绿化施工工艺流程

（2）框格梁内清理。

覆土前，由人工进行框格梁内浮渣及石块清理，确保框格梁内坡面平顺，清理完成后，由监理工程师验收后进行覆土施工。

（3）耕植土运输。

耕植土选取旦波崩坡积体开挖表土，经过人工筛选并满足相关设计要求后，装袋由人工搬运至各级框格梁施工工作面。

（4）覆土及播撒草籽。

覆土及播撒草籽由人工进行，覆土应按照由低到高的顺序进行，避免耕植土下溜造成底部作业人员伤亡。

6.7.4 上游侧冲沟边坡绿化

上游侧冲沟边坡绿化施工流程：坡面清理→播撒草籽、浇灌养护。

上游侧冲沟内边坡均为土质边坡，可直接在边坡上播撒草籽进行绿化。必要时，应采用密目网覆盖绿化区域，保证水分充足，增加植被成活率。

6.7.5 高程2150～2210 m锚喷支护边坡绿化

根据现场厚层基材植被护坡试验结果，发现试验区内植物长势不好，绿化效果较差，不适合在旦波崩坡积体边坡上实施。

经参建各方讨论，将旦波崩坡积体高程2150～2180 m厚层基材植被护坡措施调整为"坡面开孔绿化，坡脚种植槽绿化"。实际绿化施工范围为高程2150～2210 m锚喷支护边坡，具体措施如下：

（1）坡面采用开孔器开孔，孔径Φ100 mm，孔深不小于20 cm，梅花型布置，孔距3 m×2 m，孔内覆土、撒播灌草籽、栽植攀缘植物绿化。覆土土源为中铺子堆存场堆存的表土，耕植土要求为砂土至壤质黏土，砾石含量≤30%，有机质含量≥1.0%，土层容重不大于1.5 g/cm³，土壤pH值在5.5～8.0之间；灌草种选用黑麦草、戟叶酸模、黄茅和狗牙根，要求为饱和优质种籽，按1∶1∶1∶1混交，撒播密度120 kg/hm²；攀援植物选用葛藤，苗木长度不短于30 cm。

（2）坡脚具备条件的地方设置种植槽，在坡脚外侧砌筑一道砖墙，高30 cm，种植槽内覆土、栽植攀缘植物绿化。覆土要求同开孔绿化覆土要求；攀援植物选用葛藤、爬山虎，苗木长度不小于30 cm，等比例间植，间距0.5 m。

6.7.6 高程2150 m平台绿化

（1）施工流程。

马道清理→覆土→播撒草籽、浇灌养护。

（2）耕植土运输。

耕植土选取中铺子堆存场堆存的表土，经过人工筛选并满足相关设计要求后装袋，再装车由25 t自卸汽车运输至旦波崩坡积体出渣道路，由人工卸车并搬运至高程2150 m平台施工工作面。

（3）覆土及撒播灌草籽。

覆土及撒播灌草籽由人工进行，覆土厚度50 cm，撒播灌草籽选用适宜本地生长的植被。

6.7.7 高程2100～2150 m边坡绿化

旦波崩坡积体高程2100～2150 m边坡绿化措施：在坡面上布置土工格室，规格采用TGLG-PE-100-1000-1.0，土工格室内覆耕植土8 cm，要求为不含石块、树枝等杂质的肥沃耕植土；撒播灌草籽绿化，灌草种选用紫穗槐、戟叶酸模、狗牙根、黑麦草（植物种类可根据现场实际情况调整），同比例混播，撒播草籽密度120 kg/hm^2；绿化初期，需加强对植物的管理，采取松土、灌溉、施肥等措施。

（1）土工格室采购、包装、运输、贮存。

①根据《土工合成材料　塑料土工格室》（GB/T 19274—2003）相关要求，土工格室出厂时，应附有产品质量合格证，并盖有质检专用章。

②土工格室包装：土工格室以组为单位，用塑料打包带进行捆扎，要求捆扎紧凑、平整。

③土工格室运输：土工格室在装卸和运输过程中不得重压，严禁使用铁钩等锐利工具，避免划伤。运输时不得在阳光下暴晒。

④土工格室贮存：土工格室应贮存在库房内，远离热源并防止阳光直接照射。若在户外贮存，应进行覆盖。

（2）土工格室施工流程。

土工格室采购进场→进场验收→坡面清理→土工格室铺设、固定→覆土→播撒草籽、浇灌养护。

（3）土工格室施工要求。

①为确保土工格室安装牢固，土工格室顶部位置应有一个格室分别位于高程2150 m、高程2135 m、高程2120 m平台上。

②土工格室顶部采用C20钢筋在每个格室焊点处进行锚固，入岩深度根据揭露的地质情况确定，确保锚固牢靠，并采用2根C12钢筋将格室顶部连接后，与锚固钢筋点焊。

③水平向相邻土工格室连接采用Φ6 mm钢筋做抱箍连接，并采用C12钢筋做U型加固；U型钢筋入岩深度根据揭露的地质情况确定，确保安装牢靠。

④纵向相邻土工格室连接采用2根Φ6 mm钢筋连接，并在连接处格室顶部焊点处采用Φ20钢筋进行锚固，钢筋间点焊加固。

⑤底部土工格室连接采用2根Φ6 mm钢筋连接，并采用C20钢筋间隔1 m进行锚固，入岩深度根据揭露的地质情况确定，确保锚固牢靠，钢筋间点焊加固。

⑥为确保土工格室与岩面连接紧密，土工格室内部焊点部位采用C12钢筋制作U型卡扣加固，横纵向各间隔1排布置，入岩深度根据揭露的地质情况确定，确保土工格室紧贴开挖面。

⑦固定完成后由质检人员进行检验，合格后上报监理工程师进行验收，合格后方可进行腐殖土的填筑工作。

（4）表土施工。

本工程耕植土采用旦波崩坡积体开挖表土，25 t自卸汽车运往高程2100 mm施工平台后，由人工配合装载机结合滤网进行筛土，保证表土质量，并在监理工程师验收合格后进行人工覆土施工。覆土后及时进行草籽的播撒并覆盖透明薄膜养护。

7 崩坡积体施工质量控制

7.1 边坡开挖质量控制

旦波崩坡积体边坡土石方开挖自上而下进行，先进行边坡植被清理，再采用反铲按照设计要求进行开挖形成边坡。开挖过程中支护随后跟进，开挖坡面平整度允许偏差值±20 cm，开挖坡比应满足设计要求。

（1）施工准备工作完成后，由测量人员采用全站仪精确测量放线，并打桩作好记号，核实开挖断面。

（2）土方开挖采用反铲配合25 t自卸汽车由工作面转渣至堆渣体顶部，推土机配合翻渣至集渣平台底部出渣部位，利用集渣平台处斗容不小于2.0 m³的反铲挖掘，由25 t自卸汽车运输渣料到指定的渣场。

（3）对于上游侧冲沟内集渣，配备3台推土机、2台反铲、1台装载机配合进行挖渣降平台，作业时应做好堆渣体底部及"之"字路的安全警戒。

（4）开挖应保持均匀、平衡，以使土体开挖过程中和开挖后应力释放均匀，保证边坡的安全。科学地利用土体自身控制位移的潜力，尽量减少每级开挖无支护的暴露时间，减少边坡的位移和变形。

（5）为减小开挖过程中的土体扰动范围，最大限度减少高边坡周边土体位移量和差异位移量。

（6）加强对周围环境的观测，及时调整开挖进度及作业面。

（7）机械开挖的梯段高度控制在5 m范围内。

（8）采用机械削坡、开挖保护层时，不应直接挖装，应先削后装。

7.2 锚喷支护质量控制

7.2.1 锚杆

（1）钻孔质量控制。

旦波崩坡积体边坡锚杆采用QZJ-100B潜孔钻机造孔，跟管钻进工艺。套跟管为高强无缝钢管，壁厚7.5 mm、外直径为108 mm、长度为1 m的标准节，连接头长度为0.2 m，壁厚7.5 mm，外直径为108 mm，正反丝扣连接。管靴壁厚11 mm，外直径为108 mm，长度为0.12 m。

锚杆钻孔要求如下：

①锚杆孔的开孔应按设计图纸布置的钻孔位置进行，孔位应做标记，其孔位偏差应不大于100 mm，孔斜偏差应不大于2°。

②锚杆孔的孔轴向应满足设计文件的要求，或根据现场实际情况确定，未作规定时，其系统锚杆的孔轴方向应垂直于开挖面。

③锚杆孔孔径应大于锚杆直径至少40 mm。

④锚杆深度必须达到设计方案的规定，孔深误差值不大于50 mm。

⑤钻孔的直径、位置、方向如果有误，监理工程师认为有必要重新钻孔时，应按其指定的位置重新钻孔。

⑥钻孔完成后，孔内岩粉和积水必须清除干净。

（2）锚杆安装。

①检查锚杆孔的冲洗情况，排除孔内积水。

②装入前应检查锚杆，调直、除锈和去污。

③锚杆注浆应采用专用注浆设备，超过6 m长的锚杆必须采用注浆管注浆，保证注浆饱满。

④砂浆锚杆采用"先安装锚杆后注浆"的方法进行施工。注浆前，孔内岩粉必须吹洗干净，排出积水。锚杆注浆后，在砂浆凝固前，不得敲击、碰撞和拉拔锚杆。锚杆钻孔完成后，由人工配合机械进行拔除跟管施工。由于旦波崩坡积体边坡岩层节理发育不均、坡面地质层破碎，跟管钻进过程中穿过不良地层，钻孔施工时可能会出现跟管管靴与钻头脱节、卡钻现象，导致拔管时出现卡管、跟管

无法拔出的现象。

⑤兼作锚筋用的砂浆锚杆出露长度应满足设计要求；挂网喷混凝土部位，锚杆头应与挂网钢筋焊接牢固。

⑥在Ⅳ类、Ⅴ类岩体及特殊地质边坡岩体中，宜先喷混凝土封闭围岩，再安装锚杆，并在锚杆孔钻完后及时安装锚杆杆体，再喷射混凝土至设计厚度。

⑦锚杆注浆开始或中途停止30 min时，应用水或稀水泥浆润滑注浆罐及其管路；注浆时，注浆管应插至孔底50～100 mm，随砂浆的注入缓慢匀速拔出；杆体插入后，若孔口无砂浆溢出，应及时补注。

7.2.2 排水孔

旦波崩坡积体边坡排水孔采用QZJ-100B潜孔钻机钻孔，跟管钻进工艺。套跟管为高强无缝钢管，壁厚7.5 mm、外直径为108 mm、长度为1 m的标准节，连接头长度为0.2 m，壁厚7.5 mm，外直径为108 mm，正反丝扣连接。管靴壁厚11 mm，外直径为108 mm，长度为0.12 m。

排水孔施工要求如下：

①孔的平面位置与设计位置的偏差不得大于10 cm。

②孔的倾斜度误差不应大于1%。

③孔的深度误差不得大于或小于孔深的2%。

④岩基排水孔钻孔完毕后，应仔细冲洗干净，加以保护，以防堵塞。

7.2.3 预应力锚索

（1）钻孔。

①旦波崩坡积体处理工程锚索为1000kN无粘结预应力锚索，$L = 25$ m/35 m，长短间隔布置，锚索锚固段长度8 m，间距4 m，下倾15°，锚索按设计张拉力的50%锁定。

②钻孔的开孔偏差不得大于10 cm，终孔孔轴偏差不得大于孔深的2%，方位角偏差不得大于3°，终孔孔深宜大于设计孔深40 cm，终孔孔径不得小于设计孔径10 mm。钻孔孔径不应小于设计图纸和厂家产品说明书规定的要求。

③锚索钻孔孔位及钻机方位角应正确定位，宜采用全站仪放样，钻机倾角采

用水平仪控制。

④钻孔机具应经监理工程师批准，所选钻机应适合本工程边坡地质条件以及各种孔径、深度等要求。钻孔深度应满足设计图纸的规定，钻头应选用硬质合金钢钻头或金刚石钻头。为满足设计规定的钻孔精度，宜采用效率高且具有纠偏、除尘功能的潜孔钻机造孔。

⑤钻进采用导向仪控制斜度，及时测斜、纠偏。钻孔结束后，应测量孔斜、方位角边坡及孔深，不符合设计要求的孔作废孔处理，并全孔灌注M25水泥砂浆回填后重钻。

⑥钻孔完毕时，应连续不断地用高压风彻底清孔，钻孔清扫干净、三检合格并报监理工程师验收后方可安装锚索。在安装锚索前，应该将钻孔孔口堵塞保护。

⑦钻孔结束后必须经监理工程师验收，验收合格后在不超过1～3d的时间内进行下索、锚固段注浆等工序。若验收后钻孔闲置时间超过3d，则必须重新验收方可进行下一道工序。

⑧所有锚索孔在造孔结束并验收合格后，应在孔边标注编号，防止锚索装错孔位。

⑨锚索钻孔施工时，无须进行拔管施工。

（2）锚索制作。

①钢绞线下料：钢绞线切断采用砂轮切割机。切口整齐无散头，下料长度考虑到砼锚墩厚度、锚垫板厚度、千斤顶长度、工具锚和工作锚的厚度要求，并适当留有余度。钢绞线在全长范围内无接头或连接器。每根钢绞线都完整无损，没有裂隙、疤痕、伤痕和其他缺陷，且表面无油污、润滑剂、污垢和银屑。自由张拉段钢绞线的PE护套出现破损时及时进行包扎处理。

②将锚头PE套管剥去，安装内锚头结构并做防腐处理。

③钢绞线编号：将钢绞线和灌浆管平摊于工作台上，对不同灌浆管、钢绞线进行编号，并在进口端（外端）用不同的刻痕编号区别。

④编制锚索体：严格按设计图纸要求进行锚索体编制，内锚段和张拉段隔离架间距允许偏差不大于50 cm，两隔离架中间用黑铁丝绑扎牢固，绑扎时保证钢绞线平行，不得交叉。锚固段内的进、出浆管均编入锚索体，靠近孔底的进浆

管出口至锚索端部距离不大于20 cm。已安装的灌浆管在穿索前均检查其通畅情况，不通畅者立即更换。管路系统耐压值不低于设计灌浆压力的1.5倍。PVC灌浆管平顺，不得弯曲、破损。管道安装检查完毕，管口临时封闭，并挂牌编号。

⑤导向帽按要求制作，与锚索体连接牢固可靠。

⑥锚索制成并经检验合格后编号挂牌，标明锚索编号、长度等。合格锚索整齐、平顺地存放在编锚平台上，不叠压存放，并采用彩料布遮盖进行临时防护。

（3）锚束安装。

①准备工作。

a. 安装前进行锚索孔道检查、锚索束体检查、锚孔道深度与锚束体长度对应关系校对。

b. 锚索孔道验收24 h后，锚索安装前，应检查其通畅情况。

②穿束施工。

a. 锚索水平运输采用人工方式进行，垂直运输采用载重0.5 t卷扬机转移结合人工辅助的方式进行。

b. 锚索安装前，需进行锚索孔孔道探测，用A110 mm探孔器检查钻孔质量，符合设计要求的锚索孔方可下设锚索，否则应进行扫孔处理，合格后方能下锚。

c. 锚索在搬运和装卸时应谨慎操作，严防与硬质物体摩擦，以免损伤PE套管；无粘结钢绞线若PE套管破损，必须修复合格后方能安装。

d. 在锚索安装时，孔口应固定简易脚手架，采用人工结合载重0.5 t卷扬机的方式，将锚索顺直送入孔内，安装在设计深度，锚索就位曲率半径不小于3 m。

e. 锚索入孔时，不得过多地来回抽动锚索体，且送入孔道的速度应均匀，防止损坏锚索体和使锚索体整体扭转。穿索中不得损坏锚索结构，否则应予更换。锚索安装完毕后，应对外露钢绞线进行临时防护。

f. 钢绞线PE套的保护措施：采购时应选择带卷盘缠绕、PE套质量较好的钢绞线；钢绞线下料过程中穿过架管部位，采用高压软管绑扎在架管上，钢绞线从软管中穿过；锚索下束时，排架上带扣件部位采用增加架管的方式进行过渡；下索前先探测孔内情况，进行钻孔反吹排渣，必要时采用孔道固结灌浆处理，改善孔道光滑与平整度，确认通畅后方可下索；向孔内推送锚索时，用力均匀，防止在推送过程中，损伤锚索配件和钢绞线PE套；随锚索作业面下降，及时进行编锚平台搭设的跟进工作，以解决由于锚索下设中距离长、高差大对PE套造成的损坏。

（4）锚索孔道灌浆。

①灌浆准备及工艺。

在锚索下锚后，对孔口用砂浆进行封堵，并埋设回浆管，待砂浆终凝后即可对锚索孔道进行灌浆。

②灌浆材料。

采用P.O 42.5R普通硅酸盐水泥，锚固浆液为水泥净浆，水泥结石强度要求：7d抗压强度等级不得低于M735。

③灌浆计量。

采用HT-2型灌浆自动记录仪计量。

④灌浆方式。

灌浆采用水泥浓浆灌注，水灰比为0.36∶1。灌浆前，首先检查进浆管的通畅情况，确保进浆管通畅，否则进行疏通处理。灌浆时灌浆管进浆，排气管上安装压力表，采用纯压式灌浆法。开始灌浆时敞开排气管，以排出气体、水和稀浆，当出浆管开始回浓浆，回浆比重与进浆比重相同时开始闭浆，闭浆压力0.4~0.5MPa，闭浆时间20~30 min即可结束。

（5）外锚墩施工。

①无粘结锚索在锚索下索后即可进行外锚墩的浇筑施工，粘结式锚索内锚固段灌浆可与外锚墩浇筑同时进行。

②外锚头的体形尺寸、混凝土标号、承压钢筋配置或螺旋筋均按设计图纸要求施工。混凝土配合比按室内试验结果推荐并经监理工程师批准后执行。

③在混凝土浇筑前需要清除锚头底部范围的松动岩块；在锚垫板与钻孔之间安装外径与钻孔直径相同薄壁钢管（长≥0.8~1.0 m），并需伸入钻孔至少50~100 cm，薄壁钢管（即锚墩孔道）中心线应与锚孔轴线重合，钢管外端与承压锚垫板钢管焊接。

④锚垫板与锚孔轴线应保持垂直，其误差不得大于0.5°。

⑤锚垫板底部混凝土或水泥砂浆必须充填密实。

（6）张拉。

①无粘结预应力锚索使用YDC240Q型千斤顶与油表对应进行单根钢绞线对称循环张拉，张拉油泵采用ZB4-500S型电动油泵。张拉过程分为单股预紧和整束分级张拉两个阶段。单股预紧应进行两次以上，预紧实际伸长值应大于预紧理论值，且两次预紧值之差应在3 mm之内，以使锚索各钢绞线受力均匀，再进行整束张拉。整束张拉共分五个量级进行，即张拉荷载分别按设计永存张拉力的25%～110%（或105%）逐级依次进行，并且应控制最大张拉力不得超过预应力钢材强度标准值的75%。

a. 单股预紧张拉程序：安装千斤顶→0～30kN/股→测量钢绞线伸长值→卸千斤顶。此过程使各钢绞线受力均匀，并起到调直对中作用。

b. 整束分级张拉根据设计要求进行，张拉荷载分别按预紧→25%σcon～50%σcon→稳压锁定（σcon＝1000kN即设计张拉力）。三级加载，每级的持续时间均为5 min。三个量级的张拉均应在同一工作时段内完成，否则应卸荷重新再依次张拉。

c. 张拉加载和卸载应缓慢平稳，加载速率每分钟不宜超过0.1σcon，卸载速率每分钟不宜超过0.2σcon。

②补偿张拉：在锁定后的48 h内，通过监测锚索检查锁定张拉力，若锚索应力下降到稳压锁定值的90%以下时应进行补偿张拉。补偿张拉吨位应为稳压锁定吨位。

③张拉过程中，在每级拉力下持荷稳定时，量测绞线的伸长值，以用于校核张拉力。实际量测的钢绞线的伸长值须与理论计算的伸长值基本相符。当实际量测的伸长值大于理论计算值的10%或小于理论计算值的5%时，暂停张拉。待查明原因并采取相应措施，予以调整后方可恢复张拉，直至张拉正常为止。

④张拉准备阶段钢绞线清洗后应采用防护罩及时保护，锚垫板的锚孔应清洗干净、每个夹片打紧程度应均一；张拉过程中，操作人员应严格按照规范操作，特别是锚索张拉升压、卸载过程严禁过快。夹片错牙大于2 mm的，应退锚重新张拉。

⑤锚索张拉后出现异常情况需要退锚，采用加工用的专用退锚器具进行退锚。

⑥锚索补偿张拉完毕，卸下工具锚及千斤顶后从工作锚具外端量起，留100 mm钢绞线，其余部分用砂轮切割机截去，锚头做永久的防锈处理。

7.2.4 挂网喷混凝土

（1）钢筋网、进场水泥和各种外加剂等的质量应符合施工图纸要求，使用前应通过试验检验各项技术指标；骨料的强度、粒径和细度模数、含水率均控制在设计允许的范围之内。

（2）严格控制混凝土拌和各种原材料称量偏差：水和速凝剂为 ± 2%，砂石为 ± 2%。

（3）严格控制混凝土拌和质量，拌和时间不少于2 min，掺加外加剂时，适当延长拌和时间。

（4）喷射前清除开挖面的浮石、坡脚的石渣和堆积物，埋设控制喷射混凝土厚度的标志。

（5）喷射混凝土采用湿喷法施工，喷射顺序自下而上。喷射混凝土作业应分段分片依次进行，区段间的接合部和结构的接缝处应做妥善处理，不得存在漏喷部位。

（6）喷射机作业应严格执行喷射机的操作规程：应连续向喷射机供料；保持喷射机工作风压稳定；完成或因故中断喷射作业时，应将喷射机和输料管内的积料清除干净。

7.3 混凝土施工质量控制

混凝土施工过程分为原材料的选定、配合比设计、拌合及运输、浇筑四个阶段，其中原材料的选定和混凝土配合比设计是控制混凝土施工质量的重要阶段，要采取科学的、严格的试验手段和管理措施，使混凝土的本身质量得到有效的控制；而混凝土的拌和和运输，以及浇筑阶段影响混凝土质量的因素较多，重点要从施工组织、管理方面进行控制。本工程采取过程控制方法对混凝土施工质量进行控制。

7.3.1 原材料质量控制

外购材料（钢筋、水泥、粉煤灰、外加剂等）必须有出厂合格证，并由试验室对原材料进行抽样试验，不合格原材料严禁使用。

对外购材料，制定严格的质量管理规定，规范采购行为，做到有章可循；在选择供货厂家时，首选信誉好的知名厂家，坚持供货主渠道；对供货的厂家，在订货合同上明确材料质量标准、验收方法及质量责任；在领料的同时，向供货单位索要出厂材质证明书、出厂合格证和复验报告。

做好材料验收及保管工作，并对材料进行抽样检验，未经复检或复验不合格的材料不得用于本工程。

7.3.2 混凝土拌和质量控制

混凝土施工前，根据各部位混凝土浇筑的施工方法及性能要求，确定合理、先进的混凝土配合比。

拌和站每次搅拌前，检查拌和计量控制设备的技术状态，以保证按施工配合比计量拌和，根据材料的状况及时调整施工配合比，准确调整各种材料的使用量，接受监理及发包人的监督。

从拌和楼运至施工现场的混凝土先检查随车提供的配合比通知单是否符合现场当前所需的混凝土配合比要求，再检查混凝土的坍落度等是否满足施工要求，否则不得在工程中使用，重新处理合格后才能使用。

7.3.3 混凝土单元工程施工质量控制

编制混凝土质量工艺手册、质量卡、质量工艺明白卡等，对现场施工人员交底到位，并综合考虑施工便道运输能力，合理调配机械设备，快速、保质保量地施工。

（1）基础面或施工缝处理质量控制。

本工程混凝土主要为框格梁，基础主要采用人工刻槽；根据揭露地质条件直接采用风镐开挖或冲击破碎锤进行岩面处理；保证土质边坡面平顺，岩质边坡无松动、空鼓岩块，冲洗干净、无积水。

混凝土施工缝采用人工凿毛或高压水冲毛，表面无乳皮、成毛面，冲洗干净、无积水、无积渣杂物。

（2）模板制作及安装的质量控制。

常规模板要使用专门的连接件支立，并在浇筑前涂刷脱模剂；模板严格按照设计测量放点支立。支立固定完毕进行复测，确保位置及偏差满足设计以及规范要求。

对重要部位的模板刚度、支撑加固方法和牢靠程度、面板的光洁平整度、接缝的密实度等进行重点检查，并做好详细的施工记录。混凝土浇筑过程中，指派专人监护模板，对过程中的位移进行及时调整及加固。

（3）钢筋加工及安装质量控制。

工程所用钢筋品种、数量符合设计要求。加工使用前，在加工现场复查钢筋外观质量，表面油渍、漆污、锈皮及鳞锈清除干净，确保其与混凝土的握裹力。在检验钢筋时，审查钢筋出厂材质证明和复验报告单；所有焊工必须经过培训、考核合格后持证上岗。

（4）混凝土浇筑质量控制。

采取合理的入仓方式，混凝土入仓后立即平仓振捣，不允许仓面混凝土长时间堆积。不合格的混凝土严禁入仓，已入仓的不合格混凝土必须予以清除，并按监理工程师的指示弃置在指定地点。浇筑混凝土时，严禁在仓内加水。如发现混凝土和易性较差，采取加强振捣等措施，以保证质量。

混凝土振捣至不冒气泡、不再显著下沉和大面泛浆并连成一片。但不得过振，以免引起混凝土中粗骨料下沉和表面浮浆太厚。防止吊罐、振捣器直接冲击模板和埋件，以免造成移位或损坏。指派专人监护模板、预埋件，对浇筑过程中的位移及时进行调整及加固，确保其变形控制在允许的范围之内。设专人负责混凝土的养护。

（5）其他质量控制措施。

每次拌制、浇筑混凝土前由专人进行以下项目的检查，并做好记录：混凝土浇筑过程中，质量检查人员随时进行巡回检查监督；做好浇筑记录，施工质量责任坚持"谁施工，谁负责"的原则；检查混凝土配合比、配料单，检查原材料（如水泥、外加剂、粗细骨料及含水量、水等）是否符合规定要求，如有变化要及时调整配合比或停止拌制进行检查；检查各原材料掺量与外加剂掺量，每班抽查不少于5次并做好记录；记录混凝土生产过程的各项参数，如拌和速度、搅拌时间等；检查混凝土坍落度是否符合要求，此项工作要随机抽样，但每班不得少于3次，检查并监督试件制作的全过程；检查试件的养护条件及试验设备是否符合要求。

其他混凝土质量控制措施如下：

①混凝土浇筑前对基础面或混凝土施工缝处理、模板、预埋件质量进行检查，取得开仓证方可进行混凝土浇筑。

②混凝土浇筑时安排专人进行仓面检查，观察混凝土均匀性、和易性，发现异常情况应及时处理。

③混凝土入仓高度超过1.5 m时，需接溜筒、溜槽入仓，保证混凝土卸料的自由下落高度不大于1.5 m，以防止骨料分离。

④混凝土振捣时应做到"快插慢拔"，不得直接碰撞模板、钢筋及预埋件，保证预埋件不产生位移，避免引起模板变形和爆模，必要时辅以人工捣固密实。

⑤根据浇筑情况，控制混凝土上升速度，保证模板支架受力均匀。

⑥混凝土初凝并超过允许面积后应停止浇筑。

⑦出现不合格料、高等级混凝土部位浇筑低等级混凝土料、不能保证混凝土振捣密实的混凝土料、已初凝未进行平仓振捣的混凝土料、长时间不凝固或超过规定时间凝固的混凝土料等情况，应予以挖除，重新浇筑。

⑧加强对混凝土成品的保护，对已浇筑完成的混凝土棱角、表面采用麻袋进行保护。

7.4 砌体施工质量控制

（1）浆砌石砂浆采用M7.5水泥砂浆，砂浆所用的水泥、砂、水的质量应符合有关规范的要求。现场必须用强制搅拌机搅拌砂浆，并严格按照配合比搅拌，保证砂浆强度符合设计及规范要求。

（2）砌筑用石料应质地坚硬、均匀、不易风化，不得含有影响砂浆正常粘结或有损于外露面外观的污泥、油质或其他有害物质。严禁采用风化石和水锈石等不合格石料。

（3）基础砌筑前，基底应夯实，达到沟底密实、边坡整齐顺直标准，并经监理工程师检查合格后方可进行砌筑。

（4）浆砌石采用挤浆法，按图纸的要求勾缝，砌体咬口紧密，无干缝、通缝和瞎缝，砂浆要饱满。砌体应分层坐浆砌筑，砌筑上层时，不得振动下层。不得在已砌好的砌体上抛掷、滚动、翻转和敲击石块。砌体砌筑完成后，应及时进行勾缝。

（5）砌筑的上下层石块交错排列，竖缝不得重合，砌体结构尺寸采用立杆挂线控制、坡度尺检查。

8 崩坡积体施工进度控制及施工安全

8.1 施工进度计划

为确保旦波崩坡积体治理期间施工安全，汛期仅安排少量的施工作业，大部分施工作业均在枯水期完成。施工进度计划见表8-1。

表8-1　施工进度计划表

序号	节点目标	开工日期	完工日期	备注
1	人员、设备进场	2016年7月1日	2016年7月31日	
2	被动防护网完成	2016年11月1日	2017年3月31日	
3	临建设施和施工道路完成	2016年7月1日	2016年10月31日	
4	旦波外围截排水沟施工	2016年8月1日	2016年10月31日	
5	中上部边坡A区开挖支护完成	2016年11月1日	2019年4月30日	仅考虑枯水期施工，在3个枯水期完成开挖，施工月强度约12万 m^3
6	边坡B区支护完成	2019年5月1日	2020年4月30日	
7	安全监测工程	2017年1月1日	2019年4月30日	
8	水土保持措施施工完成	2018年11月1日	2020年5月31日	
9	工程完工	2020年5月31日	2020年5月31日	

8.2 关键线路分析

工程处理区域位于坝址上游右岸，与枢纽的其他施工区相对独立，基本不受其他施工项目的影响和干扰。通过分析，本工程关键线路如下：修建临建设施及施工道路→地表排水系统→边坡A区开挖支护→边坡B区框格梁支护及排水→项目完工。

8.3 施工进度控制重点及措施

8.3.1 施工重点、难点

（1）边坡高陡，地质地形条件复杂多样，施工通道布置很困难，导致材料运输困难。

（2）工程量大，工期十分紧张，地质条件复杂，支护形式多样，支护施工直接影响开挖的进度，所以要采取合理的支护施工方法确保开挖的总体进度。

（3）现场施工条件差、地质条件复杂，造孔成孔困难，施工难度大。

（4）边坡高陡，地质地形复杂，安全问题突出、安全隐患大。

8.3.2 进度保证措施

（1）合理安排、计划生产。

充分分析施工高峰期各项工序强度指标，并根据各工序强度指标向相关部门提供灌浆设备计划、劳动力计划、施工主材计划等，以及各阶段运输强度等强度指标；按施工进度计划细化至周、日进度计划，并据此下达施工任务。

（2）加大施工资源投入。

在加大人力资源、机械设备等生产资源投入的同时，提高施工人员的整体技术能力和设备性能，保证满足高峰期强度要求。

物资保证：物资供应部门根据技术部门所提供的设备、主材计划，提前购置和调配相应型号、数量的施工设备。施工主材按计划数量提前储备，确保高峰期材料需求。

设备保证：加大设备备用系数和维护保养力度，委托设备生产厂家派代表常驻现场进行维修、指导，并增加易损配件的储存量，满足随时需要随时更换的要求。另外，物资部门应该根据施工运输强度配置充足的运输车辆，保障现场物资供应。

人力资源保障：根据劳动力计划，配置有类似工程施工经验的技术人员、管理人员、技术工人，从人员数量、素质上保证施工进度需求。

后勤服务保障：后勤服务部门加强对现场施工人员的服务工作，从施工人员衣、食、住、行等方面充分考虑，为高峰期施工作业人员营造良好的生活与工作环境。

（3）技术支持与工艺优化。

组织有经验的专家和技术骨干，针对本工程实际情况加强技术攻关，对重点难点工序组织专业人员进行专项研究，确保工程顺利进行。

引进先进设备，满足高效施工要求，可节约大量时间。

在施工过程中不断总结经验，针对实际情况改善施工工艺，加快施工进度。

（4）加强施工现场控制。

施工高峰期来临之际，由现场技术人员根据各作业班组承担任务不同再次进行详细的技术交底，明确各工序之间的先后关系，确保高峰期施工做到"忙而不乱"；施工现场进度控制由现场技术人员会同现场调度人员根据细化的周、日进度计划，合理安排各工序施工，控制每个施工作业队的日生产强度，做到"日强度保证周强度、周强度保证月强度"。

8.4 施工安全重点

旦波崩坡积体边坡开挖属高边坡开挖，开挖期间安全问题十分突出，集中体现在高空坠落、边坡危石、高边坡自身稳定等。

在高边坡施工过程中，边坡开挖与边坡支护之间总是存在时间和空间差，致使开挖面往往超前于支护工作面，开挖坡面的大面积裸露不可避免地带来边坡安全问题。同时由于开挖边坡地质条件较差，在雨水的冲刷作用下，极可能失稳垮塌，给施工带来安全隐患。

为确保施工期边坡稳定，保证施工设备、人员安全，施工过程中必须采取严密的安全措施进行安全控制。

8.5 安全隐患分析

旦波崩坡积体处理工程主要包括土方明挖、石方明挖、砂浆锚杆、预应力锚索、混凝土、排水孔、浆砌石、被动防护网等项目，交叉作业安全隐患较为突出，应采取措施重点防护。主要交叉作业安全隐患分析如下：

（1）本工程属高边坡施工，采用逐层开挖、逐层支护和绿化的施工措施，下部开挖与上部支护和绿化为交叉作业，安全风险较高。

（2）本工程材料运输通道为由集渣平台爬坡至旦波崩坡积体顶部的4.5 m宽便道，道路总长度约3.6 km，上部边坡开挖与下部材料运输存在交叉作业。在材料运输过程中，上部边坡开挖产生的边坡滚石，将对下部车辆和人员造成危害，安全风险较高。

（3）本工程出渣方式为利用上游侧天然沟道，直接采用推土机推渣至集渣平台或反铲挖装自卸汽车溜渣至集渣平台，集渣平台处采用反铲挖装自卸汽车运输渣料到指定的渣场，上部溜渣与下部出渣存在交叉作业，可能对出渣车辆造成危害，安全风险较高。

（4）边坡高程2150 m以下的框格梁及其他混凝土浇筑方式采用泵送或溜槽入仓，混凝土运输与浇筑仓面存在上下交叉作业，安全风险较高。

（5）本工程施工过程中，仍需要保证当地村民和大坝工区右岸施工人员的安全通行，存在交叉干扰，安全风险较高。

8.6 安全控制措施

8.6.1 安全管理措施

建立和健全安全生产管理组织机构，在旦波崩坡积体堆渣体顶部、底部设置了满足要求的具备相应资格的安全生产管理人员进行24 h安全监督，并配备对讲机、卫星电话等通信设备，加强各作业面信息沟通，制定了安全管理办法及实施细则，编制并实施了一系列安全技术措施，层层落实安全管理责任。

（1）加强教育和培训。

①加强现场管理人员、作业人员的教育培训，根据现场实际情况制定安全措施，并做好相应安全交底工作，包括避险点的设置及避险撤离路线。

②加大宣传力度，树立抗灾、抢险的思想意识，使全体人员有充分的思想意识和准备，预防可能发生的安全事故。

（2）实行值班制度。

健全组织网络，落实各项值班责任制。应急救援领导小组层层落实岗位责任制，实行24 h应急值班制度。

（3）雨季停工。

遇极端天气时，全部人员必须尽快撤离至预先设置好的安全避险点，旦波崩坡积体施工工作面全部暂停施工。

（4）雨后复工前检查。

降雨结束后，复工前派专人对整个旦波崩坡积体施工区进行巡查，巡查人员先在上游临时桥左岸桥头对整个旦波崩坡积体区域进行观察并辨别是否有安全隐患，无明显隐患后再上山巡查，巡查内容主要有：

①已发现裂缝范围、裂缝宽度及裂缝深度有无扩大痕迹，覆盖的彩条布是否发挥作用、是否需要修复。

②蠕变体底部区域是否出现剪出口。

③旦波崩坡积体施工区是否出现新的裂缝。

巡查完成并确认安全、向值班领导汇报得到复工允许后方可复工。

（5）其他措施。

①排架拆除过程中，拆杆和放杆必须由多人协同操作。

②针对内外作业队人员开展二三级安全教育培训等工作，及时对新进场的外协队伍进行安全技术交底。

③加强出渣车辆的管理和出渣道路交通指挥。

④废水、废浆经处理达到排放标准再进行排放。

8.6.2 安全技术措施

（1）开挖专项安全措施。

旦波崩坡积体上部边坡开挖属高边坡开挖，开挖期间安全问题十分突出，集中体现在高空坠落、边坡危石、爆破作业、高边坡自身稳定等。

在高边坡施工过程中，受必需的施工周期以及爆破安全距离的限制，边坡开挖与边坡支护之间总是存在时间和空间差，致使开挖面往往超前于支护工作面，开挖坡面的大面积裸露不可避免地带来边坡安全问题。同时，在开挖区开口线以外的原始山坡上分布有大大小小、数量众多的坡面危岩，这些危岩在雨水的冲刷作用下，极可能失稳坠落，给下部施工带来安全隐患。

为确保施工期边坡稳定，保证施工设备、人员安全，本工程开挖采取以下安全措施进行安全控制。

①安全防护措施。

重视对开口线以外原始边坡坡面危岩的清理。开工之初，对这些坡面危岩进行排查，人工能清理的全部清除，人工不能清理的采用浆砌石顶托、钢丝绳拴绑、锚杆锚固等措施予以加固，消除下部施工的后顾之忧。

重视对边坡开口线上下一定范围的锁口和锚固。边坡开挖线上往往是具有一定厚度的全风化坡积层或者强风化、强卸荷岩体，开挖扰动后极易变形失稳。

重视对开挖边坡的巡视检查，做好地质预报工作。大多数的边坡失稳均有一个从开裂、扩展、掉块到崩塌的过程，所以在施工过程中将加密巡视检查的频次和范围，及时发现裂缝的产生并发出警报，及时撤离下部的施工设备和人员，避免造成损失。

重视对不利结构面的辨识和处理，不利结构面的存在是引发岩质边坡变形失稳的主要原因，尤其是两条相交的中缓倾角结构面切割而形成的楔型体滑块，以及倾向坡外的单一中缓倾角软弱结构面被切角以后形成的滑块，其崩塌往往是突然发生，具有极大的危害性，对此应引起高度重视。在梯段爆破后的出渣下卧过程中，及时把坡面上存在的松动岩块清除干净，防止其下坠伤人，同时请有经验的地质工程师到现场进行勘查，寻找和辨识边坡岩面上是否存在不利结构面产生的各类滑块。对各类无法清理或者不宜清理的滑块采取相应的随机支护措施，维持其临时稳定，随后再进行系统锚固。

协调好开挖与支护的关系。开挖进度需要兼顾支护进度，支护要紧跟开挖，确保边坡的稳定性。为加快支护施工进度，本工程配置先进的施工设备，快速进行浅层支护与深层支护施工。

层层设防，防止上部滚石坠物伤人。设置安全防护挡墙，安全防护挡墙高3.0 m，以起到上下隔离作用，防止上部滚石坠物伤人，防止上部施工人员坠落事故的发生。

在施工过程中，应随时对开挖边坡等部位开挖出露的渗水、软弱夹层、剪切破碎带等地质缺陷部位进行稳定性监测，一旦出现裂缝或滑动迹象，应立即暂停施工，会同地质及监理人等进行检查研究处理。

当临近边沿挖装石渣或清坡时，设专人设卡封闭下部各条交通道路，禁止人员及车辆进入。

施工用脚手架外侧用安全网封闭，顶部及底部用铅丝封闭，以防止上部落石、落物对施工人员造成伤害。

高处作业前，认真检查架子、脚手板、马道、爬梯、护栏和防护设施是否符合安全标准，不得违规使用（如未及时修理、加固等）。高处作业中，工作面下方、附近有易燃、易爆物品时，严禁进行焊接作业。

作业区设置足够的设备运行场地和施工人员通道；悬崖、陡坡、陡坎边缘设置防护栏或明显警告标志；施工机械设备颜色鲜明，灯光、制动、作业信号、警示装置齐全可靠。

对施工道路加强洒水养护，并派专人以及专用设备进行24 h维护，保证道路状况良好。勤维护保养机械，保证其状态完整，严禁酒后驾车和疲劳连续作业等违规操作。

②安全应急措施。

在边坡开挖过程中，如出现裂缝和滑移迹象，立即暂停施工并采取应急抢救措施，使危害减到最少，并及时通知监理人。必要时，按照监理人的指示设置观测点，及时观测边坡变化情况并做好记录。

③其他安全保障措施。

加强职工安全教育，施工前，安全部门向施工人员进行安全技术交底，讲解各类事故危害。

为保证施工安全，在各施工面、道路等设置足够的照明系统。

加强砼泵、砼搅拌车等机械设备的检查、维修、保养、确保高效、安全运行，操作人员必须持证上岗。

在施工现场、道路等场所设置醒目的安全标识、警示和信号等增强全体施工人员的安全意识。

排架拆除过程中，拆杆和放杆必须由多人协同操作。

对于特种作业人员包括机械工、电工、电焊工等必须进行专业培训，持证上岗，特殊作业要有作业指导书，严格执行各种安全技术操作规程，以确保施工安全。

施工人员进入现场，必须戴安全帽，施工中注意安全用电，并设有相应保险装置，设立专职安全检查员，严禁无关人员入内。对于一切可能出现的不安全因素，予以高度重视，并积极采取相应的安全措施。

加强边坡的安全监控，对围岩发生掉块、开裂、变形等现象进行跟踪，并做好记录。

（2）出渣专项安全措施。

①一般规定。

加强现场管理人员、作业人员的教育培训，根据现场实际情况制定安全措施，并做好相应安全交底工作。

加大宣传力度，树立安全意识，使全体人员有充分的思想意识和准备，预防可能发生的不测。

进入出渣作业面人员，必须按规定佩戴安全帽，遵章守纪听从现场指挥。现场设置危险区域，设置警示线及标识标牌，防止人员误入。

经常性进行安全检查，对查出的事故隐患要及时整改。

全体职工齐抓共管安全。专职安全员、管理人员、技术人员等都有管理安全的责任，发现违章作业都有权制止，发现事故隐患都有义务提出整改措施。

施工人员的个人防护，施工人员进入施工现场，必须戴好安全帽、车辆驾驶室顶部应有相应的安全防护。

②机械设备。

严格执行设备管理制度，所有机械操作人员必须持证上岗。

严格设备检验机制和加强设备维护保养，保障设备状况良好，刹车灯安全装置有效。

所有操作人员严禁酒后上岗。

操作人员严格按操作规程作业，指挥人员不得违章指挥。

指挥人员及其他人员不得进入设备作业范围。

加强对机械设备安全性能的检查，及时修复防护缺陷。

载重车辆禁止超载，超速。

操作人员上班前要对设备进行全面的安全检查，有问题及时修理，机械设备严禁带"病"运行。装载机和挖掘机等机械设备作业，须设专人指挥和导向，杜绝违章运行。设备运行范围内严禁人员通行或进入。

出渣车辆严格按规定道路行驶，遵守交通法规。

堆渣体底部出渣作业的挖机应在施工前对驾驶室加装钢筋挡板，防止坍塌事故或物体打击对驾驶人员造成伤害。

③出渣作业。

设置专人负责监督出渣过程安全管理。重点监督堆渣体卸渣及出渣安全、渣车出渣沿途行车安全以及渣场卸渣安全。

堆渣体顶部卸渣部位，设置不低于1 m的临边防护，避免车辆卸渣时发生意外。

堆渣体顶部每次卸渣后，利用反铲将存在隐患的石渣削平顺，防止塌滑对底部出渣设备及人员造成伤害。

堆渣体顶部卸渣作业时，底部出渣部位及"之"字路禁止人员及车辆进入，卸渣作业完成后，安全人员检查是否存在安全隐患，发现隐患及时处理。确定安全后，由堆渣体顶部安全人员通知底部安全人员后方可进行底部出渣作业。

利用肉眼检查方法，监测、检查渣体的变化情况，必要时暂停施工。在堆渣体顶部、高程2180 m、高程2070 m三级马道安排专人配备对讲机对堆渣体顶部及边坡沉降部位进行监控预警，落实警戒措施，尽快对边坡顶部倒悬部位进行卸荷，确保溜渣边坡安全稳定。若发现存在较大裂隙的安全隐患时，由顶部警戒人员通知底部警戒人员及机械操作人员及时撤离。

运用合理的施工方法，对堆渣体下部渣体进行挖除，不得对倒渣形成的渣体进行掏脚施工。堆渣体底部挖渣示意图见图8-1。

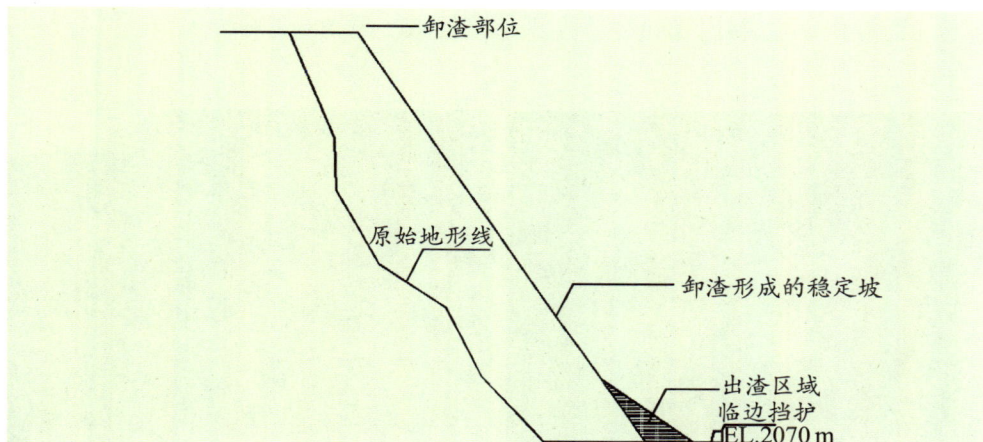

图8-1 堆渣体底部挖渣示意图

夜班出渣时，必须保证视线良好，禁止出渣范围内出现视线盲区，以免发生不必要的人员、机械伤害。

受旦波崩坡积体现场施工条件限制，为保证渣车有足够的安全行车距离，堆渣体底部出渣部位最多只允许3台渣车同时装渣；且出渣部位100 m以内禁止其他渣车排队等候。

在2019年春节期间，加快堆渣体顶部的卸渣进度，确保及时卸至高程2270 m。后期施工时，保证堆渣体高程低于开挖工作面约30 m。

在堆渣体底部临江侧用钢筋石笼设置临边防护，尽量避免石渣下江。

车辆在上铺子沟渣场卸渣时，必须服从渣场管理人员的统一安排，禁止乱堆乱卸。

（3）蠕滑变形区域应急安全措施。

2017年6月30日—2017年7月14日，旦波边坡积体高程2335～2440 m范围发生蠕滑变形。为确保现场人员及设备安全，采取以下措施避险。

①设置临时避险点。

将下游侧高程2435 m平台（1#避险点）、高程2420 m平台（2#避险点）及上游侧高程2375 m原状坡（3#避险点）作为临时避险点，如发生险情，撤离路线见图8-2。

在3#避险点处设置现场应急避险通道指示牌，并在该处临时修筑一条人行通道至上游侧稳定边坡处，确保人员处于安全区域（见图8-3）。

图8-2　临时避险点及避险路线示意图

图8-3　3#临时避险点示意图

图8-4　现场设置应急避险通道指示牌

②施工道路通行安全措施。

a. 从年公沟增加临时便道。

从年公沟选择适当位置修建临时便道至旦波崩坡积体顶部，以满足作业及管理人员通行要求（见图8-4）。

b. 新增岗哨对通行人员、车辆进行管控。

除了旦波崩坡积体出渣道路起点（年公沟附近）设置的活动岗哨外，为保证"之"字路及底部出渣道路通行安全，在"之"字路新增4处岗哨，布置活动岗哨，并安排专人值守，监控道路边坡稳定情况，对过往人员及车辆进行管控，具体设置位置见图8-5（其中在"之"字路入口处设置一处岗哨）。

每位值守人员配备一台对讲机，保持通信正常，在重要部位布置警报器或铜锣。上部值班人员通过变形监测数据及边坡裂缝等现象判断是否安

图8-5 新增岗哨布置示意图

全，并通知下部值班人员。下部值班人员得到安全通行指令后，可对人员、车辆进行放行。为了保证通行过程中车辆安全，每次放行只许单车通过，且车辆不可超载。

对管理人员车辆的要求：单次放行时只允许一辆车通过，沿途严禁停车，允许停车位置选择在蠕变体范围外的下游侧2#避险点或上游侧3#避险点。

对建材运输车辆的要求：单次放行时只允许一辆车通过，车内除司机外严禁搭载其他人员，沿途严禁停车，允许在工作面指定位置短暂卸货，卸完后应立即开走，允许停车位置选择在蠕变体范围外的下游侧2#避险点或上游侧3#避险点。

对施工机械的要求：在蠕变体范围内的施工机械不超过3台，严禁非作业机械在此停放，作业机械在作业完成后立即开出蠕变体范围，停放至蠕变体范围外的下游侧2#避险点或上游侧3#避险点。

对施工人员的要求：在蠕变体范围内的施工作业人员不超过3人，严禁作业人员在此休息、逗留，作业人员完成作业后，立即转移至蠕变体范围外的下游侧2#避险点或上游侧3#避险点。

c. 减少人员、车辆通行频次。

为了降低施工人员通行频率，在旦波崩坡积体高程2435 m平台下游侧安全地带搭设临时帐篷用于现场施工人员住宿，并加强针对该部位的安全监测（见图8-6）。

图8-6 住宿区布置示意图

选择天气较好的时间，集中运输材料，将材料储备在高程2420 m下游侧平台处，以备相应支护施工。材料堆放点按要求留出安全通道，以备人员撤离。

d. 严禁无关人员进入蠕变体影响区域。

为避免无关人员、车辆进入蠕变体影响区域，配合管理局在道路适当位置张贴危险告知书，并采取禁止通行措施。

（4）交叉作业专项安全措施。

①支护、绿化与开挖施工交叉作业安全措施。

本工程土方开挖采用推土机推渣至集渣平台或反铲挖装25 t自卸汽车倒渣至集渣平台，机械开挖的梯段高度控制在5 m范围内，支护施工原则上不滞后于开挖两个梯段为宜。因此，受上述必需的施工周期以及爆破安全距离的限制，边坡开挖与边坡支护之间总是存在时间和空间差，致使开挖面往往超前于支护工作面，导致下部开挖与上部支护和绿化形成交叉作业，安全隐患较高。应采取以下安全措施进行防护：

边坡开挖线上往往是具有一定厚度的全风化坡积层或者强风化、强卸荷岩体，开挖扰动后极易变形失稳，对下部开挖作业形成安全隐患，应重视对边坡开口线上下一定范围的锁口和锚固，对开口线附近的危岩进行排查，并及时进行人工清除。

开挖坡面的大面积裸露，若存在坡面挂渣、危石等，不可避免地将对下部开挖作业人员、机械造成危害，施工过程中应及时对坡面挂渣、危石等进行人工排险、清除，人工不能清理的采用钢丝绳拴绑、锚杆锚固等措施予以加固，遇大型孤石时采用解爆清除，以消除下部开挖施工的后顾之忧。

协调好开挖与支护的关系。开挖进度需要兼顾支护进度，支护、绿化施工要紧跟开挖，确保边坡的稳定性。为加快支护施工进度，本工程配置先进的施工设备，快速进行浅层支护与深层支护施工。

本工程崩坡积体的开挖平均厚约18 m，呈上薄下厚的趋势，上部开挖空间相对较小，为同时满足开挖与支护施工工作面需求，要求开挖作业与支护、绿化作业在水平方向上错开，避免上下交叉施工作业，以保证支护排架不受开挖机械干扰，同时保证开挖机械施工空间。

支护、绿化作业前，认真检查架子、脚手板、马道、爬梯、护栏和防护设施是否符合安全要求，不得迁就使用（如未及时修理，加固等）。施工过程中，工作面下方、附近有易燃、易爆物品时，严禁进行焊接作业。

支护、绿化过程中仍可能出现坡面落渣与滚石现象，支护脚手架外侧应采用安全网封闭，以防止上部落石、落物对施工人员造成伤害。同时对支护区域进行临时围挡，并指派专人在支护脚手架作业区内进行指挥，避免开挖作业人员、机械进入该区域。

支护、绿化施工设备和脚手架拆除过程中，应合理规划临时堆存场地，不得随意堆放至开挖区域内，影响施工机械作业施工。

受支护布置区域影响，开挖区域场地狭小，进行临边开挖作业时，悬崖、陡坡、陡坎边缘应设置明显警告标志；施工机械设备应颜色鲜明，灯光、制动、作业信号、警示装置齐全可靠。

②材料运输交叉作业安全措施。

本工程材料运输通道为由集渣平台爬坡至旦波崩坡积体顶部的4.5 m宽便道，道路总长度约3.6 km，上部边坡开挖与下部材料运输存在交叉作业，应采取以下安全防护措施：

本工程上部施工材料需求量相对较少，因此要求该便道仅供临时错峰通行，当开挖作业临近边沿挖装石渣或清坡时，专人设卡封闭下部便道，禁止人员及车辆进入该便道通行。

开挖作业面与便道卡口各设置一名现场安全员，当需要运输紧急物资或设备时，由便道卡口安全员通过对讲机指挥上部开挖作业面停止施工。当收到开挖作业面安全员反馈并确认已停止开挖后，方可允许材料运输车辆通行。

材料运输车辆必须遵守施工安全管理规定，驾驶员应配备对讲机。在车辆通行过程中，下方安全员应密切观察上部开挖坡面临边侧挂渣是否有滚落情况或局部开挖边坡出现垮塌现象。一旦发现险情，采用对讲机通知材料运输车辆驾驶员快速驶离开挖区域，在便道回头弯处驻车停止通行，必要时人员可弃车逃离至安全区域。待险情结束后，安全员及时联系驾驶员撤离。

材料运输完成后，必须在收到便道下方安全员通知后，方可恢复开挖作业。

③溜渣与出渣交叉作业安全措施。

本工程出渣方式为利用上游侧天然沟道，直接采用推土机推渣至集渣平台或反铲挖装自卸汽车溜渣至集渣平台，集渣平台处采用反铲挖装自卸汽车运输渣料到指定的渣场，上部溜渣与下部出渣存在交叉作业，采取以下安全防护措施：

现场施工前进行安全教育培训，做好现场交底工作，施工人员应严格服从现场安全员的指挥。倒渣、出渣作业的车辆必须遵守施工安全管理规定。

倒渣作业面与集渣平台作业面上下各配置一名安全员，通过对讲机进行联系沟通。

上部开挖倒渣为主要工序，下部集渣平台采用集中出渣方式，每周确定固定时间段进行。出渣作业时，由下部安全员通知上部倒渣作业面停止倒渣，确认已停止施工后，指挥机械、车辆入场进行出渣作业。

出渣作业完成后，应组织机械、车辆有序出场，完成清场后，方可通知上部倒渣作业面恢复施工。

④现场通行交叉作业安全措施。

a. 当地村民通行方案。

旦波崩坡积体上游方向的居民在工程施工期内利用集渣平台外侧道路与出渣

道路作为平时出行的通道。由于集渣平台上方在往下倒渣、出渣道路位于旦波崩坡积体开挖区域正下方，边坡时有滚石现象发生，居民通行时存在较大安全隐患。针对当地右岸居民出行通过施工区域主要采取的措施如下：

集渣平台外侧设置4层高钢筋石笼挡渣墙，出渣道路靠山坡侧设置脚手架＋竹跳板的防护栏，以防止边坡滚石伤害行人。

安排专人指挥交通，对进入施工区域的居民发放安全帽，在出口收回。

限制居民的通行时间，以保证施工的连续性，提高施工效率，同时也保证了居民通行时的安全。通行时间计划：上午07：00—07：30；中午12：00—12：30；下午06：30—07：00。如有特殊情况，在取得施工现场指挥人员同意后，方可允许临时通行。本工程夜间不施工，居民可自由通行，但需自行注意安全。

b. 大坝工区施工人员通行方案。

旦坡崩坡积体处理工程土石方开挖施工中渣料下卸、爆破等工作，危及大坝工区人员、设备通行安全，应采取避让措施确保安全。大坝工区施工人员通行时间计划：上午00：00—08：00；中午12：00—14：00；下午06：30—07：00。其余时段，大坝工区施工人员不得进入旦波施工区域内。

⑤混凝土施工交叉作业安全技术措施。

边坡高程2150 m以下的框格梁及其他混凝土浇筑方式采用泵送或溜槽入仓，混凝土运输与浇筑仓面存在上下交叉作业，采取以下安全支护措施：

混凝土工程开工前，应制定实施性安全专项施工措施，针对高程2150 m以下的混凝土施工，梳理安全风险、隐患、控制措施等，并认真组织对各级人员进行安全交底。

混凝土运输车辆及钢筋、模板等运载车辆均不准超载、超宽、超高运输。同时，混凝土运输作业的车辆必须遵守施工安全管理规定。在混凝土施工区域设醒目标志牌，安排专职车辆安全指挥人员。安全指挥人员统一指挥信号，信号鲜明、准确，混凝土运输车辆和下部施工人员应听从指挥。

吊装模板时，工作地段设专人监护，起重臂下严禁站人。

混凝土浇筑前，应校验溜槽、模板等是否稳固，发现问题及时进行处理加固。

混凝土浇筑过程中，应控制入仓速度，入仓时下部振捣施工人员应配备安全绳，下方设置安全网，防止人员坠落。

（5）排架施工安全措施。

本工程支护作业主要在边坡上进行，需在边坡上搭设排架施工，高处作业安全隐患大。采取排架施工安全措施如下：

①排架在专职安全员的监督和安全监测下，逐层向上搭设。型钢、架管在上下运输过程中，设专人指挥，严格按照安全规程操作，在临建拆除时，按从上到下顺序逐层拆除。

②排架搭设时，立杆支撑在较好的岩石上，同时在架设过程中要与锚筋相连接，平台架设宽度保证施工人员能在平台上正常施工，设置斜撑和剪刀撑加强其整体荷载性能，使其能承受人员设备重量和施工时产生的振动。

③设置通道和扶梯，便于人员通行，危险部位有明显的安全标识；下部和外部张挂安全网。

④用电线路严禁与钢架管直接接触，特别是防止临建装卸及施工人员操作过程中架管与电线碰撞及擦伤电缆，以防漏电。

⑤排架在反复搭拆过程中，禁止施工人员因具有侥幸心理而产生安全隐患；拆除排架时，严禁直接向低处抛掷型钢架管。

⑥施工过程中，专职安全员随时监测排架及排架基础岩石的稳定性，防止因施工造成其他部位的不安全因素而对正常施工造成不利影响。

（6）安全监测措施。

为随时掌握裂缝变形情况，在边坡裂缝处选取了7处监测点（见图8-7），在裂缝两端设置锚筋，通过观测锚筋相对位置的变化来监控裂缝变形情况。安排专人每3 h观测一次，并形成记录，如发现较大变形，立即通知现场管理人员，现场暂停施工。待确定安全并得到上级部门通知后方可继续施工。

在对边坡裂缝处进行监测的同时，对高程2335 m以下边坡的稳定情况进行2~3次/天的巡视，如发现有开裂、坍塌等情况，立即通知现场管理人员，现场暂停施工，并向上级部门汇报，在设计出具处置方案确认安全，并在得到上级部门通知后继续施工。

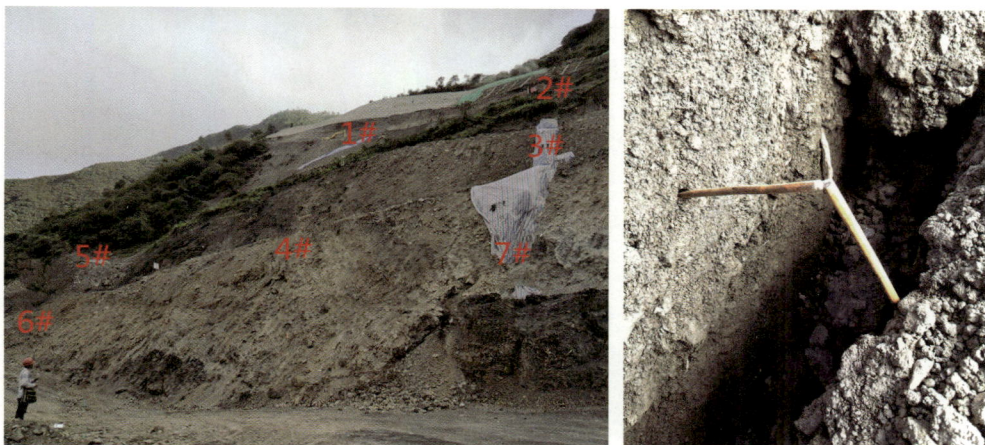

图8-7　应急监测点布置示意图

（7）砂浆锚杆施工安全措施。

①在进行施工前，先清理边坡不稳定土石块，必要时悬挂安全防护网。

②施工时，严禁上下交叉作业。

③施工中，定期检查电源线路和设备的电器部件，确保用电安全。

④注浆施工作业中，要经常检查出料弯头、输料管、注浆管和管路接头等有无磨薄、击穿或松脱现象，发现问题，应及时处理。

⑤处理机械故障时，必须断电、停风。向施工设备送电、送风前，应通知有关人员。

⑥非操作人员不得进入施工作业区。施工中，喷头和注浆管正前方严禁站人。

⑦施工过程中指定专人加强观察，定期检查锚杆抗拔力，确保安全。

⑧做好锚杆防护工作，锚杆安设后不得随意进行敲击、碰撞、拉拔杆体等扰动。

（8）预应力锚索施工安全措施。

①锚索造孔钻进时，应采取必要的除尘措施。开孔时，对孔口松动岩块应进行清除，以避免冲击钻进时岩体掉块伤人。

②钢绞线通过特制的放料支架下料，防止其弹力将人员弹伤，往孔内安装锚索时，应由专人统一协调指挥。

③锚索张拉时，在千斤顶伸长端设置警戒线，以防张拉时出现异常而伤人。

④锚索施工时，高压风管、高压油管的接头应连接牢固；造孔、张拉机械的传动与转动部分均需设置完备的防护罩。

⑤单根钢绞线运往施工现场进行现场编锚时，应注意传递时保证传递稳定，严禁直接将钢绞线丢向工作面。

⑥下锚时采用2t手拉葫芦配合人力下锚，人力下锚时用力要均匀一致，严禁将过长的锚体暴露在脚手架外，以免造成安全事故。

（9）喷混凝土施工安全措施。

①作业前，应认真检查施工区的边坡稳定情况，需要时应该先进行安全治理。

②对不良地质地段的临时支护，应结合永久支护进行，即在不拆除或部分拆除临时支护的条件下，进行永久性支护。

③遇到岩体发生变化的部位，及时通知技术部门，会同设计、监理等采取有效的支护方式。

④岩石渗水较多的地段，喷射混凝土之前应设法把渗水集中排出。喷后钻排水孔，防止喷层脱落伤人。

⑤锚喷工作结束后，应指定专人检查锚喷质量，若喷层厚度达不到要求、有脱落、变形等情况，应及时治理，以免出现开裂、掉块等安全隐患。

⑥喷浆处于高空作业，所有上架作业人员务必按规范要求系好安全带、安全绳，戴好安全帽，谨防高空坠落及坠物伤人。

⑦施工机具应布置在安全地带，以免高空坠物伤人。

⑧施工中定期检查电源线路和设备电器部件，确保用电安全。

⑨喷射混凝土施工作业中，要经常检查出料弯头、输料管、注浆管和管路接头等有无磨薄、击穿或松脱现象，发现问题及时处理。

⑩处理机械故障时，必须断电、停风。向施工设备送电、送风前，应通知有关人员。

⑪喷射作业中处理堵管时，应将输料管顺直，必须紧按喷头，疏通管路的工作风压不得超过0.4MPa。

⑫喷射混凝土施工用的工作台架应牢固可靠，必要时设置安全栏杆。

⑬非操作人员不得进入正进行施工的作业区。施工中，喷头和注浆管前方严禁站人。

⑭喷射混凝土作业人员工作时，应佩戴防尘口罩等防护工具。

（10）挂网钢筋施工安全措施。

①钢筋使用前，应清除污锈。

②钢筋网安设时，其搭接长度不小于200 mm。钢筋网宜在岩面喷一层混凝土后铺设。

③在喷射混凝土之前，先将钢筋网挂设在岩面上。

④钢筋网应根据被支护围岩面上的实际起伏形状铺设。

⑤钢筋网应与锚杆或锚钉头联结牢固，并应尽可能多点连接，以减少喷射混凝土时使网筋发生"弦振"。锚钉的锚固深度不得小于20 cm。以确保连接牢固、安全、可靠。

⑥在开始喷射时，应适当缩短喷头至受喷面的距离，并适当调整喷射角度，使钢筋网背面混凝土达到密实。

⑦在有水地段，应改变配合比，增加水泥用量。先喷干混合料，待其与涌水融合后，再逐渐加水喷射。喷射时由远而近，逐渐向涌水点逼近，然后在涌水点安设导管将水引出，再在导管附近喷射。

（11）被动防护网施工安全措施。

①清除坡面防护区域内威胁施工安全的浮土及浮石，针对不利于施工安装和影响系统安装后发挥正常功能的局部地形（局部堆积体和凸起体等）进行适当修整。

②按设计要求钻凿锚杆孔并清孔，锚杆孔注浆采用标号不低于M20的水泥砂浆，注浆时确保砂浆饱满，在下一道工序施工前注浆体养护不得少于三天。

③确定锚杆孔位时在孔间距允许的调整量范围内，尽可能在低凹处选定锚杆孔位；对非低凹处或不能满足系统安装后尽可能紧贴坡面的锚杆孔，应在每一孔位处凿一深度不小于锚杆外露环套长度的凹坑，一般口径20 cm、深20 cm。

④安装纵横向支撑绳时，张拉紧后两端各用2~4个（支撑绳长度小于15 m时为2个，大于30 m时为4个，其间为3个）绳卡与锚杆外露环套固定连接。

⑤挂网时从上而下铺挂格栅网，格栅网间重叠宽度不于5 cm，两张格栅网间的缝合以及格栅网与支撑绳间用Φ1.5 mm铁丝进行扎结，当坡度小于45°时，扎结点间距不得大于1 m。

⑥缝合阶段：缝合绳为Φ12 mm钢绳，每张钢绳网均用一根约31 m（或27 m）的缝合绳与四周支撑绳进行缝合并预张拉，缝合绳两端各用两个绳卡与网绳进行固定连接。

（12）框格梁混凝土施工安全措施。

①模板及其支撑系统必须有足够的强度、刚度和稳定性；其支撑部分应有足够的支撑面积。

②模板清洁，板面平整。不得使用翘曲变形、凸凹不平的模板；不得使用易翘曲、皱折的内衬膜，如旧铁皮、塑料薄膜等。

③选用适宜的模板隔离剂，涂刷均匀。不得采用废机油作为隔离剂。

④混凝土拌制良好。应采用搅拌站生产混凝土，或采用强制型搅拌机拌制。不得人工拌制混凝土。

⑤混凝土运送设备保浆，一次运输到位，防止离析。

⑥混凝土浇筑要连续进行，层间间断时间不宜超过混凝土初凝时间。采用串通、溜槽，使混凝土直接进入灌筑点，防止混凝土离析。

⑦混凝土施工设备、电源或供电设备要有备用，防止因故障中断施工而出现混凝土接茬。

⑧捣固密实。专人捣固，不漏振、不过振。插入式捣固器应该快插慢拔30秒。

⑨拆模适宜，养护良好，防止表面裂缝。特别要做好拆模初期的养护。

⑩防止拆模、机械作业时的外部伤害。

⑪禁止对表观缺陷随意修饰涂抹，若出现缺陷，采用环氧砂浆进行修补。

⑫起重设备，上料斗经常检查，钢绳应注意检查保险，各种扣件应该经常进行维护。

⑬施工现场应悬挂危险标识和警示牌，并安排专职安全员随时检查安全状

况，排除安全隐患。

⑭施工人员按规章作业，加强通信联络，专人负责起重设备指挥。

（13）施工机械设备安全措施。

①施工机械驶出出渣区前，应对所经路线的公路进行检查，确认路基基础、宽度、坡度、转弯半径、桥梁、涵洞等能满足安全条件后方可行进。

②进入开挖区域的施工机械，应该全面检查其技术性能，以免出现安全隐患。

③反铲在边坡作业时，距边沿应保持必要的安全距离，确保履带压在坚实的地基上，现场安排专人进行指挥。

④运输车辆应保证方向、制动、信号等齐全可靠。装渣高度不得高出车厢，严禁超速超载。

⑤施工机械停止作业时，必须停放在安全可靠、基础牢固的平地。

⑥施工设备应进行班前班后检查，加强现场维护保养，严禁"带病"运行，不得在斜坡上或危险地段进行设备的维修保养工作。

⑦锚喷作业的机械设备，应布置在安全地段，使用前进行安全检查，必要时进行密封性能和耐压试验，符合安全要求后方可使用。

⑧喷浆机、注浆机、油泵、水泵等设备机械，应安装压力表和安全阀，使用过程中发现有破损或失灵时，及时进行更换。

⑨施工过程中进行机械故障修理时，应停机、断电、停风等，在开机送风、送电之前，提前通知相关作业人员。

（14）高处作业安全措施。

①凡经医生诊断，患高血压、心脏病、贫血、精神病，以及其他不适于高处作业病症的人员，不得从事高处作业。

②凡在坠落高度基准面2 m和2 m以上有可能坠落的高处进行作业，均称为高处作业。

③从事高处作业，必须系好安全带、安全绳和穿软底鞋，不准穿塑料底和带钉子的硬底鞋。

④进行高处作业时，临空一面必须设置安全网和防护栏杆，且必须拴好安全带、安全绳，戴好安全帽等防护用品。

⑤安全网必须随着建筑物升高而提高，安全网距离工作面的最大高度不超过3 m。安全网搭设外侧比内侧要高0.5 m，长面拉直拴牢在固定的架子或固定物体上。

⑥高处作业使用的工具、材料等，不准掉下。严禁使用抛掷方法传送工具、材料。小型材料或工具应该放在工具箱或工具袋内。

⑦高处作业人员，精神要集中，不得打闹，不得麻痹大意，防止坠落。

⑧高处作业前和每班作业施工前，当班班长及安全人员应检查架子、脚手板、马道、梯道和安全带、安全绳以及防护设置等，必须符合安全要求，不得违规使用。

⑨高处作业使用的材料应随用随吊，用后及时清理，不允许将多余的材料堆放在临空面边缘及脚手板和其他物架上。

⑩高处作业时，不得坐在台阶、模板、脚手板边缘休息，不得骑坐在栏杆上、躺在脚手板上或安全网内休息。

⑪如果有六级以上的大风且没有特别可靠的安全措施，禁止从事高处作业。

⑫夜间高处作业，必须设置足够的照明，防护措施到位，作业人员作业前应休息好，禁止24 h不休息连续作业。

（15）其他安全措施。

①人身安全。

对作业班组进行经常性的安全教育，对新进场人员进行入场教育，以增强全体施工人员的安全意识。

必须正确佩戴安全帽上班，高空及高边作业时必须系安全带、系安全绳并在有可靠的安全防护条件下作业，湿滑地带严禁穿胶底鞋。

爆破操作时必须由持爆破证人员操作，并做好周围的警戒工作，保证过往行人及车辆等的安全。

野外作业要防止各种蛇虫叮咬。高温与严寒天气作业时必须要配齐各种劳保用品。

②材料安全。

材料运输中车载构件要码放整齐、捆绑牢固，防止在运输中构件相互挤压碰撞出现缺棱少角现象，防止中途发生构件坠落现象。

各种材料必须有进场合格证并经试验检测部门检定合格后才能进场，防止因材料的质量问题造成安全事故。

③环境安全。

对施工现场随时进行安全检查，发现问题及时纠正，对违章、冒险作业予以制止，并有权停止其作业。

施工现场做好交通安全工作，设专人指挥车辆、机械。交通繁忙的路口设立标志，并有专人指挥。

现场易燃、易爆物品必须分开存放，保持一定的安全距离。

面临河道或道路施工时，要有醒目的安全标识及可靠的限行安全措施，保证施工时无人员或车辆通行。

加强雨季施工监控，防洪、防坍塌、防河流堵塞。

④森林防火。

每年进行森林防火宣传培训等工作，并按要求制作标语、横幅以及防火告知牌等。

设立森林防火应急小组，配备足够的对讲机，确保联络机制完善，信息传递及时准确。

设立森林防火检查岗，安排2名专职人员进行火种检查，作业人员进入施工区域不得携带火种。

施工作业面按要求配备足够的灭火器。

在非施工作业区，严禁使用易燃、易爆品，在作业区内使用应遵循作业规范，切实保证作业安全。

对生活用火进行集中管理，禁止私自生火做饭。

定期对施工用电线路进行检查，防止雷电引起火灾。

重点防火区域，如库房、焊接加工区，安排专人守护、值班，远离火源，杜绝火种。

⑤防洪度汛措施。

旦波崩坡积体施工期间，每年汛期进行两次防洪度汛演练。

建立防洪度汛物资储备，配备编织袋、彩条布及其他必要的防汛物资。

汛期前，在上游侧冲沟底部开挖2 m × 2 m × 2 m的集水井，并接DN400双壁波纹管至旦波崩坡积体施工区域外进行引排。

安排专人负责截排水沟及边坡的检查清理。

设立防洪度汛应急小组，配备足够的对讲机，确保联络机制完善，信息传递及时准确。

环境保护及水土保持

9

9.1 施工内容

本工程承担的环境保护与水土保持（简称环保水保）工作内容为杨房沟水电站环境影响报告书、水土保持方案报告书及相关批复文件中的涉及旦波崩坡积体处理工程范围内的环保水保专项工程和环保水保措施、环保水保阶段验收和竣工专项验收工作、环保水保设施移交前的运行维护及管理等工作。

本工程环保水保实施过程中，遵循以下原则：

（1）预防为主、防治结合的原则。

本工程实施过程中遵循"预防为主、防治结合"的原则，及时落实各项环境保护和水土保持措施，防止环境污染和生态破坏的现象发生，切实减少工程建设中可能造成的水土流失。

（2）"三同时"原则。

本工程实施过程中，环境保护与水土保持工程及临时环保水保设施与主体工程同时设计、同时施工、同时投产使用。

（3）分级管理原则。

本工程接受各级环境保护和水行政主管部门、发包人、监理人的监督、检查，内部则实行联合体总承包部、工区、作业队、现场管理人员分级管理制，层层落实责任，并负责各自范围内的环境保护和水土保持工作。

（4）针对性原则。

本工程实施过程中遵循"谁污染，谁治理"的基本原则，针对工程建设的不同时期和不同区域可能会出现不同的环保水保问题，建立合理的环境管理机构，制定管理制度，采取专项控制措施，针对性地解决出现的问题；施工结束后，临时环保水保设施按"谁建设，谁拆除"原则进行无害化拆除，并做好迹地恢复工作。

9.2 组织机构

本工程建立以总承包部项目经理为组长，总承包部班子成员、各职能部门、工区负责人组成的环保水保工作领导小组。领导小组下设环保水保办公室，办公室设在安全环保部，负责环保水保工作的日常事务。

总承包部将环境保护、水土保持同安全与文明施工、质量、进度等同对待，环保水保管理体系符合业主现场管理机构的规定。环境管理体系实行：项目负责人→职能管理部门→工区→现场管理人员分级管理体制，按发包人招标文件有关规定配备（专）兼职环境保护管理人员，并接受发包人、环保水保监理和工程监理的管理及监督性检查。建立以项目经理为工程环保水保第一责任人，安全副经理为直接责任人，由与环境水保管理直接相关的各职能部门负责人组成环保水保考核小组，由项目分管安全环保副经理具体组织实施，安全环保部负责日常管理工作。

本工程环保水保保证体系见图9-1。

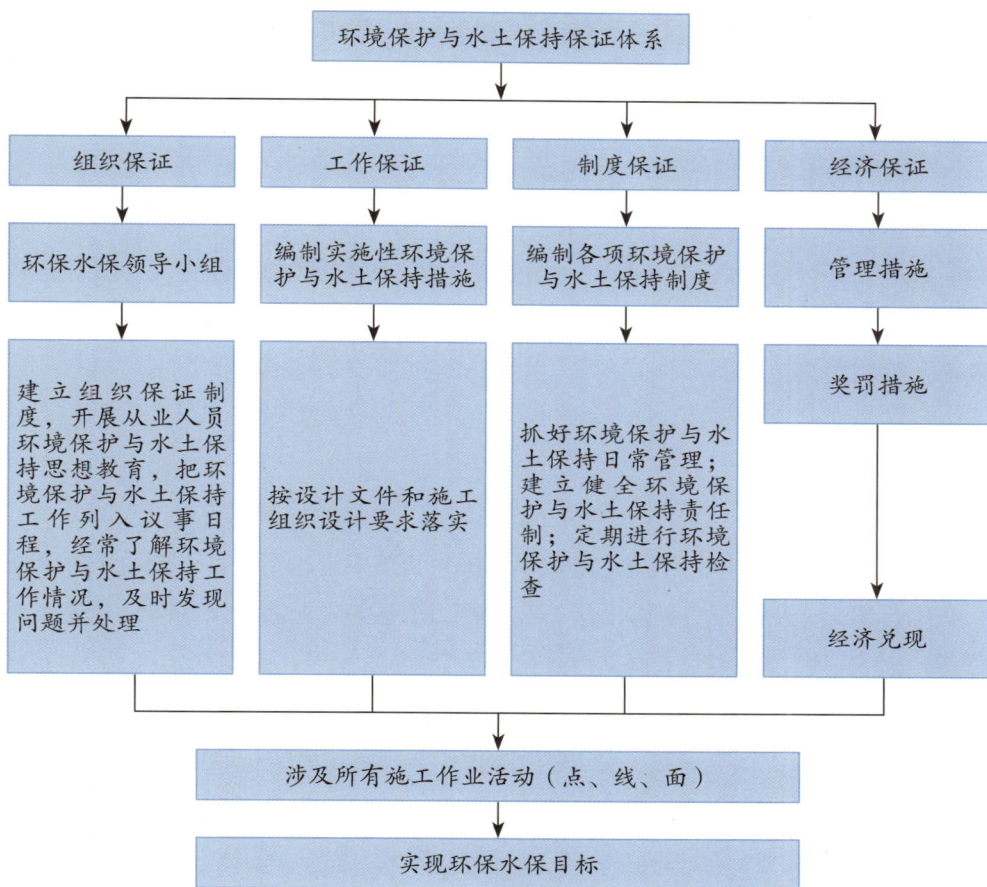

图9-1　环保水保保证体系

9.3 环境保护

9.3.1 施工规划

（1）风、水、电、气供给线路布置整齐，尽可能不损害临设区内的树木和植被等，安全标识齐全。在所有敷设的管闸阀处都设有醒目的"节约用水"标志。生产和生活污水进行无害化处理（即厌氧消化技术），做到"三个统一"，即污水统一集中、统一无害化处理、统一排放。

（2）加强进场人员环境保护意识，杜绝人为对环境造成的伤害。生活垃圾集中堆放、集中处理，职工居住营地布局整齐，宿舍干净整洁、生活用品统一，施工工作服和劳动保护用品集中存放，切实改善和创建好职工的生活环境和娱乐环境，争创文明施工区。

（3）进场施工机械和进场材料停放、堆存要集中整齐，施工车辆在施工完后都必须清洗干净后方可停放在指定停车场。建筑材料堆放有序，并挂材料名称、规格、型号等标识牌。对有公害的材料如火工材料和爆炸器材，易燃、易爆的油气罐等，必须在无公害措施情况下进行分类别存放，当地政府环保部门和公安消防部门负责监督。

9.3.2 水环境保护

（1）生产废水。

持续对各作业面排水系统（排水沟、排水管路）进行了完善、疏通，清理临时积水坑积泥，加强三级沉淀池运行及维护，加强各作业面积水抽排，对废水进行统一回收利用，落实专人对排水设施进行管理等。

（2）混凝土拌和废水。

本单位工程混凝土主要由低线拌和楼生产，混凝土拌和系统设置污水沉淀池，使产生的废水达到排放标准后再进行排放。

（3）生活污水。

在生产区、临时生活区设置足够数量的环保厕所，负责建设、运行和维护生活污水收集及处理系统，并将污水处理后回用，不得将生活污水直接排入江内，达到生活污水"零排放"标准。

9.3.3 大气环境保护

工程施工期间，可能对空气产生影响的污染源主要有：边坡开挖支护产生的粉尘、堆渣体大面积裸露坡面产生的粉尘、水泥和粉煤灰运输装卸过程中泄漏的粉尘、混凝土搅拌站产生的粉尘、砂石加工系统产生的粉尘、运输车辆产生的扬尘等。

为营造良好的施工环境，保证施工人员的健康，崩坡积体施工期间采取了专门的施工降尘措施，相关措施及配套设施如下：

（1）崩坡堆积体降尘用水管线布置。

降尘所用水源取自右岸上坝交通洞系统水及旦波崩坡积体高位水池（从上游旦波沟内采用约7km长Φ100mmPE管取水），管线布置见图9-2。

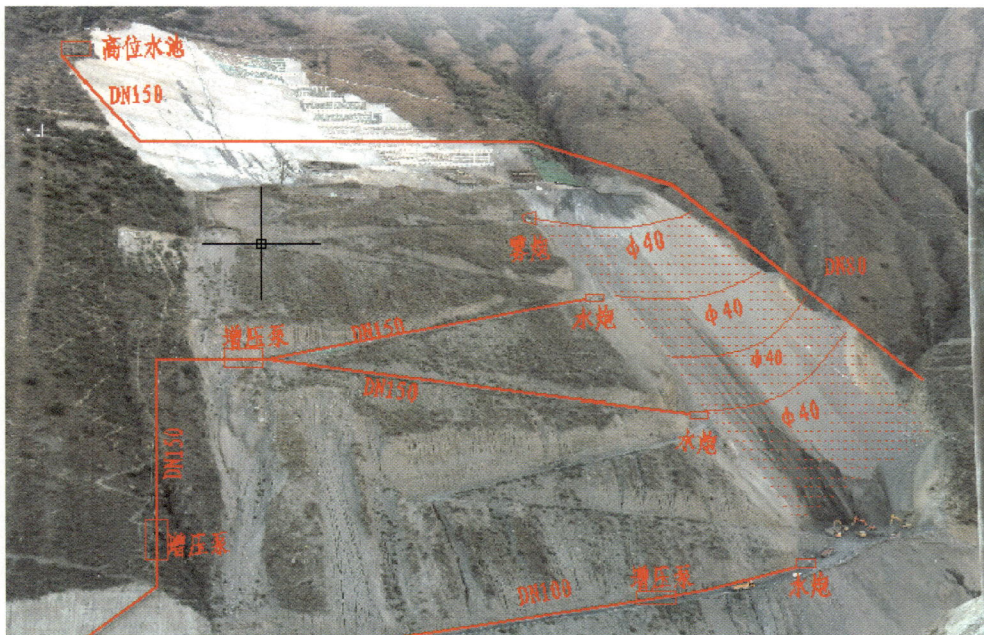

图9-2 旦波崩坡堆积体降尘用水管线布置

（2）崩坡积体边坡开挖工作面降尘措施。

边坡开挖工作面上的粉尘来源主要为渣料挖装、工作面清理、支护钻孔施工过程中产生的粉尘，工作面降尘处理方式采用人工接引水管进行洒水降尘。边坡支护钻机造孔过程中产生的粉尘，主要采用在钻机孔口增设喷淋水管，在孔口吸收孔内所排出的粉尘。

（3）上游冲沟堆渣体降尘措施。

旦波崩坡积体边坡开挖出渣采用由开挖工作面推渣至上游侧冲沟下方的2070m高程集渣平台的方式。在边坡开挖施工和向上游侧集渣平台推渣施工过程中，受季风影响，工作面上粉尘和堆渣体坡面扬尘严重。坡面上产生的扬尘，主要是石渣中夹杂的细小粉尘在集渣过程中自然飞扬，以及渣料和坡面撞击所引起的坡面粉尘飞扬。

　　采用的扬尘处理方式：通过布置在开挖区域外的移动式淋喷高压喷枪对要下推至集渣平台的渣料先进行洒水，使渣料湿度增大，降低扬尘，再进行挖装出渣；定时定点对容易产生扬尘的坡面喷水以降低粉尘，采用移动式淋喷高压喷枪，安排专人对容易扬尘的坡面喷水雾化来降低粉尘；同时，对坡面上不能及时清理的挂渣根据实际情况采取喷淋措施保证渣体湿润，防止扬尘的产生。具体措施如下：

　　①从右岸上坝交通洞水源处接引DN150供水管，自年公沟至旦波出渣道路敷设。在出渣道路适当位置，分三趟路线布置：

　　路1（DN100）供水管沿出渣道路坡脚处埋设至堆渣体底部位置。

　　路2、路3（DN150）供水管沿下游侧临时爬梯处边坡布置至高程2160平台，利用三通及DN150供水管进行分流，最终引至堆渣体不同高程处。

　　供水管沿途适当位置设置增压泵，末端采用高扬程水炮进行洒水。

　　②在旦波上部施工工作面，固定一台水车，负责施工工作面及堆渣体顶部的降尘（见图9-3）。水车加水点设置在堆渣体顶部，保证工作面降尘效果。

图9-3　堆渣体顶部平台洒水车输水降尘

③在"之"字路拐点处，设置一台雾炮，对堆渣体进行洒水降尘。

④在堆渣体范围按照约50 m高差横向布置Φ40 mm白矿管（每30～50 cm进行钻孔）进行坡面洒水，必要时进行加密布置（见图9-4）。

图9-4　堆渣体坡面水管洒水

（4）水泥、粉煤灰运输装卸过程中防护措施。

采用散装水泥罐运输，运输装卸的全部过程密闭进行。定期对储罐密封性能进行检查维修。水泥、粉煤灰的储存和转运系统保持良好的密封状态，并定期检修保养。对水泥、粉煤灰等易飞扬的细颗粒散体建筑材料设专门库房堆放，装卸时采取必要的防护措施，露天堆放时要下垫上盖，防止飞扬和流失而造成污染。

（5）拌和站系统除尘措施。

根据拌和站实际情况，参照国家《工业"三废"排放试行标准/（GBJ4-

73）》，确定按第二类生产性粉尘标准执行，粉尘排放浓度控制在150 mg/m³以下。

拌和站配备除尘设备，在生产过程中同时运转使用。加强除尘设备的效果监测，如效果不符合要求时，配两级除尘设备，第一级为旋风式除尘，第二级为布袋式除尘，或配置其他高效除尘器。

除尘设备在使用过程中，按操作规程进行维护、保养、检修，使其始终处于良好的工作状态。

（6）对外交通及场内交通扬尘的治理。

道路上的扬尘主要由于施工道路干燥，施工设备在行驶中产生扬尘。处理方式：出渣车辆装车高度不得超过车厢挡板高度，使用编织布在车厢顶部加装顶盖，车辆行驶速度一般不大于25 km/h。晴天安排洒水车对场内施工道路、施工场地和弃渣场进行洒水，避免扬尘对周围环境的污染（见图9-5）。

图9-5 施工道路洒水车输水降尘

9.3.4 声环境保护

施工期间，土石方开挖、边坡支护钻孔以及其他机械设备与运输车辆的使用都会产生噪声污染。其中较大声级噪声来自土石方开挖、边坡支护钻孔和交通运输车辆。控制噪声污染的有效途径有三个：降低声源噪声、限制声传播和阻断声接收。

（1）噪声源控制。

采用符合环保要求的低噪声设备和工艺以降低噪声源强。

开挖钻机、混凝土拌和系统等高噪声机械安装降噪设备，振动大的机械设备使用减振机座降低噪声，加强设备的维护和保养，保持机械润滑，尽量缩短高噪声机械设备的使用时间，从根本上降低源强。

合理安排施工时间，夜间22：00—次日8：00和中午午休时间尽量避免施工；加强交通管制，运输车辆经过道路沿线村庄时，禁止鸣笛，合理安排运输时间。

（2）传声途径控制。

采用隔声材料建隔声操作室和隔声值班、休息室，并在房间内表面装饰多孔性吸声材料。

（3）施工人员个人防护措施。

加强劳动保护，改善施工人员作业条件。给受噪声影响大的施工人员配发防噪声耳塞、耳罩或防噪声头盔等噪声防护工具。

9.3.5 固体废物收运及处置

本工程固体废物包括生活垃圾和生产垃圾，其中生活垃圾在相应的垃圾临时存放点收集，生产垃圾指弃渣及废弃的零碎配件边角料、水泥袋、包装箱等其他建筑垃圾，清运至指定弃渣场。

（1）废弃土石方。

施工过程中加强对土石方的规范管理和处理，充分利用土石方和建筑垃圾，尽量使产生的弃土、弃渣量最小，使渣场占地面积减小。

本工程施工过程中开挖的土石方应尽可能用于回填及综合利用，对无法回填的弃渣运至规划的弃渣场进行处治，并对渣场采取有效的工程防护措施。在堆渣前，尽量将表层熟土剥离集中堆放在表土堆放场，并加以防护。渣场覆土整治后，在渣场植树、种草，恢复植被。

（2）生活垃圾。

生活垃圾的产生主要集中在施工期，在各施工区设置专用金属垃圾桶，收集有机垃圾定期运往垃圾填埋场处理；建筑废弃物等无机垃圾在渣场进行卫生填埋。

（3）土石料防冲措施。

施工时临时堆放的土石料应该采取遮盖、拦挡等防冲措施，以免被雨水冲入河道。

9.4 水土保持

本工程水土保持工程范围包括旦波崩坡积体施工范围及施工扰动区。本工程规模大，施工期长，施工过程中开挖量大，弃渣量较多，必须采取有效的预防措施，控制施工过程中的水土流失。水土保持工程植物措施见前文，此处不再赘述。

水土保持工程措施如下：

（1）优先在开挖区外围和各级边坡马道上施工截水沟、排水沟，形成排水系统，防止雨水进入施工范围。

（2）根据施工进度，在集渣平台和施工道路的临河侧采用钢筋石笼或挡土坎等挡渣措施，避免滚石、滚渣下河（见图9-6、图9-7）。

（3）开挖前首先对区域内表土实施剥离，表土剥离后采取保护措施，后期用于土地复垦。

（4）及时对开挖出的大面积裸露土质边坡进行支护，防止扬尘和雨水冲刷引发水土流失危害。

（5）施工临时道路的开挖、填方区均应按稳定坡度进行施工，尽量做到挖填平衡。对开挖、填筑等形成的软弱边坡及时处理防护。

（6）合理设计开挖措施，尽可能采取保护措施保护施工区内外的树木及植

图9-6 集渣平台钢筋石笼挡渣墙

图9-7 施工道路钢筋石笼挡渣墙

被，对新开挖的裸露的工作面及时采取防护措施，以免引起滑坡造成水土流失而破坏树木植被。

9.5 绿色施工

9.5.1 质量优良

（1）质量制度建设。

有效运转以项目经理为质量第一责任人的质量管理领导小组及质量监督、保证系统，同时以雅砻江杨房沟水电站设计施工总承包项目特点修订质量体系及各项规章制度。

（2）质量培训。

每季度对项目负责人及技术人员、质量管理人员、参建人员进行质量培训。

（3）现场质量过程控制。

①原材料质量控制。

试验检测室全面负责材料使用前的检验、使用过程的监督检查和对工程半成品或成品取样试验的现场监督。对于检查发现的不合格材料，一律禁止使用。试验检测室严格按照合同文件及规程规范的要求控制原材料的质量，对进场材料的取样、检验试验、存放、使用等环节进行监督与控制，不合格的原材料不得进入施工现场。

②土石方开挖质量控制。

根据各部位的施工方案合理组织安排实施，明挖采用自上而下的工序进行，造孔孔位、间距、排距、倾角、孔深严格按设计进行控制。

③混凝土施工质量控制。

浇筑应连续进行，避免出现冷缝现象，若混凝土供应中断时间过长，需对混凝土料头进行处理之后再继续施工。浇筑过程中应加强对混凝土的平仓浇捣，外露面复振。混凝土浇筑结束后及时养护，保证混凝土表面处于湿润状态，养护时间不低于规范要求。

④锚喷支护施工质量控制。

锚杆施工前应由技术人员布孔,孔位偏差应在规范要求以内,钻孔必须按要求孔径施工,孔深必须控制在规范及设计要求以内。在锚杆灌注前,锚杆孔必须进行冲洗,经监理工程师检查后才能进行锚杆灌注。灌注砂浆必须饱满,灌注砂浆的配合比必须按照设计要求及规范要求进行,锚杆的型号必须符合设计图纸的要求。挂设钢筋网的钢筋型号、间距必须符合设计图纸的要求,挂设必须紧贴坡面,与锚杆头牢固绑扎。经过监理工程师验收后进行喷射砼施工,喷射砼必须严格按照设计图纸及规范要求进行,厚度及强度必须达到要求,喷射砼完成后应进行砼的养护,养护不得短于规范要求时间。

⑤灌浆质量控制。

施工前进行技术交底,严格按照设计要求和施工规范要求对灌浆设备、管路、浆液、灌浆孔等进行工序验收,施工过程有专职人员进行现场旁站,试验人员进行浆液的抽检取样。

9.5.2 安全可靠

(1)强化组织机构、落实安全责任。

为加强安全工作领导,明确安全职责及目标,总承包部成立了安全领导小组,确定年度安全目标。为保证目标顺利实现,总承包部对安全目标进行分解并层层签订各类安全责任书。

(2)完善规章制度、规范内业管理。

建立健全制度措施,如重大危险源安全管理制度、安全生产检查制度、安全生产责任追究制度、施工安全奖罚细则、交通安全管理办法、爆破人身伤亡事故应急救援预案、高空作业应急预案、防洪度汛措施、施工现场环境保护措施等。

(3)加强宣传教育、强化队伍建设。

为营造良好安全氛围、增强人员安全意识,采取安全标语、安全横幅、安全讲座、安全交底及安全考试等各种方式来实施。

(4)加大安全投入。

为促进安全方案、措施落实到位,保障员工安全和健康,安全投入包括:安全防护设备设施改造维护,应急救援器材、劳保用品,安全检查及评价,隐患、危险源评估整改及监控,安全技能培训及演练,文明施工,环境整治等。

（5）加强隐患排查、整治。

每月定期进行一次联合检查、部门每周展开3次安全检查、安全员每天巡查。检查内容涉及习惯性违章、安全用电、高空作业、爆破作业、火工材料管理、机械安全、交通安全、消防安全、地质灾害防范、职业健康等。每月定期对安全隐患进分析、评估，制定措施及预案，及时落实，安排专人监控。

（6）完善激励制度。

制定安全生产奖惩办法，对于安全生产责任落实到位的单位或个人给予奖励，对于安全生产意识淡薄的单位或个人给予处罚。

（7）严格劳保管理。

为促进个人劳动保护，按照相关文件规定，定期向职工发放劳保用品。

9.5.3 经济合理

（1）人员成本控制。

建立健全激励和约束机制，按功能优化原则组建管理部门和作业队伍。对职工管理到位，激励多劳多得，奖勤罚懒。

（2）材料成本控制。

材料从采购到使用进行全过程控制，及时掌握市场材料价格信息，采取评标形式集中采购，评标形式主要体现在商家材料质量、材料价格方面等。材料存放和保管必须措施得当，以免造成人为性的材料损失。发放材料严格按照定额供料，进出库材料手续齐全，以免造成材料损失。现场使用材料严格按施工规范进行施工，严禁超标使用，对周转性材料坚决杜绝破坏性使用。对材料从采购到保管以至施工现场使用进行全过程控制和管理，材料管理好坏直接影响着成本控制效果和整个工程的经济效益。

（3）机械成本控制。

①合理配置机械设备，使用机械设备产生最大效益，提高机械设备的使用率和利用率，充分发挥机械优势创造效益，降低机械成本。

②加强机械设备的维修保养，降低消耗性配件的开支。操作人员定机定人持证上岗，严格按照操作规程，保证机械设备的正常运行，创最佳效益。

③进行单机核算，对所有机械设备在施工前进行各方面指标核定，包括油料

消耗、润滑油消耗、易损件消耗等各种消耗。根据消耗和产出的能耗比，合理安排机械设备使用，减少不必要消耗。

④建立机械设备管理、使用者的考核制度。定期对机械设备进行评比，根据评比考核结果对设备的管理人、使用人奖优罚劣。

（4）质量成本管理。

"质量是企业的生命"，工程施工过程中坚持"预防为主，检验把关"，明确提出质量要求，提前介入式管理，对重点部位、工序进行现场管理，杜绝一切因人为造成的质量事故而带来的经济损失。

（5）环保、职业健康安全成本管理。

根据国家的相关法律、法规，建立健全环保、职业健康安全保证体系和制定详细的操作规程，加强施工区域内的各种安全防范措施，严格按照标书安全防范措施进行防范布置。

（6）技术管理成本控制。

在满足工程要求的情况下，对进度计划、技术方案、爆破设计进行合理优化。本工程施工技术管理总体达到同期国内先进水平，实施过程中制定详细可行的施工方案，在施工过程中不断优化，并积极采用先进的施工技术和优选施工工艺，做到宏观构思、细节优化、工艺细腻。

（7）经营管理成本控制。

加强总承包部内部合同管理，对分包按要求进行招投标制度管理，引进合同履约能力强的外协队伍。

（8）施工成本管理。

严格控制边坡的超挖，提高开挖面的平整度。减少开挖运输量、喷射混凝土量和混凝土超填工程量。

9.5.4 资源节约

（1）节材与材料。

①节材措施。

图纸会审时，审核节材与材料资源利用的相关内容，降低材料损耗率。根据施工进度、库存情况等合理安排材料的采购、进场时间和批次，减少库存。

现场材料堆放有序；储存环境适宜，措施得当；保管制度需健全，责任落实。材料运输工具适宜，装卸方法得当，防止损坏和遗洒。根据现场平面布置情况就近卸载，减少或避免二次搬运。采取技术和管理措施增加模板、脚手架等的周转次数。

②结构材料。

建立钢筋加工厂，钢筋采用专业化加工和配送。优化钢筋配料和钢构件下料方案。钢筋及钢结构制作前应对下料单及样品进行复核，无误后方可批量下料。对施工方案进行优化，减少方案的措施用材量。

③周转材料。

选用耐用、维护与拆卸方便的周转材料和机具。优先选用制作、安装、拆除一体化的专业队伍进行模板工程施工。模板应以节约自然资源为原则，推广使用定型钢模、钢框竹模、竹胶板。施工前应对模板工程的方案进行优化，使用可重复利用的模板体系，模板支撑宜采用工具式支撑。

（2）节水与水资源。

①提高用水效率。

施工中采用先进的节水施工工艺。现场搅拌用水、养护用水应采取有效的节水措施，严禁无措施浇水养护混凝土。施工现场供水管网应根据用水量设计布置，管径合理、管路简洁，采取有效措施尽量避免管网和用水器具的漏损。现场机具、设备、车辆冲洗用水必须设立循环用水装置。施工现场办公区、生活区的生活用水采用节水系统和节水器具，提高节水器具配置比率。项目临时用水应使用节水型产品，安装计量装置，采取有针对性的节水措施。施工现场建立可再利用水的收集处理系统，使水资源得到梯级循环利用。施工现场分别对生活用水与工程用水确定用水定额指标，并分别计量管理。

②非传统水源利用。

优先采用中水搅拌、中水养护。现场机具、设备、车辆冲洗、喷洒路面、绿化浇灌等的用水优先采用非传统水源。

③用水安全。

在非传统水源和现场循环再利用水的使用过程中，制定有效的水质检测与卫生保障措施，确保避免对人体健康、工程质量以及周围环境产生不良影响。

（3）节能与能源利用。

①节能措施。

制定合理的施工能耗指标，提高施工能源利用率。优先使用国家、行业推荐的节能、高效、环保的施工设备和机具，如选用变频技术的节能施工设备等。施工现场分别设定生产、生活、办公和施工设备的用电控制指标，制定用电管理办法，定期进行计量、核算、对比分析，并有预防与纠正措施。在施工组织设计中，合理安排施工顺序、工作面，以减少作业区域的机具数量，相邻作业区充分利用共有的机具资源。安排施工工艺时，应优先考虑耗用电能或其他能耗较少的施工工艺，避免设备额定功率远大于使用功率或超负荷使用设备的现象。根据当地气候和自然资源条件，在营地设置太阳能热水器。

②机械设备与机具。

建立施工机械设备管理制度，开展用电、用油计量，完善设备档案，及时做好维修保养工作，使机械设备保持低耗、高效的状态。选择功率与负载相匹配的施工机械设备，避免大功率施工机械设备低负载长时间运行。机电安装可采用节电型机械设备，如逆变式电焊机和能耗低、效率高的手持电动工具等，以利于节电。机械设备宜使用节能型油料添加剂，在可能的情况下，考虑回收利用，节约油量。合理安排工序，提高各种机械的使用率以及满载率，降低各种设备的单位耗能。

③生产、生活及办公临时设施。

利用场地自然条件，合理设计生产、生活及办公临时设施的朝向、间距和窗墙面积比等，使其获得良好的日照、通风和采光。南方地区可根据需要在其外墙窗设遮阳设施。临时设施宜采用节能材料，墙体、屋面使用隔热性能好的材料，减少夏天空调、冬天取暖设备的使用时间及耗能量。合理配置采暖、空调、风扇数量，规定使用时间，实行分段分时使用，节约用电。

④施工用电及照明。

临时用电优先选用节能电线和节能灯具，临电线路合理设计、布置，临电设备宜采用自动控制装置。采用声控、光控等节能照明灯具。照明设计以满足最低照度为原则，照度不应超过最低照度的20%。

（4）节地与施工用地。

①临时用地指标。

根据施工规模及现场条件等因素合理确定临时设施，如临时加工厂、现场作业棚及材料堆场、办公生活设施等的占地指标。临时设施的占地面积应按用地指标所需的最低面积设计。

平面布置合理、紧凑，在满足环境、职业健康与安全及文明施工要求的前提下，尽可能避免出现废弃地和死角。

②临时用地保护。

红线外临时占地应该尽量使用荒地、废地，少占用农田和耕地。工程完工后，及时恢复红线外占地地形、地貌，使施工活动对周边环境的影响降至最低。

利用和保护施工用地范围内原有绿色植被。对于施工周期较长的现场，可按建筑永久绿化的要求，安排场地新建绿化。

③施工总平面布置。

施工总平面布置应做到科学、合理，充分利用原有建筑物、构筑物、道路、管线为施工服务。施工现场搅拌站、仓库、加工厂、作业棚、材料堆场等布置应尽量靠近已有交通线路或即将修建的正式或临时交通线路，缩短运输距离。

临时办公和生活用房应采用经济、美观、占地面积小、对周边地貌环境影响较小，且适合于施工平面布置动态调整的多层轻钢活动板房、钢骨架水泥活动板房等标准化装配式结构。生活区与生产区应该分开布置，并设置标准的分隔设施。

施工现场围墙可采用连续封闭的轻钢结构预制装配式活动围挡，减少建筑垃圾，保护土地。施工现场道路按照永久道路和临时道路相结合的原则布置。施工现场内形成环形通路，减少道路占用土地。临时设施布置应注意远近结合，努力减少和避免大量临时建筑拆迁和场地搬迁。

9.5.5 环境友好

（1）扬尘控制。

①运送土方、垃圾、设备及建筑材料等，不污损场外道路。运输容易散落、飞扬、流漏的物料的车辆，必须封闭严密，保证车辆清洁。

②土方作业阶段，采取洒水、覆盖等措施，使作业区目测扬尘高度小于

1.5 m，不扩散到场区外。对易产生扬尘的堆放材料应采取覆盖措施；对粉末状材料应封闭存放；搬运场区内可能引起扬尘的材料及建筑垃圾应有降尘措施，如覆盖、洒水等；浇筑混凝土前清理灰尘和垃圾时尽量使用吸尘器，避免使用吹风器等易产生扬尘的设备；机械剔凿作业时可用局部遮挡、掩盖、水淋等防护措施；对现场易飞扬物质采取有效措施，如洒水、地面硬化、围挡、密网覆盖、封闭等，防止扬尘产生。

（2）噪声与振动控制。

①现场噪声排放不得超过国家标准。

②对噪声进行实时监测与控制，监测方法执行国家相关标准。

③使用低噪声、低振动的机具，采取隔音与隔振措施，减少或避免施工噪声和振动。

（3）光污染控制。

①尽量避免或减少施工过程中的光污染。夜间室外照明灯加设灯罩，透光方向集中在施工范围。

②电焊作业采取遮挡措施，避免电焊弧光外泄。

（4）水污染控制。

①施工现场污水排放应达到国家相关标准的要求。

②在施工现场应针对不同的污水设置相应的处理设施，如沉淀池、隔油池、化粪池等。

③污水排放应委托有资质的单位进行废水水质检测，并提供相应的污水检测报告。

④保护地下水环境，采用隔水性能好的边坡支护技术。

⑤对于化学品等有毒材料、油料的储存地，应有严格的隔水层设计，做好渗漏液收集和处理。

（5）土壤保护。

①保护地表环境，防止土壤侵蚀、流失。因施工造成的裸土，及时覆盖砂石或种植速生草种，以减少土壤侵蚀；施工容易造成地表径流土壤流失的情况，应采取设置地表排水系统、稳定斜坡、植被覆盖等措施，减少土壤流失。

②防止沉淀池、隔油池、化粪池等发生堵塞、渗漏、溢出现象，及时清掏池

内沉淀物，并委托有资质的单位清运。

③对于有毒有害废弃物如电池、墨盒、油漆、涂料等应回收后交有资质的单位处理，不能作为建筑垃圾外运，避免污染土壤和地下水。

④施工后应恢复施工活动破坏的植被（一般指临时占地内）。与当地园林、环保部门或当地植物研究机构进行合作，在先前开发地区种植当地或其他合适的植物，补救施工活动中人为破坏植被和地貌造成的土壤侵蚀。

安全监测及边坡现状分析

10.1 安全监测布置

　　旦波崩坡积体的监测项目主要包括表面变形、深部变形和支护锚索荷载监测（见图10-1）。

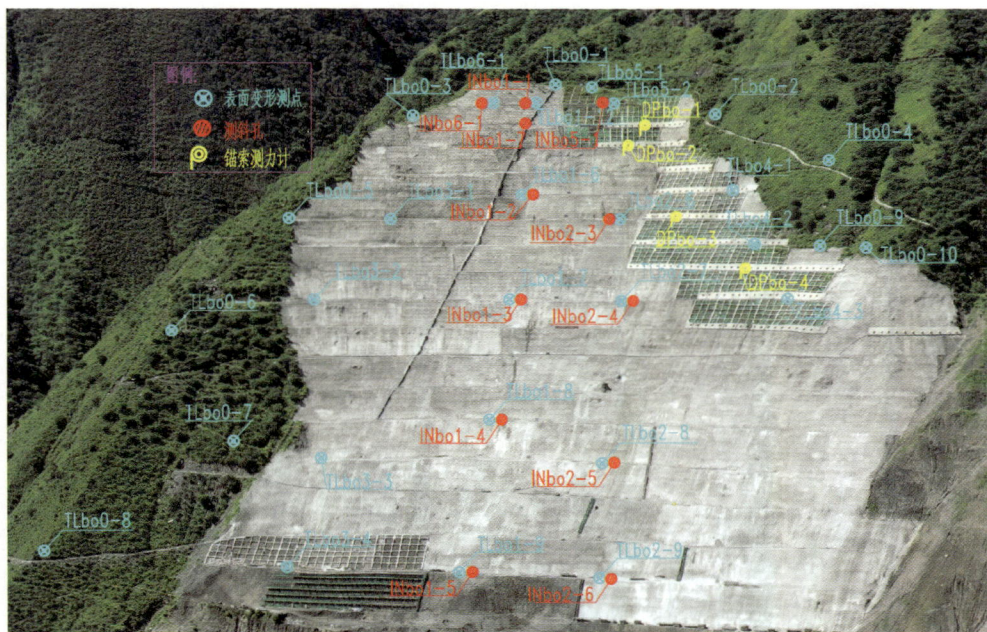

图10-1　旦波崩坡积体边坡监测仪器布置示意图

（1）表面变形监测。

根据2017年7月14日局部变形出现裂缝等现场情况，为加强旦波崩坡积体表面变形监测、便于施工期分析处理，现场共计埋设32个表面变形临时测点（见图10-2）。其中在旦波崩坡积体边坡中部高程2335～2420 m范围内的裂缝区域及其周围一圈共安装埋设26个表面变形临时测点，测点编号为TPlsA-1～TPlsA-5、TPlsB-1～TPlsB-8、TPlsC-1～TPlsC-5、TPls1-1～TPls1-5、TPls3-1～TPls3-3；在旦波崩坡积体上游侧边坡高程2425～2450 m开裂区域及其顶部、两侧共安装埋设6个表面变形临时测点，测点编号为TPls0-1～TPls0-6。

另外，在旦波崩坡积体选取不同高程和开挖线外侧共计安装埋设25个表面变形永久测点，测点编号为TLbo0-1～TLbo0-17、TLbo0-9～TLbo0-10、TLbo1-6～TLbo1-8、TLbo1-12、TLbo2-6～TLbo2-8、TLbo3-1～TLbo3-3、TLbo4-1～TLbo4-3、TLbo5-1、TLbo5-2、TLbo6-1。

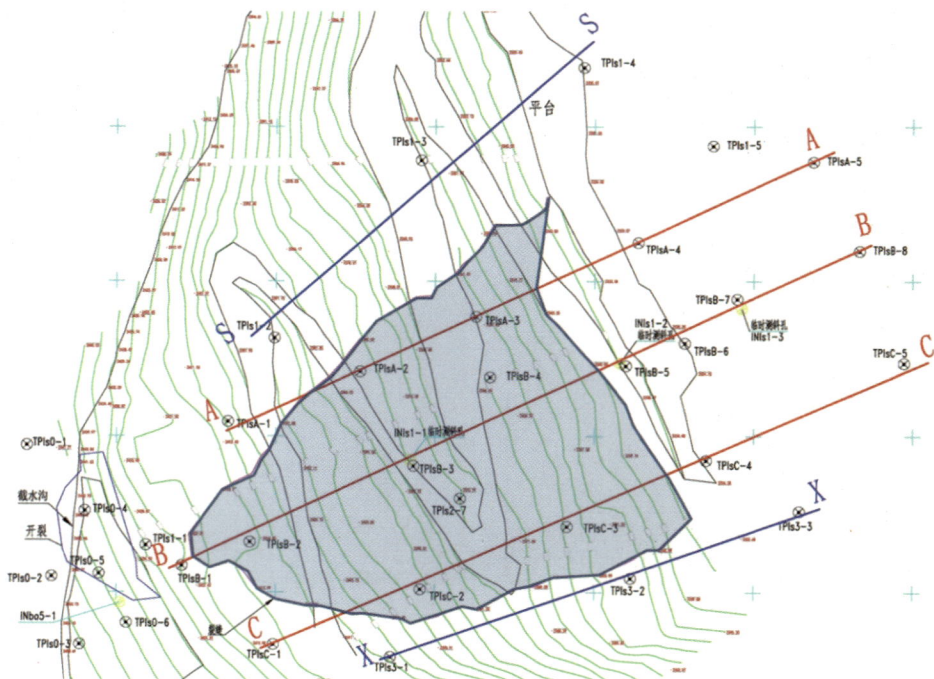

图10-2　旦波崩坡积体表面变形临时及永久测点平面布置图

表面变形临时测点结构形式均采用1m长插筋入坡，上部固定棱镜，现场采用极坐标法观测表面水平位移，采用三角高程法观测表面垂直位移。

（2）深部变形监测。

为监测旦波崩坡积体的深部变形，在旦波崩坡积体上及开挖线外侧的不同高程处共计布置12个测斜孔，编号为INbo1-1～INbo1-5、INbo1-7、INbo2-3～INbo2-6、INbo5-1、Nbo6-1，均采用活动式测斜仪进行人工观测。现场测斜孔与表面变形测点结合布置，监测成果可相互验证并进行对比综合分析。测点布置情况见图10-3：

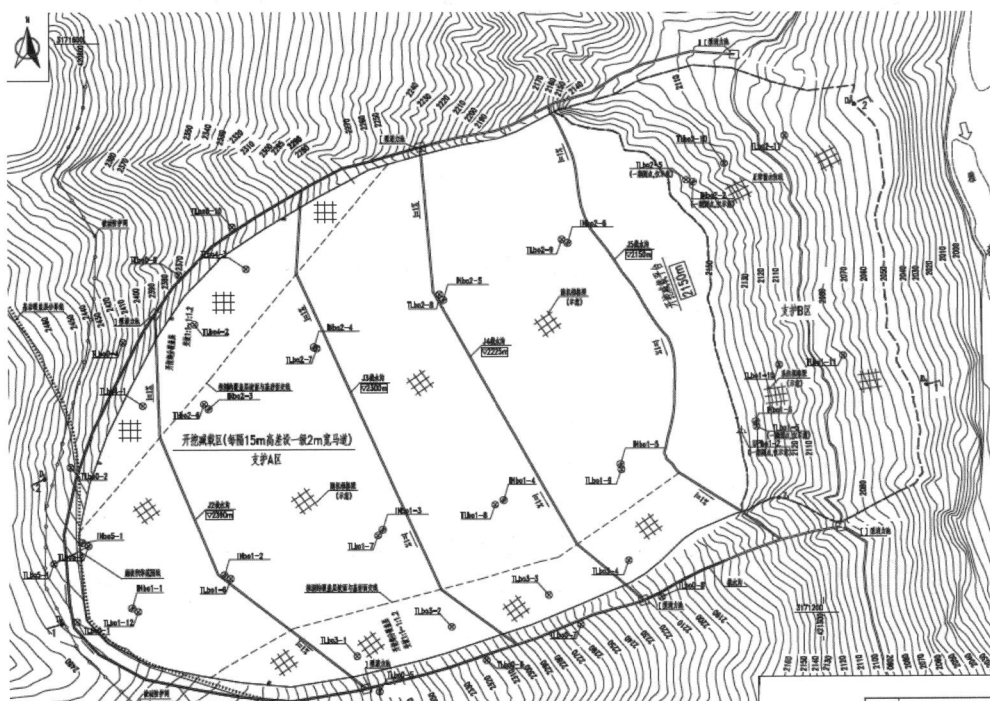

图10-3　旦波崩坡积体测斜孔布置平面图

（3）支护锚索荷载监测。

为监测支护锚索荷载情况，根据现场锚索支护情况，现场选取4束锚索，相应布置4台锚索测力计进行监测，编号为DPbo-1～DPbo-4。

10.2 监测数据分析

10.2.1 表面变形分析

旦波崩坡积体各表面变形临时测点位移测值过程线和相应特征值统计成果见图10-4及表10-1：

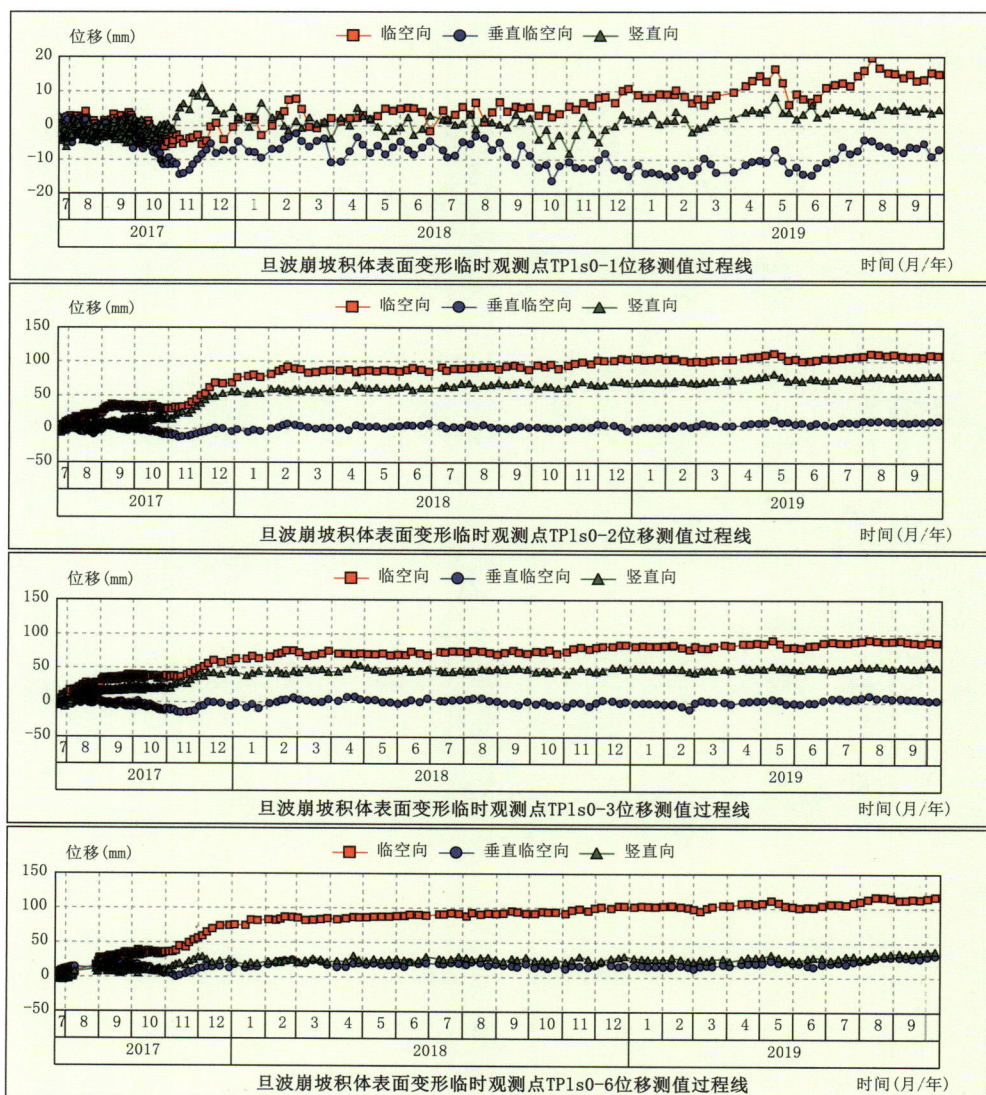

旦波崩坡积体表面变形临时观测点TP1s0-1位移测值过程线

旦波崩坡积体表面变形临时观测点TP1s0-2位移测值过程线

旦波崩坡积体表面变形临时观测点TP1s0-3位移测值过程线

旦波崩坡积体表面变形临时观测点TP1s0-6位移测值过程线

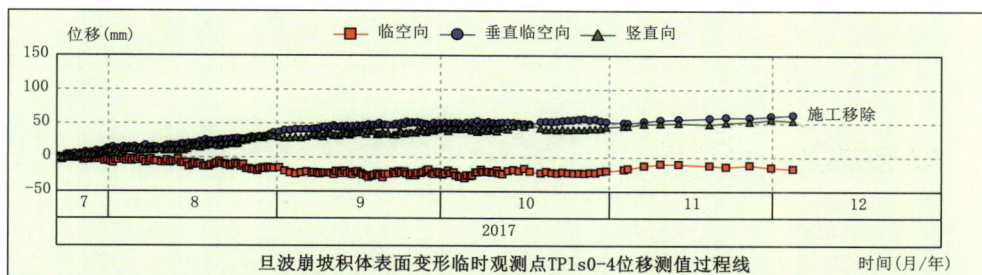

旦波崩坡积体表面变形临时观测点TP1s0-4位移测值过程线

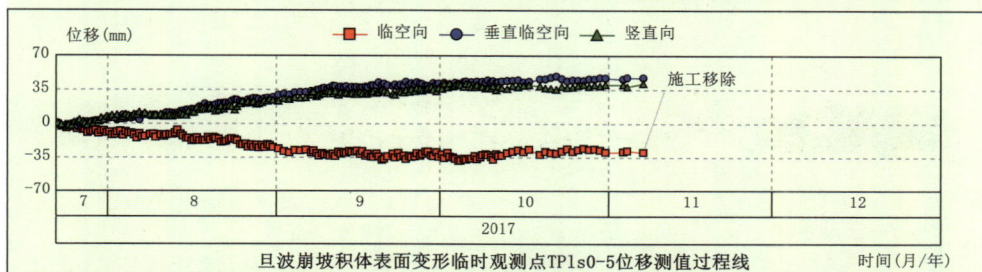

旦波崩坡积体表面变形临时观测点TP1s0-5位移测值过程线

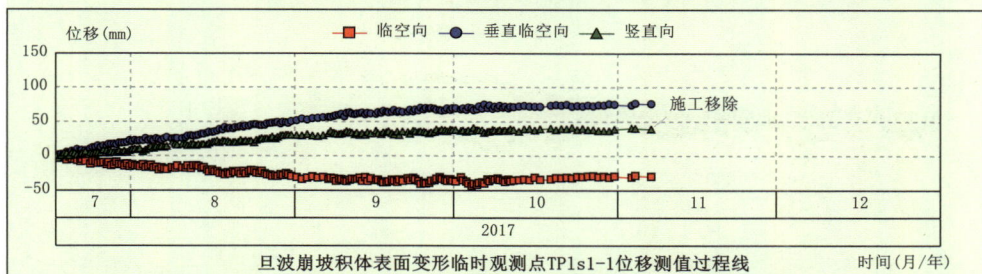

旦波崩坡积体表面变形临时观测点TP1s1-1位移测值过程线

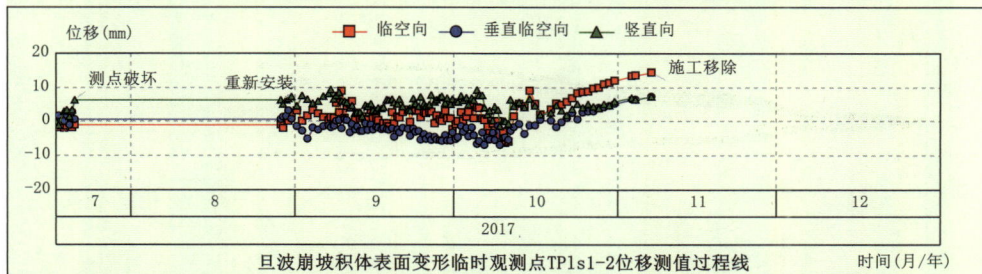

旦波崩坡积体表面变形临时观测点TP1s1-2位移测值过程线

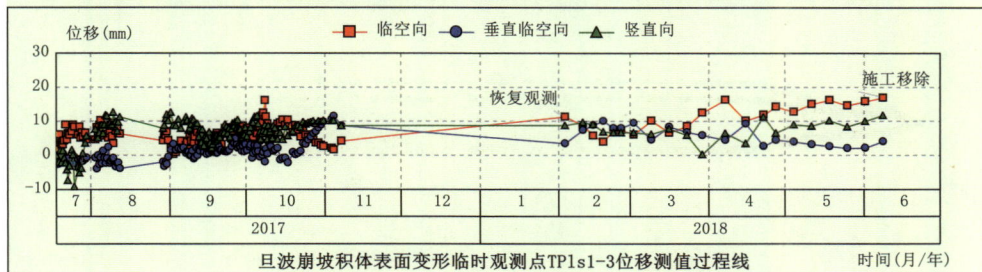

旦波崩坡积体表面变形临时观测点TP1s1-3位移测值过程线

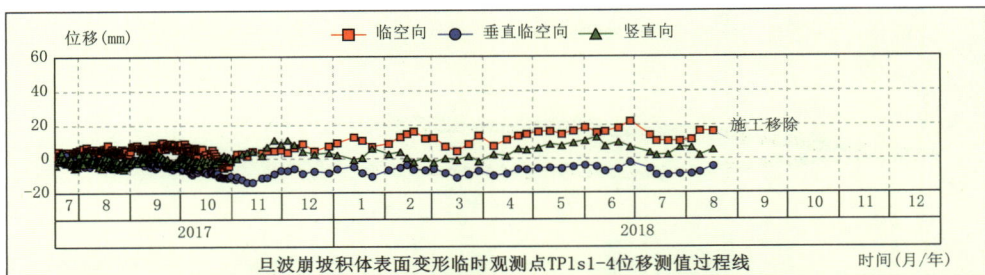

旦波崩坡积体表面变形临时观测点TP1s1-4位移测值过程线

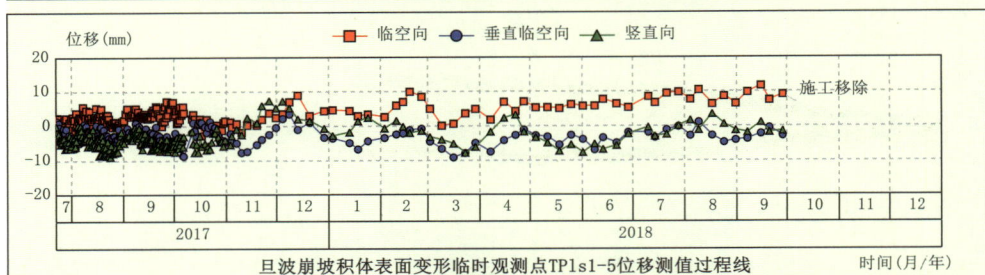

旦波崩坡积体表面变形临时观测点TP1s1-5位移测值过程线

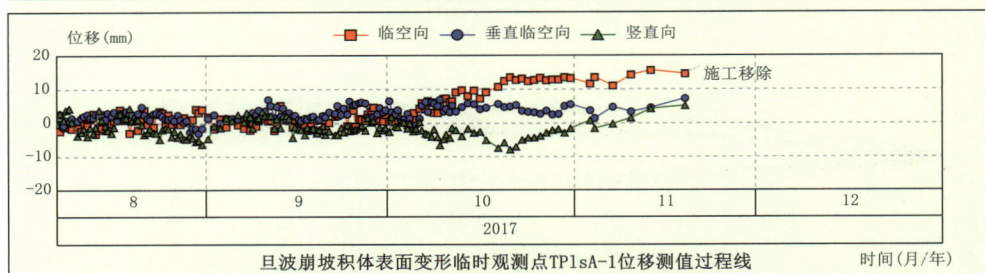

旦波崩坡积体表面变形临时观测点TP1sA-1位移测值过程线

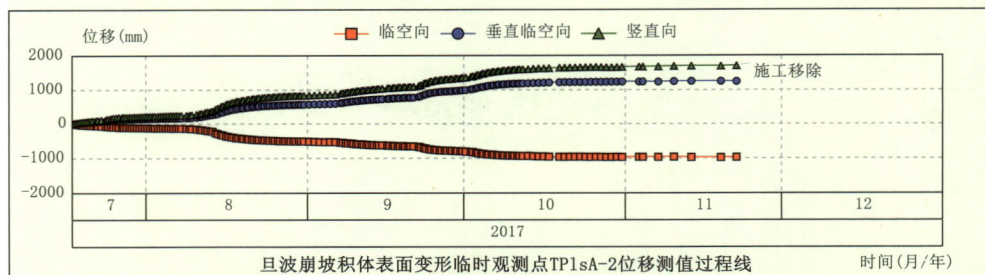

旦波崩坡积体表面变形临时观测点TP1sA-2位移测值过程线

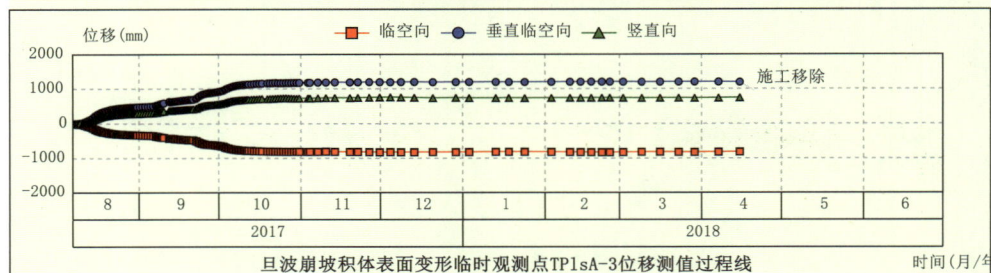

旦波崩坡积体表面变形临时观测点TP1sA-3位移测值过程线

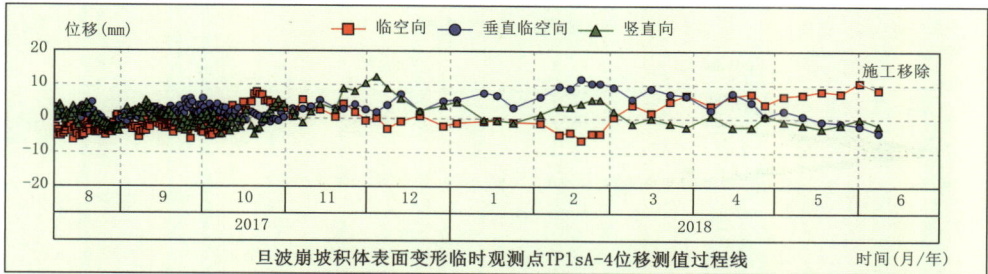

旦波崩坡积体表面变形临时观测点TP1sA-4位移测值过程线

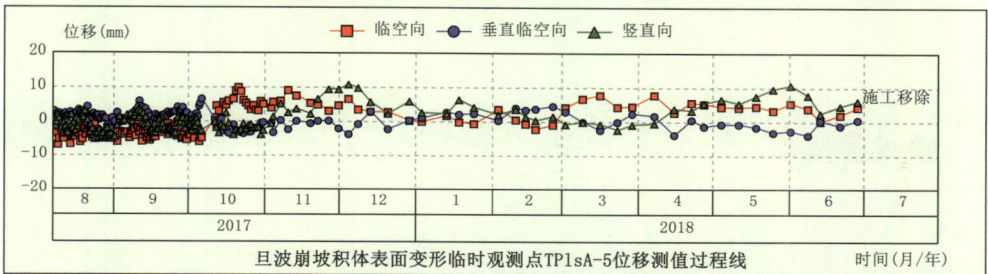

旦波崩坡积体表面变形临时观测点TP1sA-5位移测值过程线

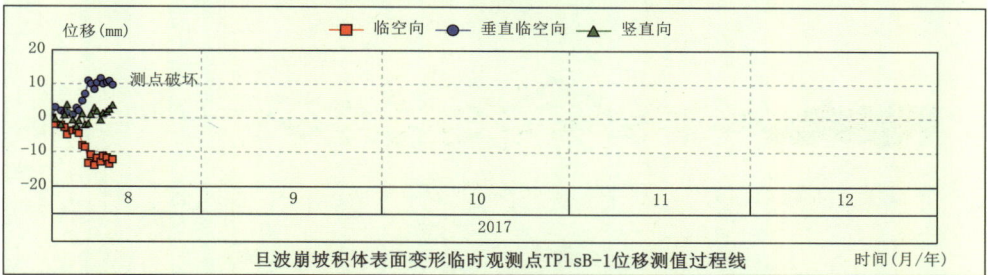

旦波崩坡积体表面变形临时观测点TP1sB-1位移测值过程线

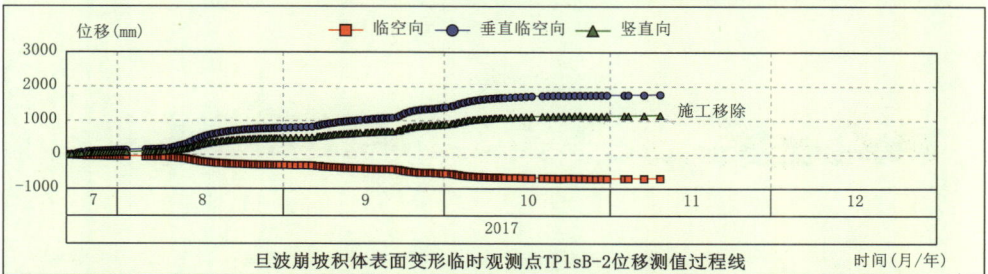

旦波崩坡积体表面变形临时观测点TP1sB-2位移测值过程线

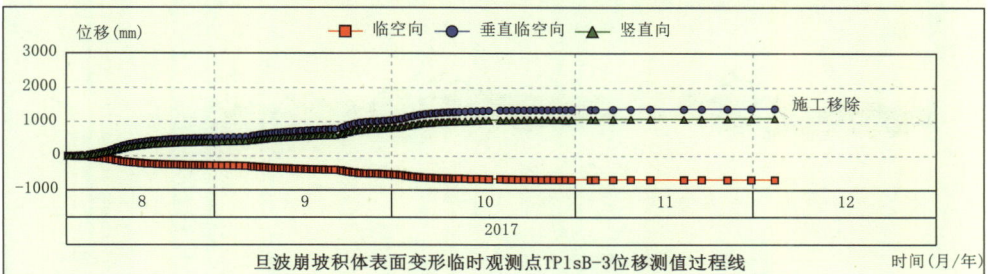

旦波崩坡积体表面变形临时观测点TP1sB-3位移测值过程线

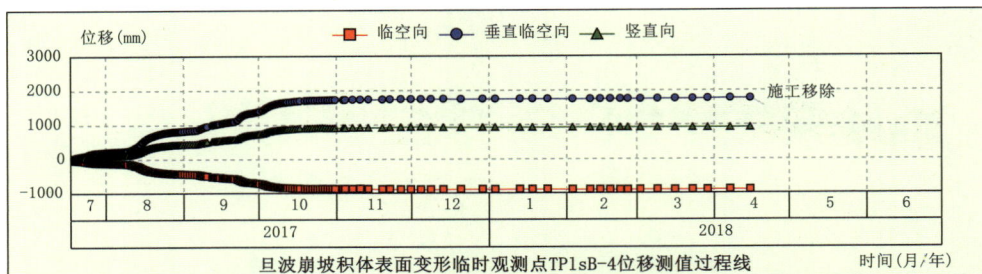

旦波崩坡积体表面变形临时观测点TP1sB-4位移测值过程线

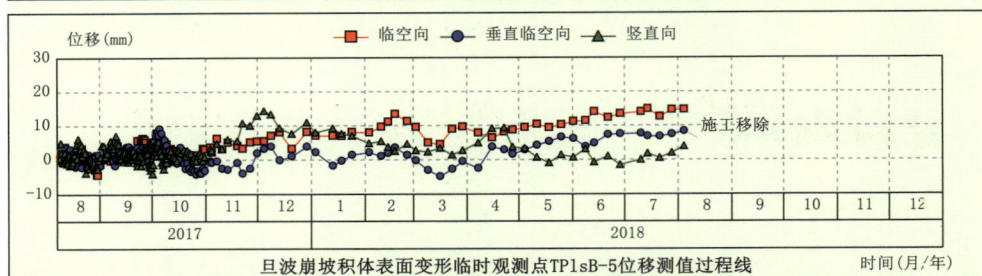

旦波崩坡积体表面变形临时观测点TP1sB-5位移测值过程线

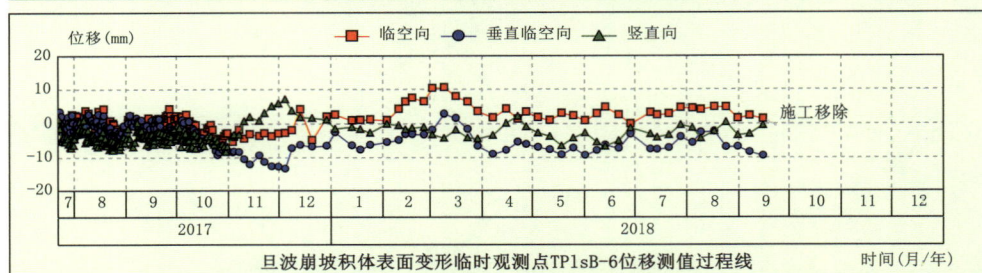

旦波崩坡积体表面变形临时观测点TP1sB-6位移测值过程线

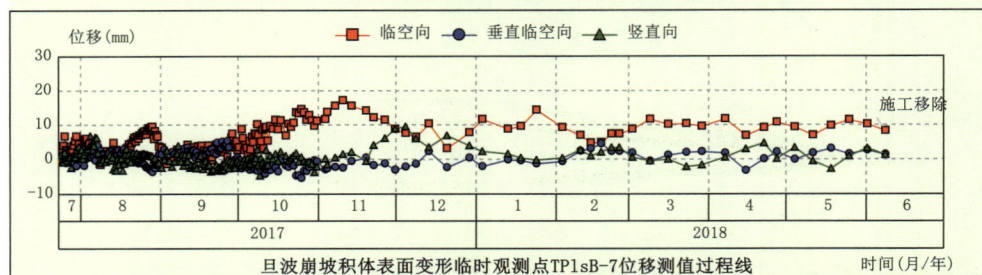

旦波崩坡积体表面变形临时观测点TP1sB-7位移测值过程线

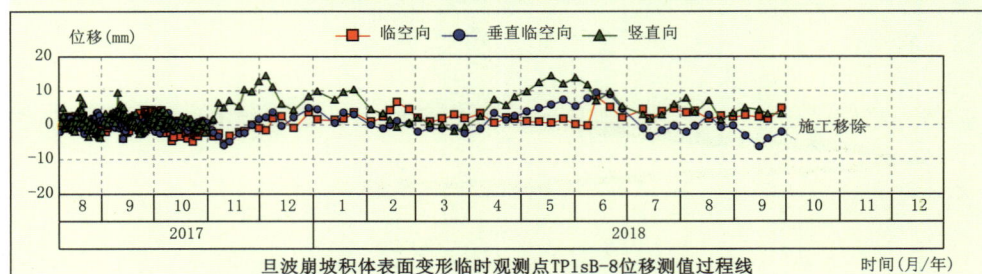

旦波崩坡积体表面变形临时观测点TP1sB-8位移测值过程线

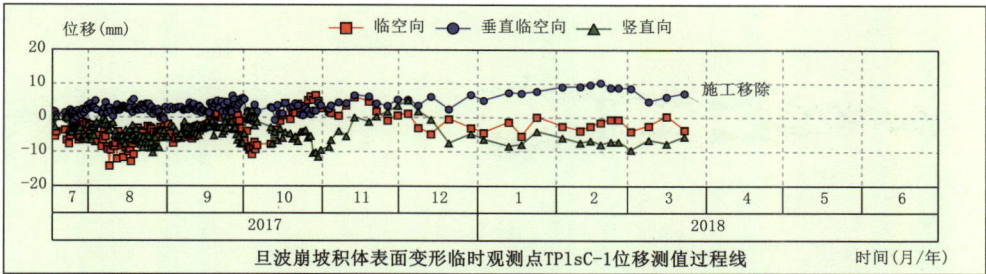

旦波崩坡积体表面变形临时观测点TP1sC-1位移测值过程线

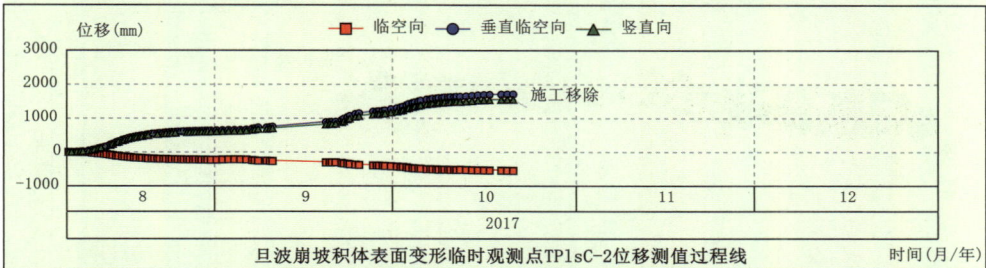

旦波崩坡积体表面变形临时观测点TP1sC-2位移测值过程线

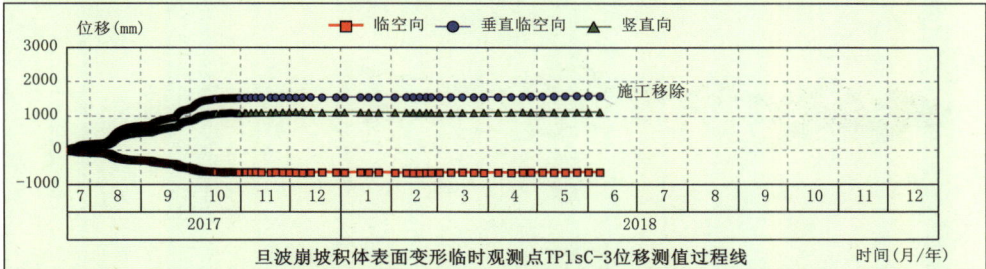

旦波崩坡积体表面变形临时观测点TP1sC-3位移测值过程线

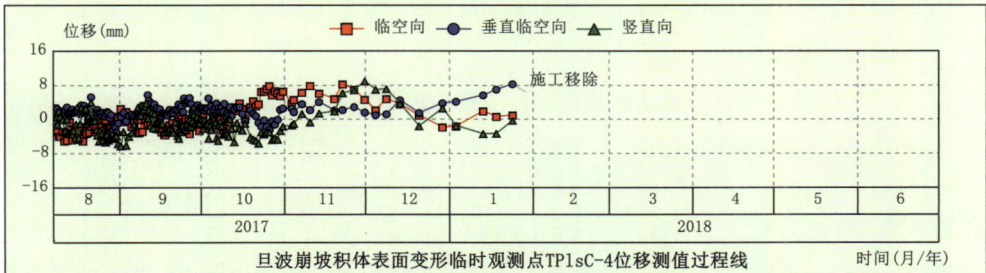

旦波崩坡积体表面变形临时观测点TP1sC-4位移测值过程线

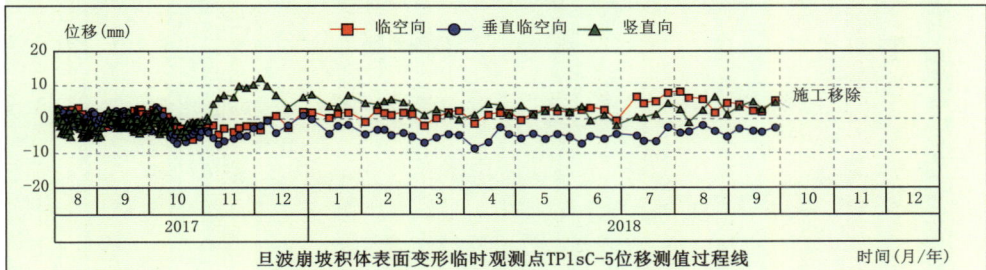

旦波崩坡积体表面变形临时观测点TP1sC-5位移测值过程线

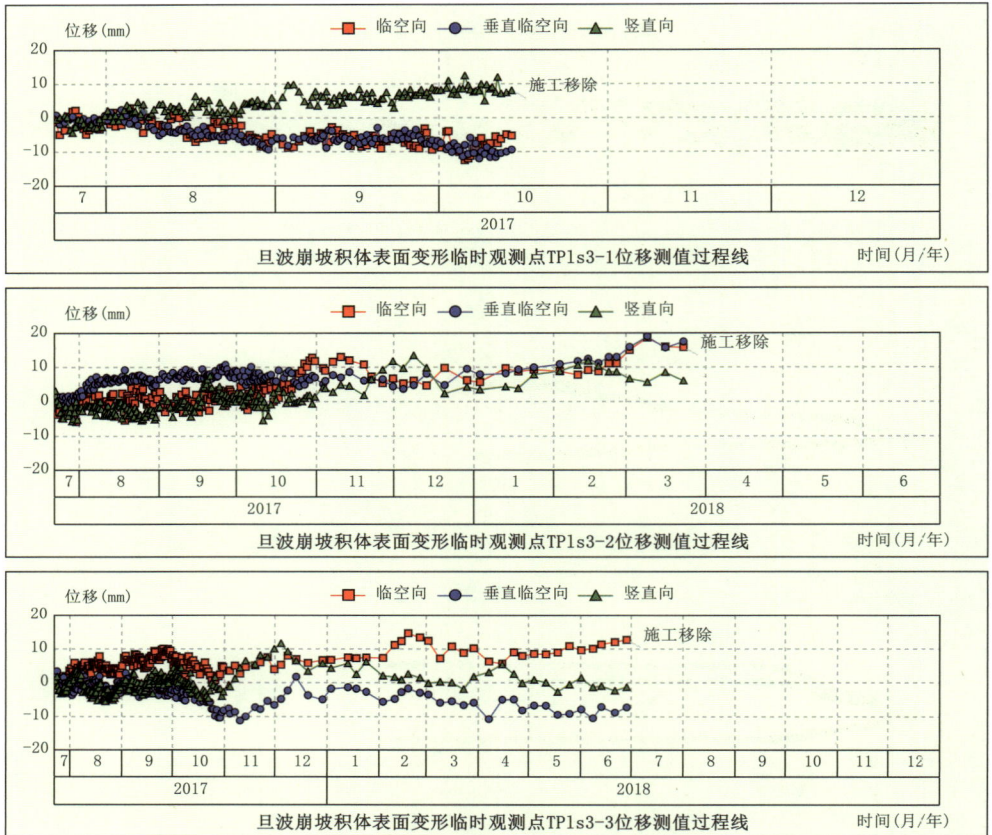

图10-4 旦波崩坡积体表面变形临时测点位移测值过程线

表10-1 旦波崩坡积体表面变形临时测点监测成果统计表

监测部位	测点编号	始测日期	埋设高程	测点移除日期	变形方向	当前测值（mm）	年变化量统计（mm）		
							2017年	2018年	2019年
高程2425～2450 m开裂区域及其顶部	TPls0-1	2017-7-22	2458	正常观测	临空向	15	-0.3	9	5.9
					顺河向	-6.9	-7.3	-10.2	4.7
					垂直向	4.9	5.5	-0.5	3.4
	TPls0-2	2017-7-22	2456	正常观测	临空向	108.9	68.9	26.7	4.8

监测部位	测点编号	始测日期	埋设高程	测点移除日期	变形方向	当前测值（mm）	年变化量统计（mm）		
							2017 年	2018 年	2019 年
蠕变区顶部缝外缘					顺河向	12	-4.2	-1.8	11.2
					垂直向	79.5	56	13.4	9.9
	TPls0-3	2017-7-22	2457	正常观测	临空向	88.2	60.2	21.2	5.6
					顺河向	3.7	-5.5	2.8	4.7
					垂直向	51.5	44.7	6	0.9
	TPls0-4	2017-7-22	2444	2017-12-4	临空向	62.9	62.9	—	—
					顺河向	-16.2	-16.2	—	—
					垂直向	54.4	54.4	—	—
	TPls0-5	2017-7-22	2446	2017-11-7	临空向	47.6	47.6	—	—
					顺河向	-29.2	-29.2	—	—
					垂直向	41.8	41.8	—	—
	TPls0-6	2017-7-22	2446	正常观测	临空向	117	74.8	27.7	11.6
					顺河向	32.5	13.4	-0.7	11.3
					垂直向	39.1	26	9.8	7.8
	TPls-A-1	2017-8-7	2406	2017-11-19	临空向	7.2	7.2	—	—
					顺河向	14.5	14.5	—	—
					垂直向	5.1	5.1	—	—
	TPls-B-1	2017-8-7	2428	2017-8-17	临空向	9.7	9.7	—	—
					顺河向	-12.2	-12.2	—	—
					垂直向	3.8	3.8	—	—

续表

监测部位	测点编号	始测日期	埋设高程	测点移除日期	变形方向	当前测值（mm）	年变化量统计（mm）		
							2017年	2018年	2019年
蠕变区	TPls-C-1	2017-7-17	2420	2018-3-23	临空向	7.1	6.7	2.1	−
					顺河向	−3.7	−3.1	0.8	−
					垂直向	−5.6	−4.8	0.8	−
	TPls-A-2	2017-7-17	2384	2017-11-22	临空向	1247	1247	−	−
					顺河向	−973.1	−973.1	−	−
					垂直向	1705	1705	−	−
	TPls-A-3	2017-8-7	2363	2018-4-15	临空向	1189.9	1192.2	−2.8	−
					顺河向	−814.1	−821.6	5.9	−
					垂直向	744.1	742	8.9	−
	TPls-B-2	2017-7-22	2414	2017-11-10	临空向	1763	1763	−	−
					顺河向	−694	−694	−	−
					垂直向	1161.8	1161.8	−	−
	TPls-B-3	2017-8-7	2379	2017-12-4	临空向	1386.8	1386.8	−	−
					顺河向	−699.6	−699.6	−	−
					垂直向	1098.8	1098.8	−	−
	TPls-B-4	2017-7-17	2366	2018-4-15	临空向	1775.1	1759.4	17.4	−
					顺河向	−886	−876.7	−4.7	−
					垂直向	932.1	935.5	−3.3	−
	TPls-C-2	2017-8-7	2388	2017-10-21	临空向	1712.3	1712.3	−	−
					顺河向	−546.5	−546.5	−	−
					垂直向	1556.7	1556.7	−	−

续表

监测部位	测点编号	始测日期	埋设高程	测点移除日期	变形方向	当前测值（mm）	年变化量统计（mm）		
							2017年	2018年	2019年
蠕变区高程2341m以下	TPls-C-3	2017-7-17	2360	2018-6-8	临空向	1573.9	1536	39.6	－
					顺河向	-653.4	-658.2	9.2	－
					垂直向	1114.7	1103.2	13.8	－
	TPls-A-4	2017-8-7	2334	2018-6-8	临空向	-4.1	5.1	-9.4	－
					顺河向	8.5	-2.3	9.9	－
					垂直向	-2	3.8	-6.8	－
	TPls-A-5	2017-8-7	2290	2018-6-28	临空向	0.5	0.3	-0.6	－
					顺河向	4.3	0.2	4.3	－
					垂直向	6.1	5.9	3.5	－
	TPls-B-5	2017-8-7	2341	2018-8-4	临空向	8.4	4	6.1	－
					顺河向	14.8	8.3	7.6	－
					垂直向	4	11	-4.1	－
	TPls-B-6	2017-7-22	2336	2018-9-15	临空向	-9.4	-6.3	-7	－
					顺河向	1.5	2.2	-1.2	－
					垂直向	-0.3	1.3	1	－
	TPls-B-7	2017-7-23	2319	2018-6-8	临空向	1.5	0.6	3.4	－
					顺河向	8.4	7.9	-3.4	－
					垂直向	1.4	4.1	-1	－
	TPls-B-8	2017-8-7	2282	2018-9-28	临空向	-2	5	-6.6	－
					顺河向	5	3.8	3.3	－
					垂直向	3.4	8.5	-6.6	－

监测部位	测点编号	始测日期	埋设高程	测点移除日期	变形方向	当前测值（mm）	年变化量统计（mm）		
							2017 年	2018 年	2019 年
蠕变区裂缝上游侧	TPls-C-4	2017-8-7	2331	2018-1-24	临空向	8.2	3.7	4.2	－
					顺河向	0.8	-2	2.6	－
					垂直向	-0.4	2.5	1.2	－
	TPls-C-5	2017-8-7	2297	2018-9-28	临空向	-2.7	1	-2.6	－
					顺河向	5.4	2.1	3.5	－
					垂直向	4.9	6.5	-2.4	－
	TPls1-1	2017-7-17	2432	2017-11-7	临空向	76.4	76.4	－	－
					顺河向	-29.3	-29.3	－	－
					垂直向	39.6	39.6	－	－
	TPls1-2	2017-7-17	2395	2017-11-7	临空向	7.5	7.5	－	－
					顺河向	14.6	14.6	－	－
					垂直向	7.4	7.4	－	－
	TPls1-3	2017-7-18	2358	2018-6-8	临空向	4.2	8.8	0.6	－
					顺河向	17.1	4.3	5.6	－
					垂直向	11.9	8.8	3	－
	TPls1-4	2017-7-17	2336	2018-8-17	临空向	-4.8	-8.6	1.5	－
					顺河向	16.1	7.4	6.8	－
					垂直向	5.1	3.3	3	－
	TPls1-5	2017-7-22	2309	2018-9-28	临空向	-2.9	-3.3	0.7	－
					顺河向	9	4.3	4.4	－
					垂直向	-1.5	-0.7	1.3	－

续表

监测部位	测点编号	始测日期	埋设高程	测点移除日期	变形方向	当前测值（mm）	年变化量统计（mm）		
							2017年	2018年	2019年
蠕变区裂缝下游侧	TPls3-1	2017-7-22	2408	2017-10-14	临空向	-9.4	-9.4	—	—
					顺河向	-5.3	-5.3	—	—
					垂直向	8.1	8.1	—	—
	TPls3-2	2017-7-22	2355	2018-3-23	临空向	17.5	9.5	9.6	—
					顺河向	15.8	6.2	10.1	—
					垂直向	6.1	4.3	2.6	—
	TPls3-3	2017-7-22	2326	2018-6-28	临空向	-7.2	-4.9	-5.4	—
					顺河向	12.7	6.7	6	—
					垂直向	-1.2	5.7	-5.5	—

注：1. 临空向测值以向河床变形为正，反之为负；

2. 顺河向测值以向下游变形为正，反之为负；

3. 垂直向测值以沉降为正，上抬为负。

表面变形永久测点测值过程线和相应测值统计成果见图10-5及表10-2。

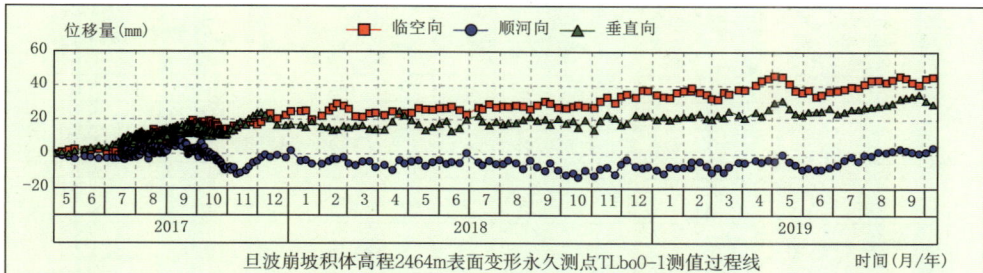

旦波崩坡积体高程2464m表面变形永久测点TLbo0-1测值过程线

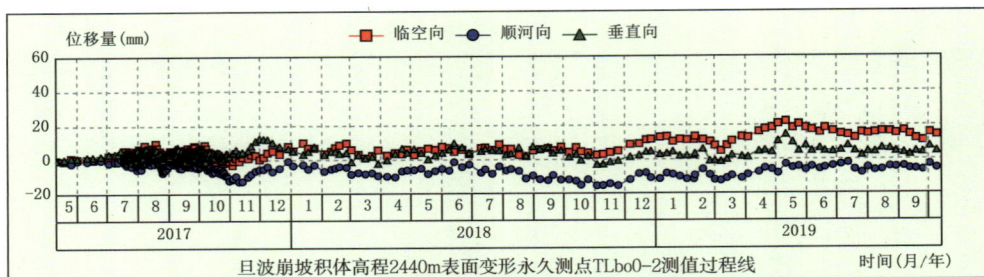

旦波崩坡积体高程2440m表面变形永久测点TLbo0-2测值过程线

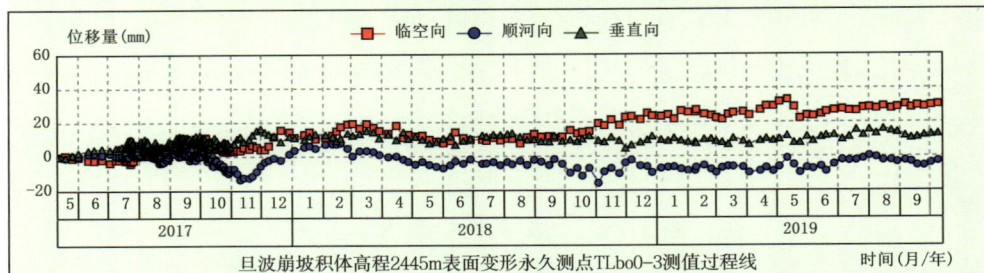

旦波崩坡积体高程2445m表面变形永久测点TLbo0-3测值过程线

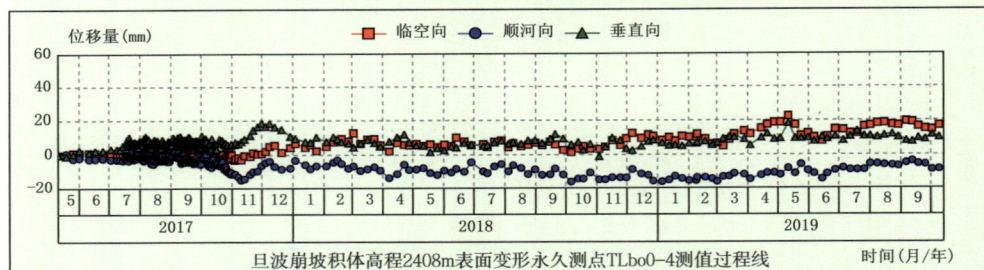

旦波崩坡积体高程2408m表面变形永久测点TLbo0-4测值过程线

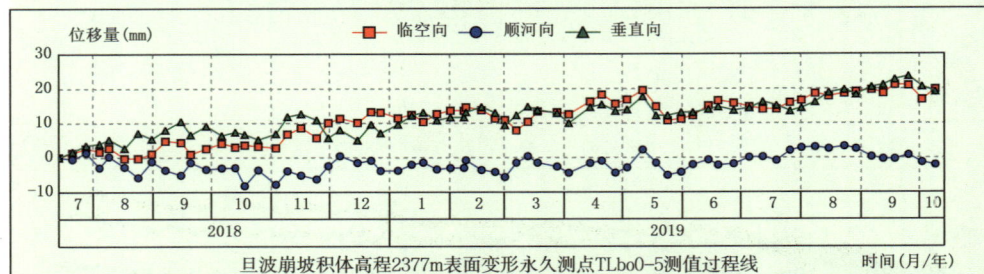

旦波崩坡积体高程2377m表面变形永久测点TLbo0-5测值过程线

旦波崩坡积体高程2315m表面变形永久测点TLbo0-6测值过程线

旦波崩坡积体高程2360m表面变形永久测点TLbo0-9测值过程线

旦波崩坡积体高程2359m表面变形永久测点TLbo0-10测值过程线

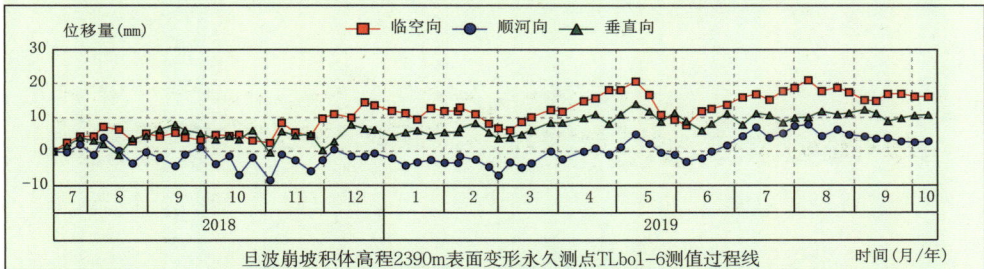

旦波崩坡积体高程2390m表面变形永久测点TLbo1-6测值过程线

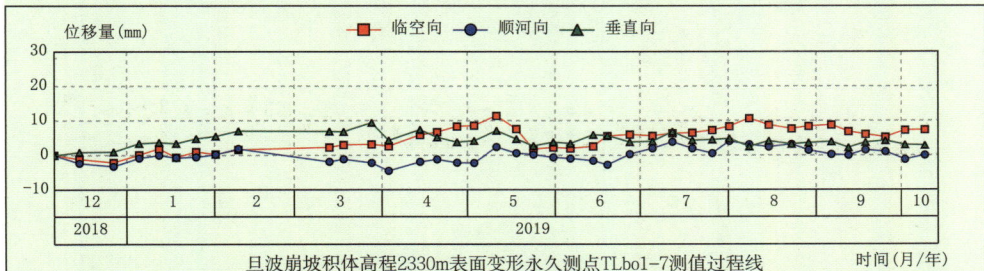

旦波崩坡积体高程2330m表面变形永久测点TLbo1-7测值过程线

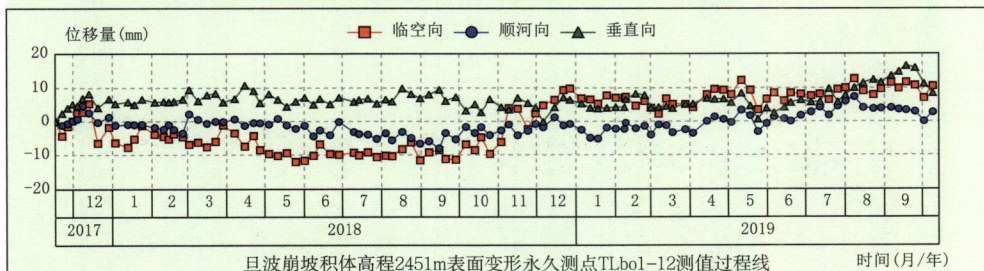

旦波崩坡积体高程2451m表面变形永久测点TLbo1-12测值过程线

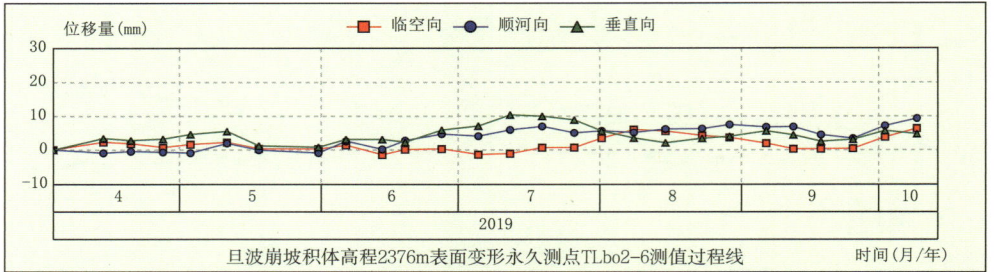

旦波崩坡积体高程2376m表面变形永久测点TLbo2-6测值过程线

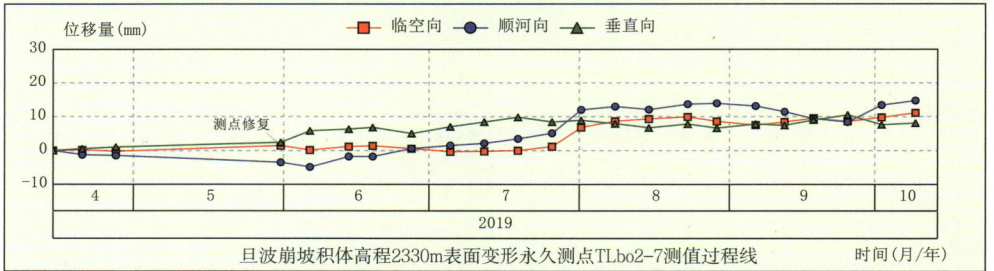

旦波崩坡积体高程2330m表面变形永久测点TLbo2-7测值过程线

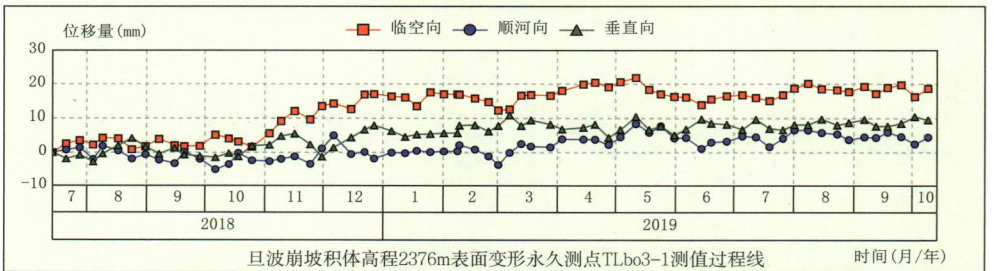

旦波崩坡积体高程2376m表面变形永久测点TLbo3-1测值过程线

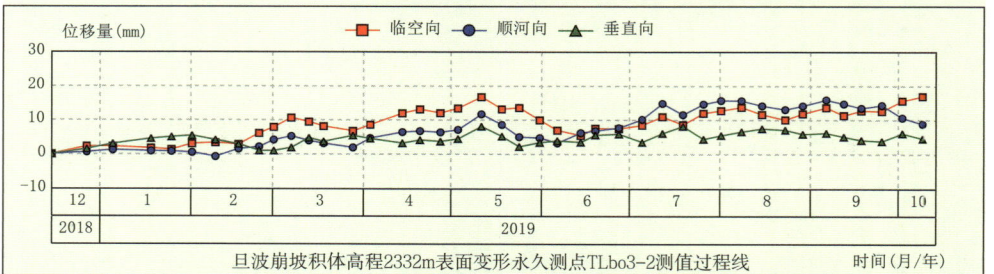

旦波崩坡积体高程2332m表面变形永久测点TLbo3-2测值过程线

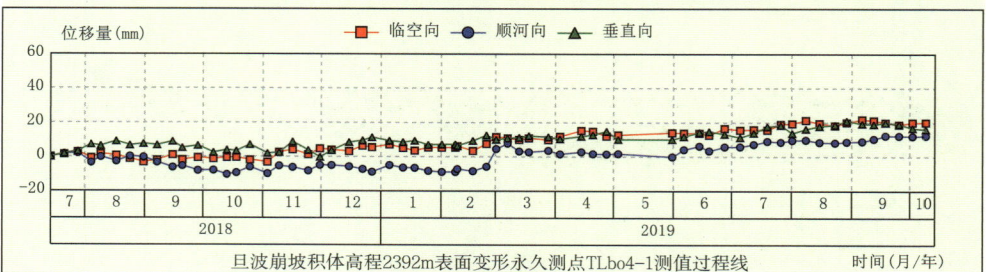

旦波崩坡积体高程2392m表面变形永久测点TLbo4-1测值过程线

旦波崩坡积体高程2361m表面变形永久测点TLbo4-2测值过程线

旦波崩坡积体高程2332m表面变形永久测点TLbo4-3测值过程线

旦波崩坡积体高程2461m表面变形永久测点TLbo5-1测值过程线

旦波崩坡积体高程2451m表面变形永久测点TLbo5-2测值过程线

旦波崩坡积体高程2450m表面变形永久测点TLbo6-1测值过程线

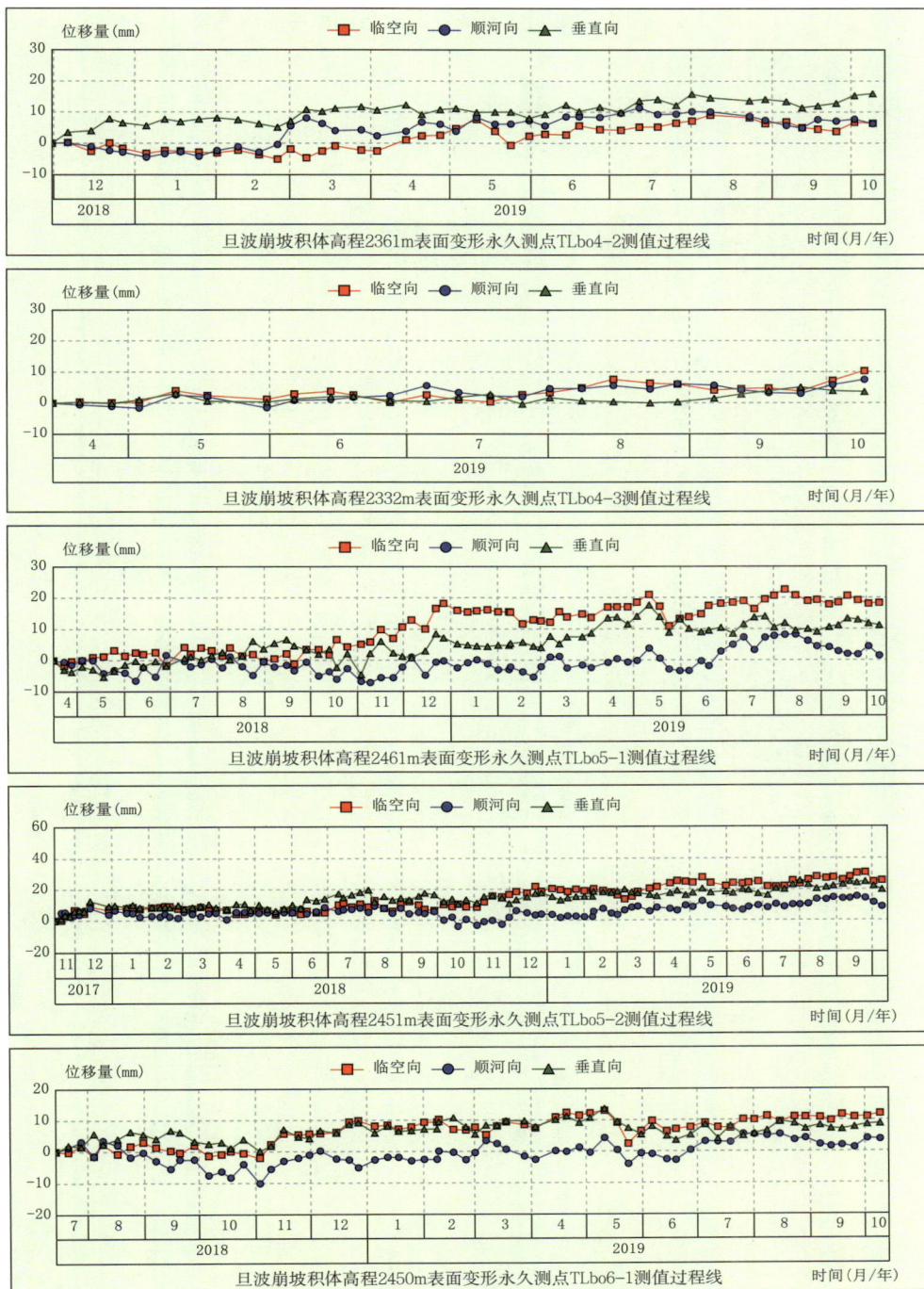

图10-5　旦波崩坡积体表面变形永久测点测值过程线

表10-2　旦波崩坡积体表面变形永久测点监测成果表

监测断面	测点编号	始测日期	高程（m）	变形方向	截至2019年10月9日位移量（mm）	年变化量统计（mm）		
						2017年	2018年	2019年
0—0剖面（开口线外）	TLbo0-1	2017-5-11	2464	临空向	45.4	22.5	12.7	10.5
				顺河向	3.8	−2	−9.3	12.9
				垂直向	29.4	16.6	5.6	9.2
	TLbo0-2	2017-5-11	2440	临空向	14.4	8.2	6.5	1.2
				顺河向	−5.2	−0.8	−7.6	6.3
				垂直向	5	6.9	−0.4	1.7
	TLbo0-3	2017-5-11	2445	临空向	30.4	14.5	12.5	6.9
				顺河向	−2.9	1.5	−13.2	4.1
				垂直向	13.3	11.9	0.7	3.5
	TLbo0-4	2017-5-11	2408	临空向	17	4.4	4.2	8.4
				顺河向	−8.6	−8	−12.6	7.6
				垂直向	10.4	11	−1	3.3
	TLbo0-5	2018-7-14	2377	临空向	19.8	—	13.1	8.4
				顺河向	−2.1	—	−3.9	1.7
				垂直向	19.1	—	7.1	9.5
	TLbo0-6	2018-12-6	2315	临空向	5.1	—	0.3	3.7
				顺河向	−3.6	—	−2.7	−2.7
				垂直向	11.5	—	5	8.5
	TLbo0-7	2019-7-19	2262	临空向	5.3			5.3
				顺河向	7.3			7.3
				垂直向	2.7	—		2.7

续表

监测断面	测点编号	始测日期	高程（m）	变形方向	截至2019年10月9日位移量（mm）	年变化量统计（mm）		
						2017 年	2018 年	2019 年
1—1剖面	TLbo0-9	2018-11-30	2360	临空向	1.6	—	0	1.4
				顺河向	−4.8	—	−4.2	−2.1
				垂直向	16.4		5.6	9.8
	TLbo0-10	2019-4-4	2360	临空向	6	—	—	6.1
				顺河向	4.2	—	—	4.2
				垂直向	3	—	—	3
	TLbo1-6	2018-7-14	2390	临空向	16	—	13.6	4.1
				顺河向	2.9	—	−0.6	5
				垂直向	10.7	—	6.4	6.3
	TLbo1-7	2018-12-6	2330	临空向	7.3	—	−2.1	7.2
				顺河向	0	—	−3.2	0.8
				垂直向	2.8	—	1	−0.6
	TLbo1-8	2019-7-19	2272	临空向	7.6	—	—	7.6
				顺河向	11.9	—	—	11.8
				垂直向	0.9	—	—	0.9
	TLbo1-12	2018-11-16	2450	临空向	10.6	−1.8	16.3	3.7
				顺河向	2.7	1.4	0.4	5.3
				垂直向	8.5	6.8	1.1	3.1
2—2剖面	TLbo2-6	2019-4-3	2376	临空向	6.4	—	—	6.3
				顺河向	9.3	—	—	9.3
				垂直向	4.8	—	—	4.8

续表

监测断面	测点编号	始测日期	高程（m）	变形方向	截至2019年10月9日位移量（mm）	年变化量统计（mm）		
						2017年	2018年	2019年
3-3剖面	TLbo2-7	2019-4-14	2330	临空向	11.1	–	–	11.1
				顺河向	14.7	–	–	14.8
				垂直向	8.1	–	–	8.1
	TLbo2-8	2019-7-19	2255	临空向	3.2	–	–	3.2
				顺河向	-0.9	–	–	-0.9
				垂直向	4.7	–	–	4.7
	TLbo3-1	2018-7-14	2376	临空向	18.7	–	17	2.3
				顺河向	4.6	–	-1.8	4.6
				垂直向	9.6	–	8	3.2
	TLbo3-2	2018-12-15	2332	临空向	17	–	2.2	14.8
				顺河向	8.9	–	0.6	7.7
				垂直向	4.6	–	1.5	1.6
	TLbo3-3	2019-8-1	2255	临空向	3.6	–	–	3.6
				顺河向	-4	–	–	-4
				垂直向	1.9	–	–	1.9
4-4剖面	TLbo4-1	2018-7-14	2392	临空向	15.6	–	5.6	13.1
				顺河向	3.4	–	-8.9	17.3
				垂直向	16.2	–	11.4	6.8
	TLbo4-2	2018-11-30	2361	临空向	6.3	–	-1.6	9.5
				顺河向	6.2	–	-2.8	10.6
				垂直向	15.9	–	6.5	10.3

监测断面	测点编号	始测日期	高程（m）	变形方向	截至2019年10月9日位移量（mm）	年变化量统计（mm）		
						2017年	2018年	2019年
5—5剖面	TLbo4-3	2019-4-14	2332	临空向	10.3	—	—	10.3
				顺河向	7.5	—	—	7.5
				垂直向	3.6	—	—	3.6
	TLbo5-1	2018-4-15	2461	临空向	18.3	—	18.2	2.3
				顺河向	1.4	—	-0.2	3.8
				垂直向	11.1	—	7.2	5.8
	TLbo5-2	2017-11-13	2451	临空向	25.8	6.8	11	5.2
				顺河向	8.6	3.9	-2.7	5
				垂直向	19.8	9.3	7.9	4.5
6—6剖面	TLbo6-1	2018-7-14	2450	临空向	12	—	9.8	3.9
				顺河向	3.8	—	-5.1	6.5
				垂直向	8.8	—	9.2	2.9

注：（1）临空向测值以向河床变形为正，反之为负；（2）垂直向测值以沉降为正，上抬为负；（3）永久测点顺河向测值调整为向上游变形为正，反之则为负。

由以上图、表可知：

（1）旦波表面变形临时测点中累计位移量较大测点均位于蠕变区，位移主要发生在2017年7月—2017年11月。测点TPls-A-2～TPls-A-3、TPls-B-2～TPls-B-4、TPls-C-2～TPls-C-3等实测临空向累计位移量为1189.9～1775.1 mm（向河床变形），顺河向累计位移量为546.5～973.1 mm（向上游变形），垂直向累计位移量为744.1～1705.0 mm（下沉）。其中测点TPls-A-2、TPls-B-2～TPls-B-3、TPls-C-2在2017年11月—12月因施工移除，测点TPls-A-3、TPls-B-4、TPls-C-3在2018年4月—2018年6月因施工移除。移除前大部分测点测值变化较平缓，无明显趋势性或异常。

（2）截至2019年10月9日，仅剩4个表面变形临时测点（编号为TPls0-1～TPls0-3、TPls0-6）可以正常观测，均位于高程2425～2450 m开裂区域及其顶部，当前实测临空向最大位移量为117 mm（TPls0-6，高程2446 m），顺河向最大位移量为32.5 mm（TPls0-6，高程2446 m），垂直向最大位移量为79.5 mm（TPls0-2，高程2456 m）。从过程线及数据统计表可以看出，此4个测点的位移量均主要发生在2017年；2019年1月—10月，此4个测点临空向位移变化量在4.8～11.6 mm之间，顺河向位移变化量在4.7～11.3 mm之间，垂直向位移变化量在0.9～9.9 mm之间。目前测点TPls0-1、TPls0-2、TPls0-6测值有较缓慢增长，但增速较小，测点TPls0-3测值变化较平稳，总体无明显异常。

（3）旦波蠕变区外的表面变形临时测点，大部分测点最大测值在20 mm以内，在2017年年底至2018年间因施工原因大部分测点陆续移除，在测点TPls0-1临空向变形有缓慢增长，后期需继续关注其测值变化情况，其他测点测值变化平稳、无明显异常。

（4）由表面变形永久测点测值特征值统计成果可知，各测点处临空向实测最大累计位移量为45.4 mm（TLbo0-1，高程2464 m），顺河向最大累计位移量为14.7 mm（TLbo2-7，高程2330 m），垂直向最大累计位移量为29.4 mm（TLbo0-1，高程2464 m）；由过程线可知，目前大部分测点测值变化较平缓，其中测点TPbo0-1、TPbo0-3、TPbo0-5、TPbo1-12、TPbo2-7、TPbo3-2、TPbo4-1、TPbo4-3、TPbo5-1、TPbo5-2等测值变化有缓慢增长，但增速不大，2019年1月—10月期间临空向位移增长量在1.2～14.8 mm（TPbo3-2，高程2332 m）、顺河向位移增长量在-4.0～17.3 mm（TLbo4-1，高程2392）之间、垂直向位移增长量在-0.6～10.3 mm（TLbo0-1，高程2464）之间。

总体上，受开挖施工等影响，旦波崩坡积体开口线顶部高程附近、2-2断面和3-3断面高程2330 m附近、4-4断面的高程2332～2392 m范围的临空向、顺河向位移处于缓慢增长中，后期需继续关注该范围内测点测值变化情况，其他部分位移变化已基本趋于平缓或较平稳，无明显异常。

10.2.2 深部变形分析

　　且波崩坡积体各测斜孔测值变形分布、测值过程线、测值统计成果见图10-6、图10-7和表10-3。

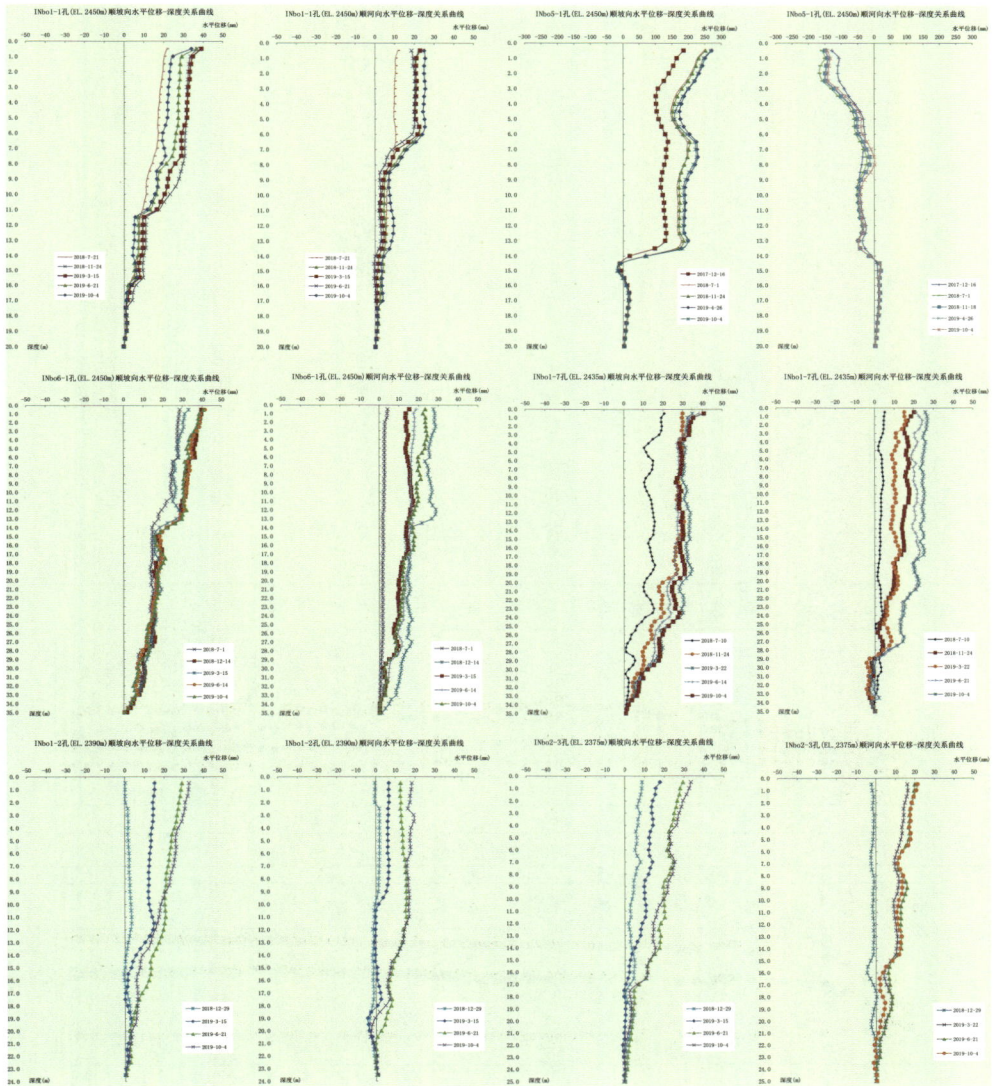

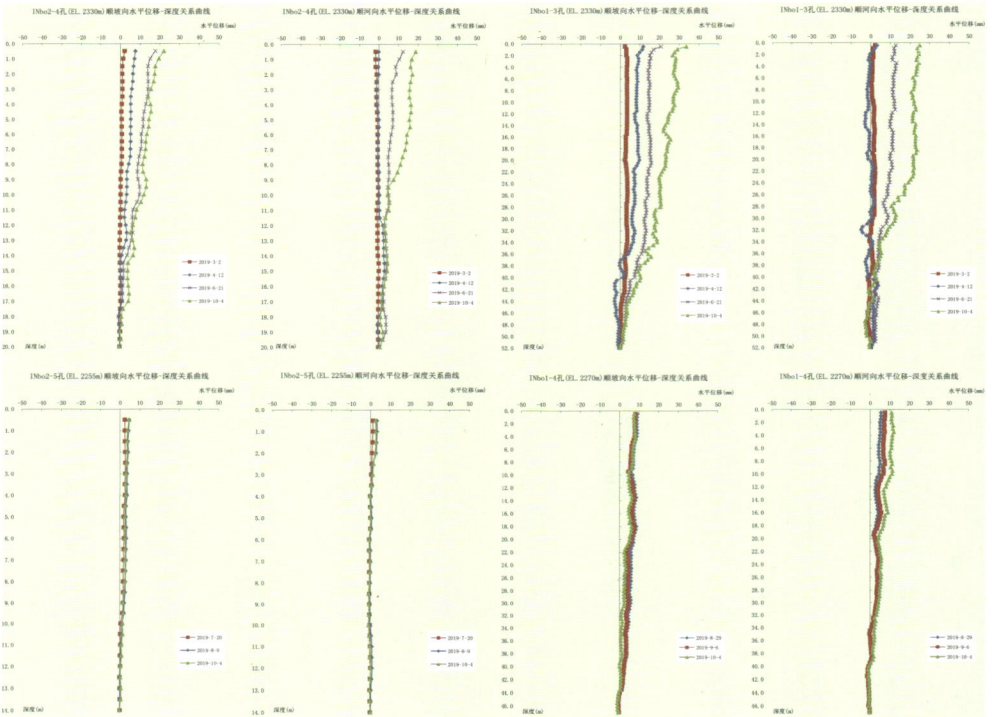

图10-6　旦波崩坡积体表测斜孔测值分布

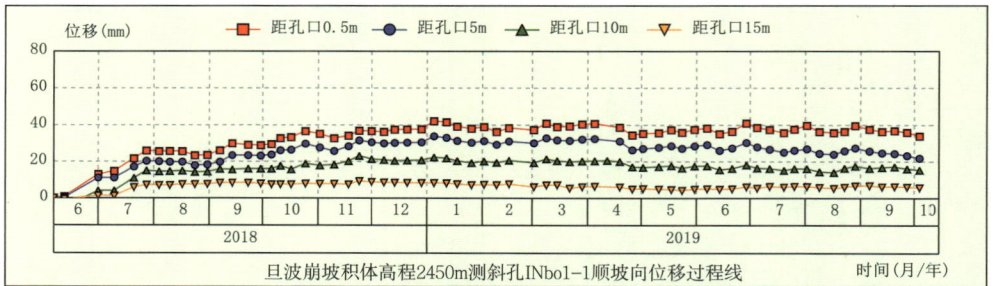

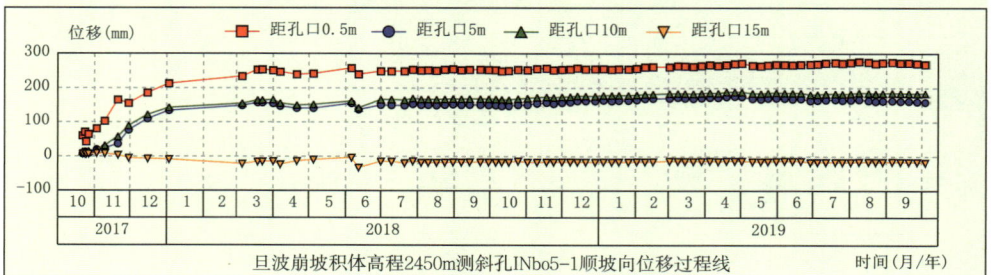

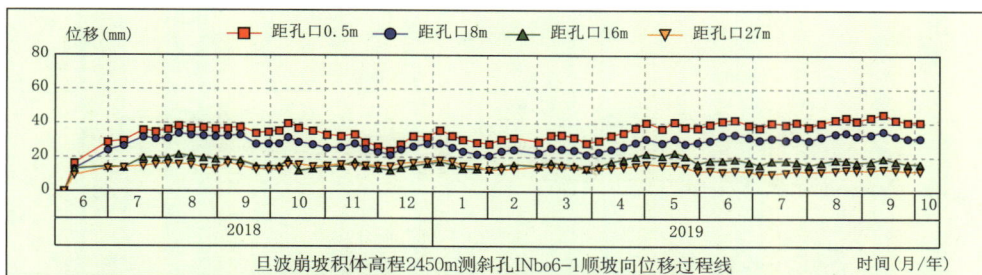

旦波崩坡积体高程2450m测斜孔INbo6-1顺坡向位移过程线

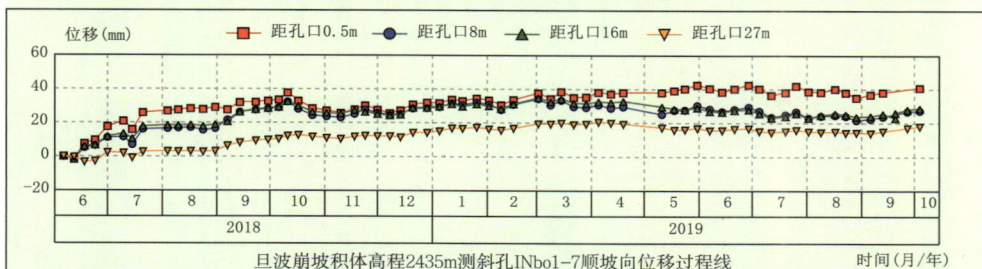

旦波崩坡积体高程2435m测斜孔INbo1-7顺坡向位移过程线

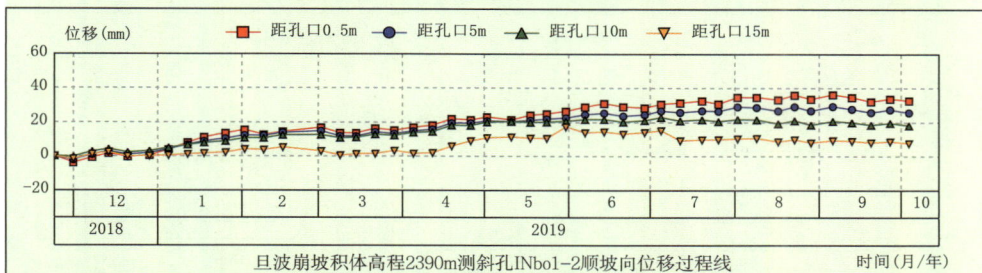

旦波崩坡积体高程2390m测斜孔INbo1-2顺坡向位移过程线

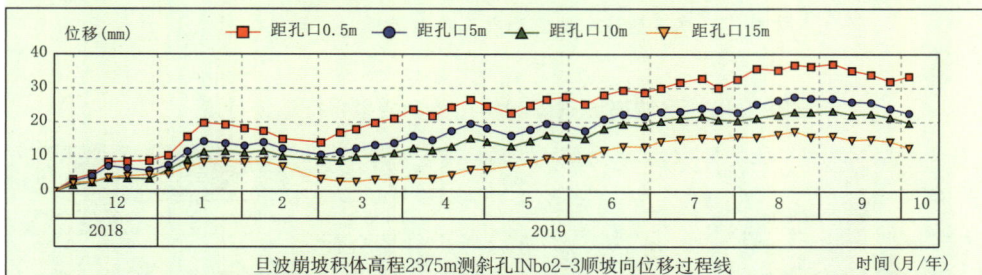

旦波崩坡积体高程2375m测斜孔INbo2-3顺坡向位移过程线

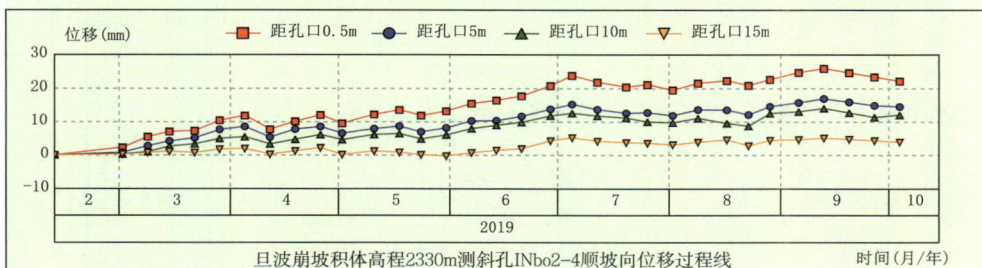

旦波崩坡积体高程2330m测斜孔INbo2-4顺坡向位移过程线

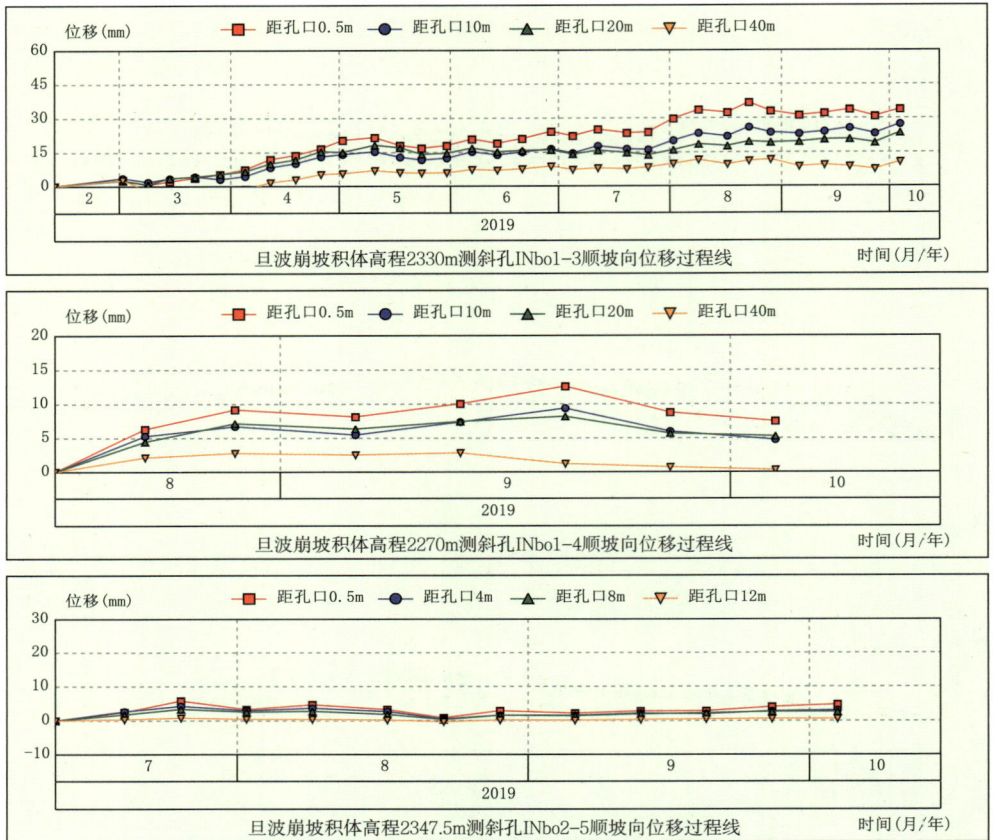

图10-7 旦波崩坡积体表测斜孔典型深度测点测值过程线

表10-3 旦波崩坡积体测斜孔监测成果特征值统计表

测点编号	孔口高程及孔深	始测日期	变形方向	典型测点深度（m）	截至2019年10月4日测值（mm）	年变化量统计（mm）		
						2017年	2018年	2019年
INbo1-1	高程2450m孔深20m	2018-6-6	顺坡向	0.5	33.9	—	42	-8.1
				5	21.9	—	33.8	-11.9
				10	15.4	—	22.3	-6.9
				15	5.8	—	8.3	-2.6

续表

测点编号	孔口高程及孔深	始测日期	变形方向	典型测点深度（m）	截至2019年10月4日测值（mm）	年变化量统计（mm）		
						2017年	2018年	2019年
			顺河向	0.5	24.9	—	20.6	4.4
				5	25.1	—	17.5	7.7
				10	7.4	—	2.8	4.6
				15	3.3	—	1.8	1.5
INbo5-1	高程2450 m 孔深20 m	2017-7-10	顺坡向	0.5	268.7	212.4	43.1	13.1
				5	158.4	133.5	30.1	−5.1
				10	184.4	142	36.3	6.2
				15	−18.5	−9.2	−7.5	−1.8
			顺河向	0.5	−142.7	−139.4	−5.6	2.2
				5	−38.7	−40.8	−9.5	11.6
				10	−41.9	−46.9	0.7	4.3
				15	17.7	13	7.3	−2.7
INbo6-1	高程2450 m 孔深35 m	2018-6-6	顺坡向	0.5	40.6	—	35.7	4.9
				8	31.2	—	28.1	3.1
				16	16.3	—	17.2	−0.9
				27	11.9	—	18.2	−6.4
			顺河向	0.5	23.3	—	18.9	4.4
				8	20.5	—	19.7	0.8
				16	17.5	—	16.6	0.9
				27	8.1	—	9.6	−1.5

测点编号	孔口高程及孔深	始测日期	变形方向	典型测点深度（m）	截至2019年10月4日测值（mm）	年变化量统计（mm）		
						2017年	2018年	2019年
INbo1-7	高程2435 m 孔深35 m	2018-6-6	顺坡向	0.5	40.8	-	31.5	9.3
				8	27.2	-	29.2	-2
				16	28.7	-	29.6	-0.9
				27	17.9	-	14.9	3
			顺河向	0.5	26	-	17.1	9
				8	24.9	-	11.8	13.1
				16	24.6	-	10.5	14.1
				27	14.3	-	6.3	8
INbo1-2	高程2390 m 孔深23.5 m	2018-11-24	顺坡向	0.5	32.6	-	3.8	28.8
				5	25.6	-	4.1	21.5
				10	18.2	-	5	13.2
				15	7.6	-	0.3	7.3
			顺河向	0.5	18.3	-	1.3	17
				5	17.3	-	0.6	16.7
				10	16.7	-	-1.5	18.2
				15	7.4	-	-1.9	9.3
INbo2-3	高程2375 m 孔深25 m	2018-11-24	顺坡向	0.5	33.5	-	10.3	23.2
				5	22.6	-	7.6	15
				10	19.7	-	6.3	13.5
				15	12.5	-	5	7.5

测点编号	孔口高程及孔深	始测日期	变形方向	典型测点深度（m）	截至2019年10月4日测值（mm）	年变化量统计（mm）		
						2017年	2018年	2019年
			顺河向	0.5	21.4	－	4.9	16.5
				5	17.8	－	6.5	11.3
				10	11.7	－	6.1	5.6
				15	8.3	－	2.2	6.1
INbo2-4	高程2330 m 孔深20 m	2019-2-11	顺坡向	0.5	22.2	－	－	22.2
				5	14.6	－	－	14.6
				10	12.1	－	－	12.1
				15	3.9	－	－	3.9
			顺河向	0.5	18.9	－	－	18.9
				5	15.6	－	－	15.6
				10	4.5	－	－	4.5
				15	4.4	－	－	4.4
INbo1-3	高程2330 m 孔深52 m	2019-2-11	顺坡向	0.5	33.8	－	－	33.8
				10	27.2	－	－	27.2
				20	23.5	－	－	23.5
				40	10.6	－	－	10.6
			顺河向	0.5	25.1	－	－	25.1
				10	22.3	－	－	22.3
				20	22.1	－	－	22.1
				40	2.7	－	－	2.7

续表

测点编号	孔口高程及孔深	始测日期	变形方向	典型测点深度（m）	截至2019年10月4日测值（mm）	年变化量统计（mm）		
						2017年	2018年	2019年
INbo1-4	高程2270 m 孔深47 m	2019-8-17	顺坡向	0.5	7.5	—	—	7.5
				10	4.7	—	—	4.7
				20	5.3	—	—	5.3
				40	0.3	—	—	0.3
			顺河向	0.5	11	—	—	11
				10	11.2	—	—	11.2
				20	4.6	—	—	4.6
				40	-0.2	—	—	-0.2
INbo2-5	高程2255 m 孔深14 m	2019-7-12	顺坡向	0.5	4.7	—	—	4.7
				4	3.1	—	—	3.1
				8	2.7	—	—	2.7
				12	0.5	—	—	0.5
			顺河向	0.5	2.6	—	—	2.6
				4	-0.3	—	—	-0.3
				8	-0.5	—	—	-0.5
				12	0.1	—	—	0.1

由以上图、表可知：

（1）高程2450 m处测斜孔INbo5-1于2017年7月10日投入观测，在监测初期（2017年10月—2018年3月）顺坡向位移出现明显增长，最大增量达252 mm（孔口），之后各深度位移变化均趋于平稳，近期无明显趋势性增长或异常变化。目前顺坡向最大位移量为268.7 mm（孔口），顺河向最大位移量为-142.7 mm（孔口），孔口处顺坡向位移2017、2018、2019年增量分别为212.4 mm、43.1 mm、13.1 mm，孔口处顺河向位移2017、2018、2019年年增量分别为−139.4 mm、−5.6 mm、2.2 mm，2019年变化量较之前显著减小、量值总体不大，表明该测孔附近深部位移变化已趋于平缓。另外，测孔INbo5−1在距孔口14 m附近存在一定的剪切变形，该孔处上下部之间的剪切变形量约为200 mm。

（2）高程2450 m处测斜孔INbo1−1、INbo6−1和高程2435 m处测斜孔INbo1−7孔口、浅层处顺坡向位移在监测初期均出现较明显增长，在2018年6月—7月间顺坡向位移变化量在31.5～42.0 mm之间、顺河向位移变化量在17.1～20.6 mm之间，2019年孔口处临空向位移变化量在−8.9～9.3 mm之间、顺河向位移变化量在4.4～9.0 mm之间，2019年变化量总体不大。目前以上3测斜孔的孔口处顺坡向累计位移在33.9～40.8 mm之间，顺河向累计测值在33.9 mm～40.8 mm之间，近期各深度位移变化均趋于平缓，未见明显异常。

（3）高程2290 m处测斜孔INbo1−2、高程2375 m处测斜孔INbo2−3均于2018年11月24日投入观测，从监测初期至2019年8月间距孔口0.5～10 m深处顺坡向位移均有缓慢增长，之后位移变化均趋于平缓。目前以上2个测斜孔的孔口处顺坡向累计位移在32.6～33.5 mm之间、顺河向累计位移在18.3～21.4 mm之间，其中2019年孔口处临空向位移变化量在17.0～28.8 mm之间、顺河向位移变化量在11.3～23.2 mm之间，近期变化已渐趋于平缓，未见明显异常。

（4）高程2330 m处测斜孔INbo2−4、INbo1−3均于2019年2月11日投入观测，至2019年8月间距孔口0.5～10 m深处顺坡向位移均有缓慢增长，目前以上2个测斜孔的孔口处顺坡向累计位移在22.2～33.8 mm之间，顺河向累计测值在18.9～25.1 mm之间，近期此2个测孔位移变化已趋于平缓，未见明显异常。

（5）高程2270 m处测斜孔INbo1−4、高程2255 m测斜孔2−5分别于2019年8月17日、2019年7月12日投入观测，目前监测时段较短，顺坡向最大位移量为7.5 mm，顺河向最大位移量为11 mm，量值总体不大，位移变化无明显异常。

总体上，受现场开挖施工及汛期降水等影响，测斜孔INbo5−1最大位移量较大（孔口，268.7 mm），其他测孔各深度顺坡向、顺河向位移量均不超过42 mm，且各测孔中仅有INbo5−1在距孔口14 m处存在一定剪切变形。近期各测孔深度位移变化已趋于平缓或总体较平稳，未见明显异常。

10.2.3 锚索荷载

旦波崩坡积体共布置4台锚索测力计，设计荷载均为1000 kN，锁定荷载在559.48～738.15 kN之间，各测点测值过程线见图10-8。

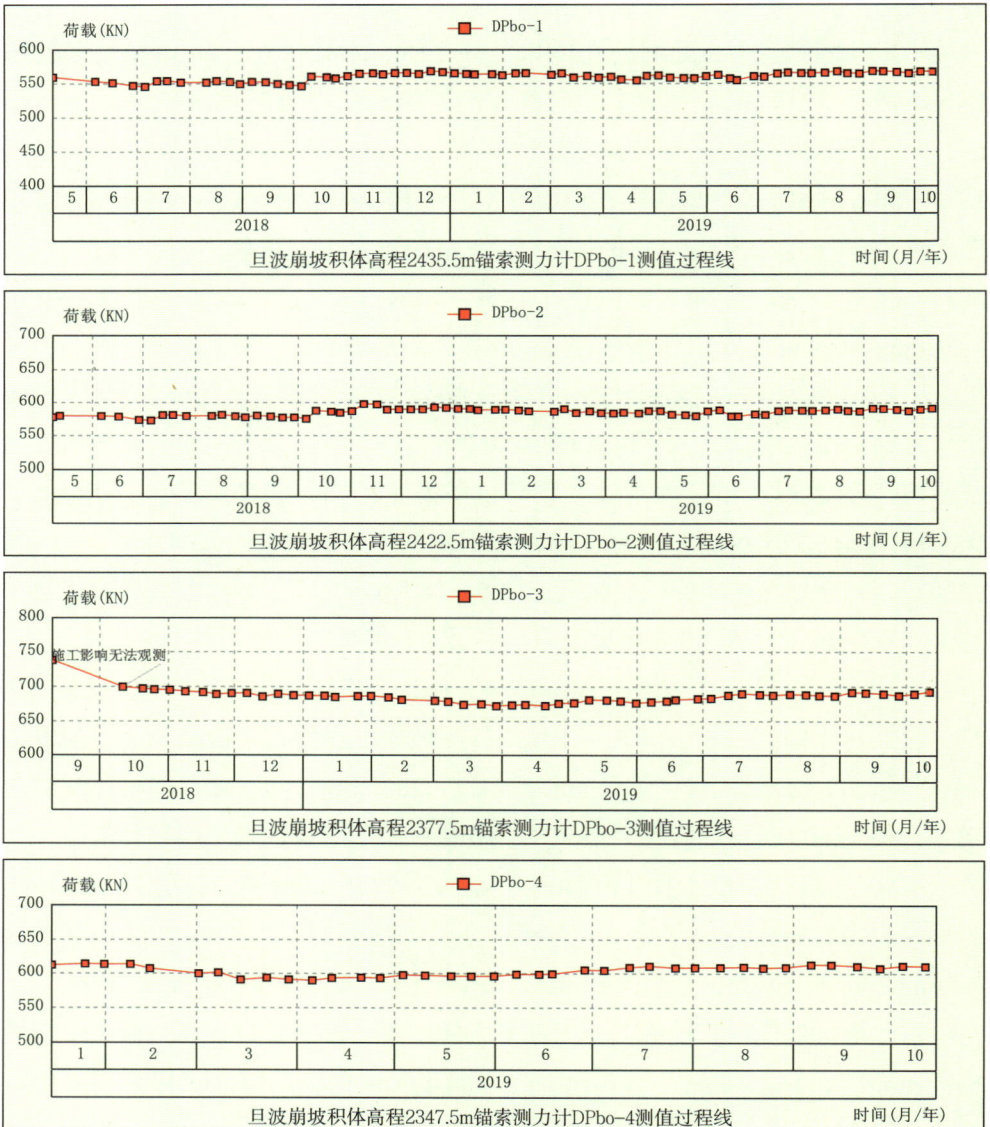

旦波崩坡积体高程2435.5m锚索测力计DPbo-1测值过程线

旦波崩坡积体高程2422.5m锚索测力计DPbo-2测值过程线

旦波崩坡积体高程2377.5m锚索测力计DPbo-3测值过程线

旦波崩坡积体高程2347.5m锚索测力计DPbo-4测值过程线

图10-8　旦波崩坡积体锚索测力计测值过程线

测值特征值统计成果见表10-4：

表10-4　旦波崩坡积体锚索测力计监测成果统计表

监测部位	测点编号	埋设高程（m）	设计荷载（kN）	锁定荷载（kN）	2019年10月10日测值（kN）	荷载损失率（%）	备注
旦波边坡	DPbo-1	2435.5	1000.0	559.48	567.17	-1.28	
	DPbo-2	2422.5	1000.0	577.50	591.08	-1.98	
	DPbo-3	2377.5	1000.0	738.15	692.63	6.57	
	DPbo-4	2347.5	1000.0	624.24	610.65	2.18	

注：荷载损失率正值表示与锁定值相比，锚固力减小；负值表示与锁定值相比，锚固力增加。

由图10-8、表10-4可知：各监测锚索荷载除DPbo-3在监测初期有一定损失外，其余变化总体较平稳，无明显异常或趋势性变化。当前实测荷载在567.17~692.63kN之间，荷载损失率在-1.98%~6.57%之间，损失不大，表明各监测锚索荷载总体较稳定，无明显异常。

10.2.4　小结

总体上，受现场开挖施工等影响，旦波崩坡积体高程2230m以上部位的两侧、顶部开口线附近及中间部位的部分测点的临空向、顺河向位移有缓慢增长变化，但增速不大；深部位移较大的测斜孔的各深度变化已趋于平缓，且该测孔附近的表面累计位移较小，近期变化也不大；其他表面变形测点、测斜孔及锚索测力计测值变化已趋于平缓或较平稳，无明显异常或趋势性变化，表明目前旦波崩坡积体仅有局部范围的表面位移有缓慢变化，总体稳定性较好。

10.3 边坡现状分析

10.3.1 边坡现状监测数据分析

为监测旦波崩坡积体处理后的稳定性，旦波崩坡积体开挖边坡设置表面变形、深部变形和支护锚索荷载监测项目。

在旦波崩坡积体选取不同高程以及开挖线外侧共计安装埋设38个表面变形永久测点。根据现场锚索支护情况，现场选取4束锚索相应布置4台锚索测力计进行监测。

截至2023年3月，旦波崩坡积体处理完成后已经历了2个汛期，监测数据总体较平稳，无明显异常。监测数据具体如下：

（1）表面变形。

旦波崩坡积体各表面变形临时测点测值过程线见图10-9。

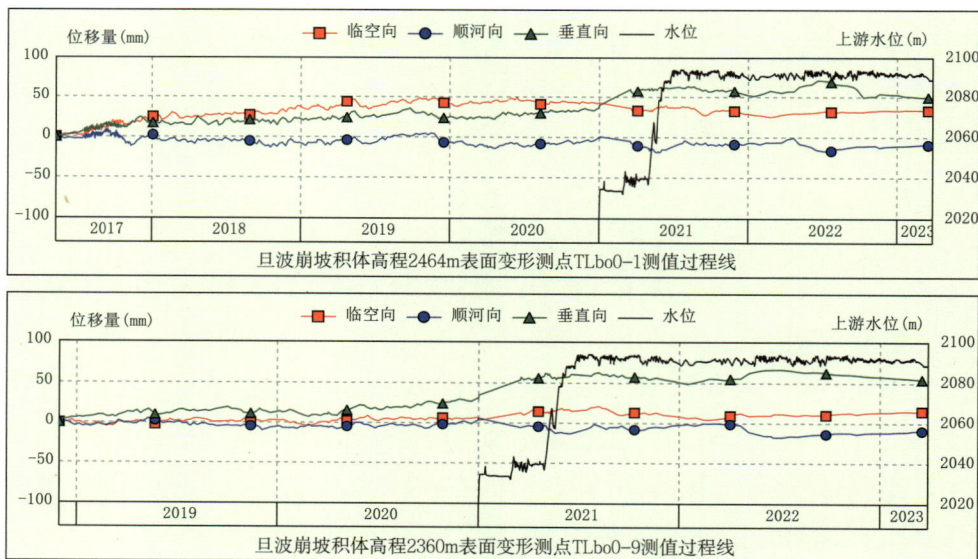

旦波崩坡积体高程2464m表面变形测点TLbo0-1测值过程线

旦波崩坡积体高程2360m表面变形测点TLbo0-9测值过程线

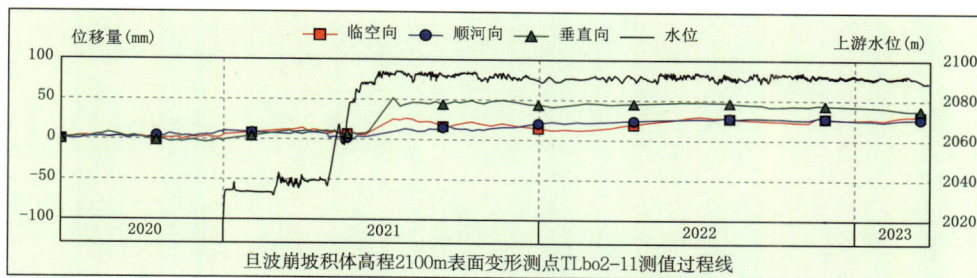

图10-9　旦波崩坡积体表面变形典型测点测值过程线

　　根据各表面变形点测值统计，临空向实测最大累计位移量37.7 mm，顺河向最大累计位移量−31.0 mm，垂直向最大累计位移量57.6 mm。从过程线上可以看出，在蓄水初期多数测点垂直向位移量受水位抬升影响较大，目前各测点变形已趋于稳定。

　　自2020年12月下闸蓄水到2021年7月首台机组发电期间（2020年12月30日—2021年7月1日），各测点平面位移最大变形速率0.13 mm/d，垂直位移最大变形速率0.21 mm/d；自2021年7月首台机组发电至今（2021年7月1日—2023年3月31日），各测点平面位移最大变形速率0.04 mm/d，垂直位移最大变形速率0.02 mm/d，目前变形趋于收敛。

　　（2）锚索荷载。

　　旦波崩坡积体共布置4台锚索测力计，设计荷载均为1000 kN，锁定荷载为559.48~738.15 kN，各测点锚索测力计测值过程线见图10-10。

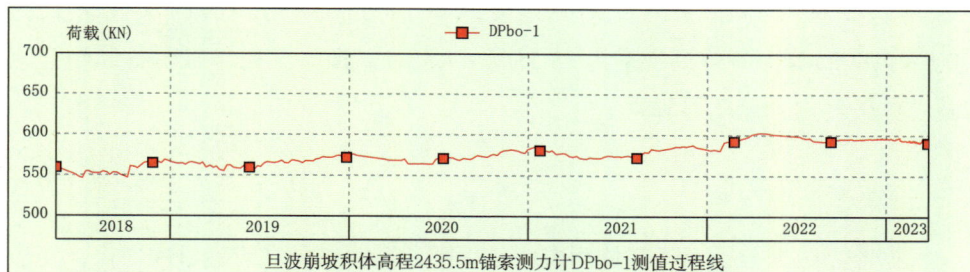

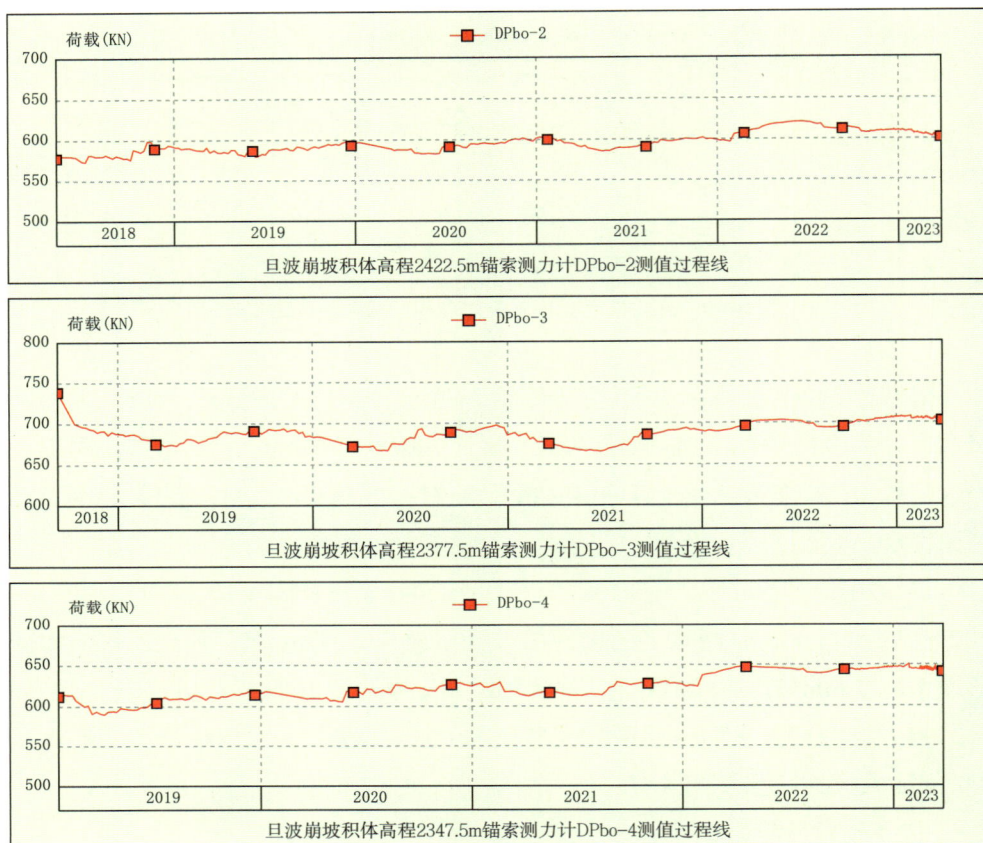

旦波崩坡积体高程2422.5m锚索测力计DPbo-2测值过程线

旦波崩坡积体高程2377.5m锚索测力计DPbo-3测值过程线

旦波崩坡积体高程2347.5m锚索测力计DPbo-4测值过程线

图10-10　旦波崩坡积体锚索测力计测值过程线

由图10-10可知，各监测锚索荷载除DPbo-3在监测初期有一定损失外，其余变化总体较平稳，无明显异常或趋势性变化，当前实测荷载为590.5～702.2 kN，荷载损失率为-5.55%～4.88%，损失不大，表明各监测锚索荷载总体较稳定，无明显异常。

10.3.2 处理效果评价

根据监测数据分析，各部位测点变化平缓，无明显异常或趋势性变化，变形速率也在预警控制标准范围内，锚索支护受力正常，旦波崩坡积体处理后边坡总体稳定。

　　且波崩坡积体处理工程于2020年完工并已安全运行超过两年时间,现场巡视检查坡面喷混凝土及框格梁未发现裂缝,无明显变形,边坡总体稳定,边坡治理效果良好。事实证明,"大开挖减载+边坡防护"处理方案彻底挖除潜在滑塌体,处理效果更好,边坡安全稳定性更有保证,降低了水库蓄水后近坝库岸边坡失稳的潜在风险,提高了工程永久安全性。

参考文献

1. 郑颖人，陈祖煜，王恭先，等. 边坡与滑坡工程治理（第三版）[M]. 人民交通出版社，2022.

2. 潘家铮. 建筑物的抗滑稳定与滑坡分析[M]. 水利出版社，1980.

3. 彭土标. 水力发电工程地质手册[M]. 中国水利水电出版社，2011.

4. 水利电力部水利水电建设总局. 水利水电工程施工组织设计手册[M]. 中国水利水电出版社，1990.

5. 陈祖煜. 土质边坡稳定性分析：原理方法程序[M]. 水利水电出版社，2003.

6. 周萃英. 岩体边坡滑裂面随机搜索机理与工程应用——以黄河小浪底水库进口高边坡泄洪、发电、引水建筑物进口高边坡为例[J]. 工程地质学报. 2000（2）：169-174.

7. 陈祖煜，弥宏亮，汪小刚. 边坡稳定三维分析的极限平衡方法[J]. 岩土工程学报. 2001，23（5）：525-529.

8. 弥宏亮，陈祖煜，张发明，等. 边坡稳定三维极限平衡方法及工程应用[J]. 岩土力学. 2002，23（5）：649-653.

9. 李同录，王艳霞，邓宏科. 一种改进的三维边坡稳定性分析方法[J]. 岩土工程学报. 2003，25（5）：611-614.

10. 张常亮，李同录，李萍. 三维边坡稳定性分析的解析算法[J]. 中国地质灾害与预防学报，2007，18（1）：99-104.

11. 邓东平，李亮. 两种滑动面型式下边坡稳定性计算方法的研究[J]. 岩土力学，2013（2）：372-410.

12. 夏艳华，白世伟.传递系数法在滑坡治理削坡方案设计中的应用[J].岩土力学与工程学报，2008，27（增1）：3281-3285.

13. 曹军义，展辰辉，王改山.土质高边坡稳定因素的敏感性分析[J].岩土力学与工程学报，2005，24（增2）：5350-5354.

14. 魏宁，茜平一，傅旭东.降雨和蒸发对土质边坡稳定性的影响[J].岩土力学，2006，27（5）：778-786.

15. 任志丹.含软弱夹层边坡的稳定性分析[D].昆明：昆明理工大学.2015

16. 陈随海，程赫明，孙晓栋，等.锚杆参数变化对边坡稳定性的影响的研究[J].科学技术与工程.2013，13（7）：2008-2020.

17. 刘春龙，张志强，袁继国，等.岩质边坡稳定坡角影响因素及其确定方法[J].水利水运工程学报.2016（1）：23-29.

18. 汤德刚.锚杆支护技术在地质灾害治理工程中的应用[J].科技资讯，2006（4）：55-56.

19. 郑晔，樊秀峰，沈孟兴.预应力锚杆格构梁在某公路边坡加固中的应用[J].土工基础，2014（1）：1004-1007.

20. 王乐华，郭永成，韩梅.削坡减载法在边坡稳定治理中应用[J].三峡大学学报（自然科学版），2009（4）：57-60.

21. 杨明亮，袁从华，骆行文，等.高速公路路堑边坡顺层滑坡分析与治理[J].岩石力学与工程学报.2005，24（23）：4383-4389.

22. 符晓.丹巴水电站坝址区滑坡体（崩坡积体）稳定性分析与治理研究[J].水利水电技术.2016，47（11）：141-146.

23. 付小明，闫征辉.构皮滩通航建筑物石棺材崩坡积体治理措施研究[J].甘肃水利水电技术.2016，52（3）：27-34.

24. 刘会波，张玲丽，张存慧，等.乌东德水电站左岸尾水出口边坡动态设计[J].人民长江.2015，46（24）：43-47.

25. 张海超，陈毅峰，刘杰.象鼻岭水电站BT2堆积体治理设计[J].西北水电.2018（4）：65-69.

26. 刘成云.白鹤滩水电站高陡边坡开挖快速出渣方案[J].水利建设与管理.2018（12）：17-21.